北京理工大学"双一流"建设精品出版工程

Explosion Proof and Suppression Materials and Technologies

隔爆抑爆材料与技术

臧充光 焦清介 ◎ 编著

北京理工大学出版社
BEIJING INSTITUTE OF TECHNOLOGY PRESS

图书在版编目（CIP）数据

隔爆抑爆材料与技术／臧充光，焦清介编著． --北
京：北京理工大学出版社，2023.9
　ISBN 978 - 7 - 5763 - 2955 - 1

Ⅰ.①隔… Ⅱ.①臧… ②焦… Ⅲ.①防爆材料
Ⅳ.①TB34

中国国家版本馆 CIP 数据核字（2023）第 185311 号

责任编辑：徐　宁　　　**文案编辑：**李丁一
责任校对：周瑞红　　　**责任印制：**李志强

出版发行 ／ 北京理工大学出版社有限责任公司

社　　址 ／ 北京市丰台区四合庄路 6 号

邮　　编 ／ 100070

电　　话 ／ （010）68944439（学术售后服务热线）

网　　址 ／ http：//www.bitpress.com.cn

版 印 次 ／ 2023 年 9 月第 1 版第 1 次印刷

印　　刷 ／ 三河市华骏印务包装有限公司

开　　本 ／ 710 mm×1000 mm　1/16

印　　张 ／ 19.5

彩　　插 ／ 1

字　　数 ／ 342 千字

定　　价 ／ 69.00 元

前　言

　　本书属于兵器科学与技术学科涵盖的领域，是一本介绍有关武器安全防护材料内容的专著，能够体现最新的研究成果，突出重要技术突破，体现教学需要、层次适用和内容创新，尽力提高编写质量。本书坚持突出重点，强化国防特色，论述介绍了防殉爆阻隔材料与阻隔抑爆防护材料，为提升爆炸危险品与石化燃料安全性所需的相关功能防护材料提供参考与技术支撑。

　　随着武器装备功能防护材料更新换代，新材料、新产品、新技术迅猛发展，研制高效功能防护材料在军事领域至关重要，而相关技术书籍却比较缺乏。为了填补此空缺与满足这方面的需求，普及防护材料基础知识，推广并宣传几年来的研究成果，编著了本书。装备功能防护材料种类繁多，按照材料应用主体的不同，本书分为 7 章，重点介绍了火工品雷管防殉爆防护材料与技术、阻燃发泡聚乙烯防殉爆阻隔缓冲包装材料、金属阻隔抑爆材料与技术、各类非金属及聚酰胺阻隔抑爆功能防护材料、阻隔抑爆性能与使用可靠性测试的基础知识、设计原理、性能与表征、制备应用工艺技术等。每章大致按照基本理论、材料制备、性能规律与测试应用的格式撰写。

　　本专著是面向本科生研究生且为受众面较广的课程群打造，帮助学生深刻领会习近平新时代中国特色社会主义思想和党的二十大精神实质，充分发挥教材的铸魂育人功能，结合我校办学特色，体现兵器学科优势，突出价值引领，科教融合，体现复合型学科专业人才培养的新兴交叉学科专业课程教材与专著。

　　本书广泛吸收了国内外近年来相关基础理论与技术成果，其中部分内容来

隔爆抑爆材料与技术

自北京理工大学编者团队的研究成果，在编写过程中，学科组历届博士生朱祥东，以及硕士生赵耀辉、丁小蕾、娄旭等同学均承担了部分内容的研究整理与编辑校对等工作，在此，对他们的辛勤劳动表示感谢。

由于作者水平有限，调研掌握的相关信息不够精准、充分，书中疏漏不足之处敬请广大读者谅解与批评指正。

编　者

目　录

第 1 章

概　述

|1.1　隔爆抑爆研究的背景与意义|

　　针对爆炸危险品与油料所具有的殉爆特性与易燃易爆特性，对其进行安全防护与安全材料的研究，是世界各国研究的重要课题之一，对于防殉爆特性与殉爆包装材料研究和隔爆抑爆材料研究具有重要研究意义。

　　在爆炸危险品中，火工品（如火帽、雷管、底火、点火具等）是相当敏感的引燃、引爆元件。它们具有很高的感度，在外界能量的作用下，能发生迅速的燃烧及猛烈的爆炸，从而产生高温、高压，具有很大的破坏力[1]。在生产、使用、储存、运输过程中，存在着易燃、易爆的危险，且事故发生的频率高，造成人员和财产的损失大[2]。

　　天津港事件引起了国家及业界对火工品的管理、包装、运输、储存及使用等一系列问题的极大关注，火工品储运过程中的安全性显得尤为重要和迫切。储运防殉爆技术可以防止火工品在储运状态下由于单个意外爆炸造成殉爆式的大规模燃爆事故，以最大限度减少或避免严重的经济损失和人身伤害，是实现储运安全行之有效的技术手段[3]。火工品的品种繁多，根据使用要求的不同，火工品的结构和形状各有差异，其输入冲能的形式和大小有差别，在输出作用方面也有较大的不同。其中，雷管所起的作用和数量占有主要地位。特别在民用上，每年工业雷管的产量多达十亿发以上，可以说雷管在火工领域的地位举足轻重[4]。雷管作为一种爆炸危险品，本身具有殉爆的特性。雷管的殉爆是指当某发雷管爆炸能引发其周围一定距离的其他雷管也发生爆炸的现象。一旦雷管发生殉爆，造成的危害就会比较严重，其严重的程度与发生殉爆的雷管数量成正比。在运输、储存时，雷管放置的数量和密集度是比较大的，这是由雷管的包装形式所决定的。目前，雷管普遍采用的包装方法是先用纸盒或纤维板盒装上多发雷管，然后用蜡封或塑料袋密封，最后以木箱作为外包装；而在内包装中，雷管是多发集中放置的，这样简陋的包装成了雷管发生殉爆的潜在因素。当某发雷管意外爆炸，就会使得该雷管所在盒内相邻雷管发生殉爆，而盒内的雷管爆炸又会殉爆另一盒内的雷管，最后导致包装件中所有雷管发生爆炸。在集中装运和集中储存的情况下，雷管殉爆的危险性及危害显著，因此有必要对现有雷管的包装采取防殉爆措施[5]。

随着现代社会的发展与进步以及人们生活水平的提高，安全问题已经成为目前人类最为关注的问题之一[6]。石化燃料依然是今后较长一段时间内的重要能源，作为一类重要的民生和战略物资，汽油、柴油、煤油和液化气等燃料，以及各类危险化学品在储存、运输、使用过程中的爆炸安全性，一直是世界各国防爆研究的重大课题之一，其安全性一直是人们关注的重点[7]。加油站、油库、炼油车等燃料的供给单元的安全防护性相对薄弱，特别是油料的储罐和油箱等容器设备，这类容器的安全性受到各行各业的高度关注。石化燃料在储运和使用过程中极易受到静电、碰撞等外界能量引发而燃烧或爆炸，往往造成财产损失和人员伤亡，因此液化石油等危险品的储存和运输安全问题越来越受到研究人员的广泛关注[6]。例如，国内近年来，在公共交通领域因各类车辆的交通事故和自燃等因素导致的燃烧与爆炸事件频发，造成了巨大的生命、财产损失，给社会带来了不安定因素。全国成品油在运输和使用过程中，每年因燃烧和爆炸事故造成了大量的人员伤亡，以及大约有三十亿元的财产损失。在危险品运输领域，截至 2008 年年底，我国共有 8 300 多家道路危险货物运输厂家，专业运输车辆 19.64 万辆，承运的货物运输量达到 4 亿多吨，涉及的易燃易爆危险化学品中占全部化学品的 53.53%。

近年来，频发的安全事故对人民生命、财产造成了巨大损失，给社会造成了不良影响。例如，1992 年秦皇岛油库爆炸事件，而后深圳市危险品仓库又发生大火；2014 年 8 月，江苏昆山市中荣金属制品有限公司车轮抛光车间大爆炸，造成 162 人遇难，98 人受伤；2015 年，天津市发生了震惊世界的大爆炸，给我们敲响了警钟。燃料隔爆抑爆材料及技术应用于上述领域，能有助于解决公共交通、危险品运输、消防车辆、船舶等因燃料意外燃烧和爆炸带来的安全隐患问题，保障人民生命财产安全、促进国家经济平稳运行、社会和谐稳定[8]。案例举证如图 1.1 所示。2011 年 1 月 12 日 16 时 45 分许，河北省廊坊市和平路一中石化加油站发生起火爆炸事故，事故未造成人员伤亡，起火原因为油罐车卸油后，由静电火花引发起火爆炸。

在现代战争中，油料的储存、运输、加注和使用等各个环节，其安全性一直是备受关注的重点，尤其在现代局部战争中的

图 1.1　河北廊坊加油站意外爆炸事故

坦克、装甲车等装甲装备油箱在遭到炮火攻击后，会引发燃料抛射而形成"二次爆炸"，造成严重的人员和装备损失。这种"二次爆炸"造成的装备毁损率和人员伤亡率高达 50%，隔爆抑爆材料填充在油箱或油罐中，可有效避免作战装备遭受火力打击时燃料产生的"二次爆炸效应"，大幅降低装备损毁率，显著提升人员生存率，达到提高作战能力的目的。为了减少易燃易爆等危险品爆炸事故的发生，科研工作者们采取了很多的技术手段来解决这个问题。其中一种最为简单有效的技术手段是向油罐中加入隔爆抑爆填充材料[8]。

隔爆抑爆技术是将金属或非金属防爆材料安装于易燃易爆液态或气态危险化学品的储存容器内，可以有效防止易燃易爆危险化学品在储运等过程中因意外事故（静电、焊接、枪击、碰撞、错误操作等）引发的爆炸[7]。

抑爆材料是一种高效、无污染的安全防护产品。将该材料装填在储有易燃、易爆流体的容器中，当容器发生爆炸时，可遏制火焰的传播，同时它具有极好的吸热性，可以迅速将燃烧释放出来的绝大部分热量吸收掉，把爆炸压力迅速降低，从而抑制油箱发生破坏性爆炸，且对燃料和容器无任何不利影响。装有该材料的储油装置如果出现泄漏，可以及时用气焊、电焊补焊而不必担心其会爆炸，如图 1.2 所示。该材料可以防止汽油、煤油、乙醇、柴油、丙酮、甲苯等液体及类似的物质发生爆炸，其特殊的结构和良好的导电性能，可防止车辆油箱、油罐内由于燃料流动冲击等因素而产生静电，从而可以避免由静电引发的燃爆事故。该材料还能显著降低容器内液体燃料的晃动程度，可大幅减轻对容器的冲击。

隔爆抑爆材料是指以金属或有机高分子材料为基体，在添加功能添加剂后制成的网状或其他形状的材料。这种材料被填充或安装在储运油设备、地面车辆或装甲装备、飞机或舰艇油箱中，能够迅速传递热量，阻隔火焰传播，防止爆炸等意外事故的发生。常见的隔爆抑爆材料按形状的不同可分为蜂窝状和球

（a） （b）

图 1.2 阻隔抑爆材料实施效果示意

（a）储油装置电焊维修；（b）储油装置遇明火时的状态

形状；按材质的不同可分为金属类（钛合金、铜合金、铝合金等）、非金属类（聚醚、聚酯、尼龙等）和复合类（涂覆等）。20 世纪 80 年代，隔爆抑爆材料在欧美国家被广泛使用；20 世纪 90 年代初，隔爆抑爆材料及其相关技术从加油站、运油车等的应用迅速推广到汽车和飞机等领域[8]。

1.2 各类隔爆抑爆防护材料的发展现状与趋势

1.2.1 防殉爆材料技术的发展现状与趋势

殉爆是指某处的炸药爆炸引起一定范围内的另一处炸药爆炸的现象。影响殉爆的主要因素有爆炸时产生的冲击波、介质、爆轰产物、温度、时间和感度等。在通常情况下，一般采用数值模拟分析和殉爆试验来评估弹药的殉爆危险性。包装箱内的弹药一般较为密集，若主发弹药在包装箱内，考虑到距离近、空间小和冲击波压强大等因素，实现其他弹药的防殉爆保护比较困难。因此，在相邻弹药之间设置有效的阻隔介质，避免或者减弱对其他弹药的冲击作用，才有可能实现防殉爆的目的。为了应对主发弹药爆炸产生的冲击波、爆轰产物（破片）和高温，阻隔介质理应具备三个方面的功能：吸收冲击波能量、防破片打击和隔热。经常用作阻隔介质的材料有木材、泡沫、金属及复合材料等。另外，在包装上设计一些泄压通道，当主发弹药在包装箱内部发生爆炸时，使爆炸能量沿泄压通道迅速排出，也可降低其他弹药发生殉爆的概率，如某型号火箭弹防殉爆包装箱（见图1.3）。

若主发弹药处于包装箱外部，则要求包装箱应具有良好的抗爆能力，即应能抵御由爆炸产生的冲击波的破坏和应能抵御破片（或子弹）的穿透。另外，为了防止弹药受到跌落或者撞击而发生殉爆，包装箱还应采用高吸能的减震材料，用以吸收受到冲击的能量。例如，某空运型钝感弹药防殉爆包装箱（见图1.4）[9]，该包装箱由钢制外壳和蜂窝状吸能材料组成，具有良好的抗爆和减震效果。

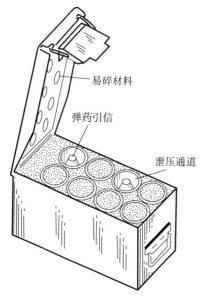

图1.3 某型号火箭弹防殉爆包装箱

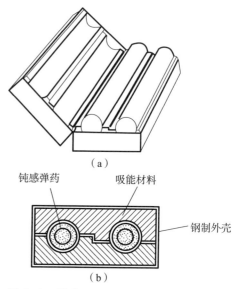

图1.4 某空运型钝感弹药防殉爆包装箱

（a）箱体与箱盖；

（b）箱体内部弯曲阶梯型闭合方式

1. 国外防殉爆隔爆抑爆防护材料的发展现状与趋势

国外对防殉爆技术的研究主要体现在开发新的防殉爆材料上。20世纪80年代，美国成功研制了一种填充在包装爆炸物的容器内、可防殉爆的纳米包装材料，该材料是一种同胶黏剂混合在一起的复合材料，可进行铸塑，它具有质量轻、多孔、吸收动力冲击波和减震等特点。把这种材料填充到包装容器中后，不仅能防止一个容器中的爆炸物发生殉爆，还能防止相邻其他容器中的爆炸物发生殉爆。

（1）英国Blast Gard公司开发了一种能通过减弱爆炸冲击波来防止发生殉

爆的材料——Blst Wrap。该材料由两层复合塑料膜制作，通过热成形技术在底膜上形成许多并排的空腔，空腔内装爆炸减压填料，这些填料包括火山玻璃株（或其他合适的两相材料）和大量灭火剂，最后把顶膜密封在底膜上就形成了一种柔韧、耐用和可调整构形的减爆压材料。Blast Wrap 材料最多可以减弱97% 的爆炸高压。图 1.5 所示为这种材料的图片。

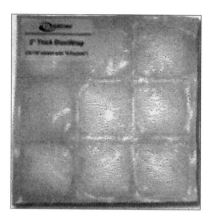

图 1.5　Blast Wrap 材料

国外对防殉爆包装材料进行研究的同时，也开发了防殉爆材料的包装结构。这种包装能使弹药的储运操作更安全，并形成有效的防殉爆屏蔽。

（2）俄罗斯某研究所为某坦克装甲开发了由多个相互连接的盒构成的防殉爆结构，这种单元盒的四个侧壁采用声阻抗（介质对声波的阻碍能力）变化的三层或四层复合材料，从接触炸药的侧壁开始，每相邻两层材料的声阻抗之比不小于 2，从而衰减和消耗了爆炸的冲击波，使相邻的盒单元不会发生殉爆[3]。

防殉爆技术一直是弹药设计的关键技术之一，是不敏感弹药的基本要求。防殉爆包装材料是 21 世纪重点开发的军品包装材料之一，它的研究和发展对于提高弹药储存和运输的安全性和战场生存能力具有非常重要的意义。

（3）美国专利 US 5160468 为 40 mm M433 榴弹设计了一种新颖的包装箱（图 1.6），包装箱内装有一种防殉爆填料。这种填料能动态地吸收由爆炸产生的冲击能量，从而防止殉爆的发生。根据该专利，这种防殉爆材料是由大小介于 3.17～6.35 mm 的多孔轻质岩石（最好是火山岩）混合石膏粉制成的。石膏起黏结作用，通过铸塑方式使该材料在包装箱内以固定形式（管状）包住每个 M433 榴弹。

美国专利 US 6865977 为手榴弹之类的弹药发明了一种新颖的防护包装。

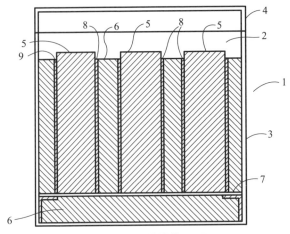

图 1.6　包装箱截面图

1—包装箱；2—榴弹；3—储运舱；4—箱盖；

5—扣件；6—填料底垫；7—下支板；8—容具；9—管件

该包装具有的特点：首先，减少了碎片杀伤；其次，能缓慢地释放在爆炸过程中产生的高压气体。该包装降低了弹药储运的危险级别并符合不敏感弹药标准。该发明的关键在于这种包装能使弹药的储运操作安全，并形成有效的防殉爆屏蔽。该发明的结构示意如图 1.7 所示。

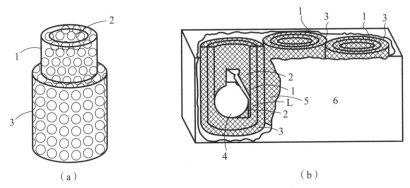

（a）　　　　　　　　　　　　　　　　（b）

图 1.7　新颖的防护包装结构示意

（a）内外杯单体结构；（b）包装箱整体结构

1—内杯；2—编制钢丝网；3—外杯；4—弹药；

5—杯体间填充物；6—箱体；L—杯体内填充物

如图 1.7 所示，该包装由内、外两个杯构成，包装材料为编制钢丝网，网格尺寸为 0.25 ~ 0.50 mm。

　　美国陆军弹道研究实验室为 M1A1 坦克设计了一种新型的弹药架，使该弹药架能承受架内单发弹药的爆炸而不会引发其他弹药的殉爆。该弹药架由 E－A－R 公司的工程师为它设计了一种防殉爆阻隔材料。该材料由 E－A－R 公司的 ISODAMP C－1002 高阻尼热塑弹性体铸成。E－A－R 公司的 ISODAMP 材料是专门以极快的速度减震和耗散冲击能量的材料。产品形式有多种，包括片、卷、模切和客户定制的注模件。

　　E－A－R 公司为此开发了防殉爆拦阻条（图 1.8），它是由铸在钢条上的 C－1002 材料构成。当它们被固定在弹筒周围后，就形成了厚厚的高能吸收阻隔栅栏。图 1.9 所示为新弹架和防殉爆阻隔栅栏。

图 1.8　防殉爆拦阻条

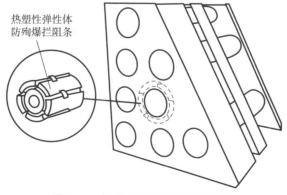

热塑性弹性体
防殉爆拦阻条

图 1.9　新弹架和防殉爆阻隔栅栏

随后，美国陆军在一台 M1A1 模拟坦克上对配备了 C – 1002 材料的新式 8 发弹架原型机进行了试验，结果只有有意引爆的 1 发炮弹爆炸，而其他 7 发弹药内的炸药未被引爆[1]。

2003 年，美国 L Eyva 用含有聚苯胺的十二烷基苯磺酸与丁二烯 – 苯乙烯嵌段共聚物复合，制成既可溶液成形，也可热塑加工，且电导率与纯聚苯胺在同一个数量级，弹性较好，可用作防殉爆包装的复合材料。美国奥美凯公司开发的聚苯胺/聚氯乙烯导电复合材料，在聚苯胺的质量分数为 30% 时，性能较好，体积电阻率为 $10^{-2}\ \Omega \cdot cm$，拉伸强度为 4.2 MPa，断裂伸长率大于 250%，可用作防殉爆包装材料。

2. 国内防殉爆隔爆抑爆防护材料的现状与趋势

国内对有关殉爆问题的研究最初是针对炸药或火工品等存放的安全性而进行的。其中较多的是对炸药的殉爆问题有了一些定性的、经验的研究和认识[2]，可归纳为以下三个方面。

（1）炸药的殉爆能力。主发装药爆炸引起被发装药爆炸，主要有三个因素：①主发装药爆轰产物直接作用；②主发装药爆轰的飞散物作用，如破片、射流等；③在介质中形成的冲击波作用。

（2）炸药存放的安全性要由殉爆距离决定。引起殉爆时，两装药的最大距离称为殉爆距离。炸药殉爆距离的决定因素主要有以下五个方面。

①炸药性质。当主发炸药爆速越大，爆热越大，殉爆距离也越大。对于被发炸药，其炸药的爆轰感度越敏感，殉爆距离就越大。

②装药量大小、装药密度及装药方式。当主发装药密度越大，药量越多，爆速就越大，殉爆距离也越大；对于被发装药，主要取决于炸药的起爆感度和密度，当感度越大，殉爆距离就越大；密度越大，殉爆距离就越小。

③主发装药外壳被包覆状况。当主发装药有外壳且外壳强度越大时，由于减小侧向稀疏波的入侵和能量衰减，使殉爆距离增大。不同连接装药管对殉爆距离的影响如表 1.1 所示。

表 1.1　不同连接装药管对殉爆距离的影响

介质	连接装药管			殉爆距离/cm
	直径/cm	厚度/cm	材料	
空气	3.2	0.1	纸	60
空气	3.2	0.5	钢	125
空气	无	无	无	19

④主发装药爆轰传递方向及起爆状态。当主发装药的传爆方向与被发装药位置一致时，殉爆距离最大。

⑤中间介质性质。当两种炸药的品种、药量、装药条件及相互关系一定时，殉爆距离取决于两装药之间的介质。不同介质下的殉爆距离如表1.2所示。

表1.2　不同介质下的殉爆距离

两装药间的介质	空气	水	黏土	钢	砂
殉爆距离/cm	2.8	4	2.5	1.5	1.2

（3）炸药殉爆距离的计算。这主要体现在一些公式上，它们都是通过试验的方法得到的经验公式。其中，研究得比较深入的是李铮等，1994年，他们通过试验详细地研究了炸药殉爆的最小超压和不殉爆的最大超压、平均殉爆时间，以及温度、冲击、装药密度、建筑物、土围对殉爆的影响，从而确定出各种炸药的殉爆安全距离[10]。这些研究对于炸药的安全生产、运输与储存等有着重要的指导、借鉴意义。

雷管一般按输入形式来分类，例如针刺雷管、火焰雷管、电雷管、飞片雷管、激光雷管等。它们的差异主要体现在输入端的结构和装药；而输出端是相同的，一般装有一定密度的猛炸药。而雷管的形体结构比较单一，不同种类的雷管在外形上并没有太大的变化，基本上都呈圆柱体外形；差别只是表现在雷管的高度和直径上。

对于雷管的殉爆问题，国内也出现了一些研究报道及文献资料。较早的对雷管殉爆距离的认识是通过殉爆试验来获得的，殉爆中把6号雷汞雷管立放在纸盒里，试验在木板上进行，通过分析殉爆距离与主爆雷管数量的关系，得出殉爆距离大致同雷管数平方根成正比的结论。

2003年，辽宁工程技术大学张华研究了8号覆铜壳工业电雷管的殉爆问题[11]。在殉爆试验中用8号覆铜壳工业电雷管进行升降法统计计算，并且以发生殉爆概率为99.9%时的距离值作为殉爆距离，发生殉爆概率为0.01%时的距离值作为殉爆安全距离。研究认为，对于该电雷管来说，在放置时，主爆雷管头对被爆雷管头或尾是安全的，而主爆雷管尾对被爆雷管尾或头放置时则有殉爆的危险，如表1.3所示。

表 1.3　殉爆试验结果

殉爆方式	殉爆距离/mm	殉爆概率/%
尾对头	64.2	0.01
	51	50
	37.8	99.99
尾对尾	57.6	0.01
	42	50
	26.4	99.99

对雷管殉爆问题深入研究的是南京理工大学的朱顺官等[12]，2004 年，他们对雷管的侧向殉爆效应特点进行了研究：通过装填不同起爆药和两种药量时雷管自身的殉爆距离，研究了雷管的不同威力，认为雷管装药量越大，起爆能力越大，雷管的殉爆距离就越大；通过改变被发雷管的装药、加强帽材质等条件，研究了雷管对冲击波的敏感程度，认为药量少、材料强度小、阻抗大时，雷管被殉爆的距离就小；反之，殉爆距离就大；通过保持与雷管间平行和同平面，而两者错开不同的距离的殉爆试验，得到了位置与殉爆距离的相互关系，认为当主发雷管侧向冲击波的全聚点对准被发雷管起爆药的最敏感部位时，殉爆距离出现最大值。

国内对防殉爆材料的研究还少有报道，人们感兴趣的是对材料的隔爆、吸能性能的研究。1996 年，南京理工大学的陈网桦等[13]对数十种材料的隔爆性能进行了试验研究，用升降法（见图 1.10）分别求出不同材料的雷管径向殉爆以及轴向殉爆的半爆距离 L_{50}，并从材料的密度和隔爆性能（由试验中的半爆距离来定）对隔爆材料进行了优选，认为硬质聚氨酯泡沫塑料是一种较好的隔爆材料，能满足密度小、隔爆能力强的优点。实际上，聚氨酯泡沫是一种密度小、成型容易的多孔介质，具有很好的吸收动能的特性，能够缓和冲击、减弱振荡、减低应力幅值。通过试验研究证明，它能起到很好的隔爆、消压、吸能的作用[14]。它的使用通常是在防护工程设计中，用它与钢筋混凝土和（或）钢板构成复合结构来抵御武器爆炸的打击[15]。

对于复合材料或复合结构的防爆、防冲击波性能，学者也开展了研究。2002 年，金子明等研究了芳纶复合材料的抗爆震性能[16]。研究结果表明，Kevlar/SIS 树脂复合材料具有非常有效的衰减冲击波强度的特性。对于泡沫材料（如聚苯乙烯、聚氨酯泡沫）作为防护层内衬的复合结构也进行了有关防破片和冲击波的研究，包括数值模拟、试验和机理方面的研究[17]。

周冰、李良春等[18]研究了弹药防殉爆的包装技术、包装的设计形式和技

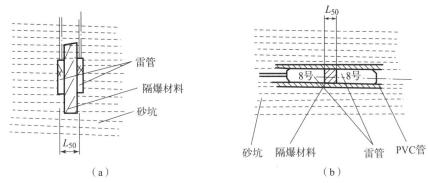

图 1.10　隔爆试验示意

（a）升降法求雷管径向殉爆半爆距离实验装置；
（b）升降法求雷管轴向殉爆半爆距离实验装置

术方法，以防止弹药间殉爆的发生。综合运用弹药安全性评估、弹药殉爆、弹药殉爆试验、爆炸防护和包装设计五个专业方向的技术方法，分析概括弹药防殉爆包装技术实施原理和典型的防殉爆包装应用案例。认为隔爆、抗爆、泄爆和缓冲减震四种技术是弹药防殉爆包装设计实施的主要依据。弹药防殉爆包装是解决弹药殉爆问题的一条可靠途径。在弹药防殉爆包装具体实施时要考虑弹药的安全性要求、弹药殉爆试验结果和防护包装的经济性等因素。

彭斐[19]针对工程兵专用弹药储存及安全防护存在的现实问题，提出区分战役级与战术级弹药存放要求，对战场环境下工程兵专用弹药进行了存放与安全防护设计，为工程兵弹药储存防护工作提供了方法指导。

徐露梅[20]主要研究了弹药防殉爆包装箱不同箱体材料的阻抗匹配对破片、冲击波和全弹爆炸的影响规律，并据此提出了提高弹药防殉爆包装箱抗爆能力的途径及设计准则。

赵耀辉、焦清介等[5]对包装件中雷管的防殉爆问题进行了分析，从包装材料和包装结构上进行考虑提出了几个防殉爆措施，并进行了一定的分析。

北京理工大学的王海福认为，防殉爆问题可以归结为超近距离爆炸防护范畴[21]，一般可以表现为三大特征：第一，爆炸作用时的威力参数（冲击波压力或冲量）量值高；第二，殉爆源与被防护对象之间的距离很近（几厘米至几十厘米）；第三，不允许防殉爆措施所引起过重的非有效重量以及过大的非有效体积。这无疑为防殉爆研究工作提供了思路。

3. 发泡防殉爆包装防护材料的现状与趋势

防殉爆包装材料依据隔爆和抗爆的原理，应选择具有阻燃、抗冲击、抑爆性能的材料作为弹药的防殉爆包装材料。弹药爆炸会产生冲击波、爆轰产物和高温，所以在设计具备防殉爆功能材料时必须用到阻燃防爆材料。阻燃防爆材料能快速传递热量，阻止火焰传播，从而防止殉爆事故。其基本原理是用蜂窝结构与多孔泡沫材料填充包装箱，将包装箱分成狭窄的腔体，多孔泡沫材料具有熄灭火焰和衰减冲击波的作用。因此，它可以抑制火焰的快速蔓延和能量的瞬时释放，从而达到防殉爆的目的[22]。

Mostafa 等研究表明，使用聚氨酯泡沫作为阻隔介质，可有效地减弱冲击波能量，使殉爆安全距离缩短 50% 以上[23]。

泡沫材料是现代塑料工业和橡胶工业的重要组成部分，随着塑料、橡胶原料工业的迅速发展及泡沫材料制造工业和设备的改进，泡沫材料的品种和数量正在大幅增加。促使其增长的一个原因是泡沫材料可以降低产品的成本；另一个原因是泡沫材料具有吸声、防震及隔热等性能。目前，泡沫塑料应用于汽车、建筑、包装、航海、军事及民用等各个领域。近年来，随着工业技术的发展和人们生活水平的改善，对泡沫材料制品的质量要求也有新的提高。

目前，全世界都在使用聚烯烃泡沫，泡沫塑料工业得到了极其迅速的发展，特别是在工业发达国家，泡沫塑料行业已经成为独立且规模较大的化学工业部门，出现了各种不同结构和性能的塑料发泡材料。其中，美国和日本所占的市场份额较大；而在北美，泡沫塑料主要用于工业生产[24]。

泡沫塑料作为缓冲包装材料，具有质量轻、密度小、比强度高、隔热性好、吸收冲击载荷能力强、隔声能力强等特性。聚乙烯泡沫塑料同其他泡沫塑料相比，具有较少破损、反复使用后其弹性也不受影响的特性，常用作耐久性缓冲包装材料。而且聚乙烯树脂来源广泛，价格低廉。1941 年，美国杜邦公司首先提出用氮气做发泡剂制取聚乙烯泡沫塑料。20 世纪 50 年代初，聚乙烯泡沫塑料作为电缆绝缘材料，首先开始工业化生产。20 世纪 70 年代初，联邦德国巴斯夫公司用预发泡的聚乙烯珠粒生产聚乙烯泡沫塑料[25]。

但是，由于泡沫聚乙烯中有电阻为 $10^{17} \sim 10^{18}\,\Omega$ 的绝缘材料，当用作包装材料时，由于与被包装物的摩擦和下落撞击等原因，极其容易带电，造成的后果不堪设想，严重影响产品的可靠性。因此，在许多场合下，需要对聚乙烯缓冲包装材料进行抗静电改性才能安全可靠地使用[26]。

另外，高分子材料也包括泡沫塑料，绝大多数在空气中是可燃和易燃的。近几十年来，世界各国所发生的火灾，相当一大部分是由于高分子材料被引燃所导致的[27]。所以在泡沫塑料中添加抗静电剂提高其抗静电性能的同时，也要求其进行阻燃改性。

1.2.2　金属隔爆抑爆防护材料的现状与趋势

1. 国外金属隔爆抑爆防护材料的现状与趋势

20 世纪 60 年代，欧洲开始使用金属类隔爆抑爆材料，用于降低燃油储槽的火灾爆炸隐患。20 世纪 80 年代，欧美等国家已在军事领域，特别是空军方面广泛使用隔爆抑爆材料。1982 年，美军颁布实施 MIL－B－87162《飞机燃油箱用网状铝合金阻隔抑爆材料》，并在随后的海湾战争中，美军的直升机和战斗车辆燃油箱中均使用铝箔抑爆材料。1994 年，将 MIL－B－87162 规范修订为 MIL－B－87162A，进一步对金属网状铝合金抑爆材料的测试评定方法作出详细的规定。但是由于金属类抑爆材料存在装填拆卸过程烦琐、维护成本高昂、金属碎屑堵塞进油口等一系列问题，美军最终于 2004 年放弃在飞机上使用这类材料，并取消了 MIL－B－87162A 规范。目前，金属类抑爆材料主要用于民用方面，主要生产公司有加拿大的 Explosafe、美国的 Deto－Stop、奥地利的 Exess 和 EXCO 等公司[8]。

20 世纪 60 年代，西班牙科学家研制成泡沫状聚氨酯抑爆材料，将其装填于容器中，其中的孔洞可以起到阻燃与抑爆的作用，又不会妨碍流体在其中自由流动。但在湿、热的使用环境下，浸泡在燃油中的聚氨酯泡沫会因水解而破碎，其使用期限只有 2～5 年。20 世纪 80 年代，加拿大、奥地利等国又研制了新型的金属抑爆材料，克服了聚氨酯泡沫抑爆材料的缺点，在军事、工业、交通运输和日常生活中得到了应用，他们试验过 Cu、Ni、Al 等泡沫金属与丝状编织物，但由于制造工艺复杂、成本较高等原因而没有采用。目前，国外应用的金属抑爆材料是由 3003 铝合金制造：一种是蜂窝形网状的；另一种是球状的。由于球的直径较小，可以从油箱的加油孔中直接加入，因此使用比较方便；缺点是在每立方米中的加入量和所占的体积较网状抑爆材料的大。金属抑爆材料是一种用金属制造的蜂窝状结构材料，将它装入存放有易燃、易爆的流体容器后，在发生意外事故时，可以防止或抑制容器内可燃气体或蒸汽的爆炸，避免容器破坏。从抑爆效果和使用性能考虑，抑爆材料的原材料应当具有良好的导热性、高的热容量、低的密度和一定的力学强度等性能，且资源丰富、价格合适，可回收性好等。而铝可以满足这些性能[28]。

A. Teodorczyk 和 J. H. S. Lee[29]用高速分幅摄像机和熏箔系统进行试验，发现用适当吸波材料衬在管道壁上能有效减小爆炸波。Robert Zalosh[30]评论了军用飞机油箱上可以抑制气体/蒸汽—空气混合物爆燃的金属丝网及聚合泡沫材料，解释了这些材料的基本原理。C. Cuo[31]等发现多孔钢板、金属丝网和钢丝绒可以减弱压力波的传播。田原等[32]基于瑞士 eXess 公司的试验，对网状铝合金防火抑爆材料的基本性能进行了介绍，分析了影响网状铝合金防爆材料性能的因素。

奥地利格拉茨技术大学机械学院斯特范（Steffan）教授对埃克塞斯公司的网状铝箔防火抑爆产品的抗冲击性能作了试验。试验表明，该产品能有效地降低 0～50% 的外来冲击力。这就是说，铝箔防火抑爆产品填充于油品容器内相当于提高了容器的力学性能，无疑是目前频频发生的易燃易爆危险化工产品交通事故的"克星"[28]。

2. 国内金属隔爆抑爆防护材料的现状与趋势

我国对金属防爆材料的研究比国外起步要晚，最初的网状铝合金防爆材料是由原中国兵器工业部第五二研究所研制的，于 1992 年通过了鉴定，并应用于我国民用设施中。20 世纪八九十年代，上海华篷防爆科技有限公司、汕头华安防爆科技有限公司、江苏安普特防爆科技有限公司、北京飞尼课斯抑爆材料有限责任公司、黑龙江福吉防爆材料有限公司是国内生产金属类阻隔抑爆材料的主要厂家，经过多年努力，这些厂家研发了金属抑爆材料，并在国内外危险化学品储运领域进行推广应用。北京公交集团燃料供应分公司加入了阻隔防爆橇装加油站的应用推广，并且取得了很好的成效。此外，我国也在大力推广和研究新型抑爆材料。易燃易爆危险化学品防爆技术是美国于 20 世纪 80 年代最先研发的，并最早应用于国防军事部门[33]。2003 年，科技部将阻隔抑爆技术列入年度国家重点科技推广项目。2004 年，国家安全生产监督管理总局将隔爆抑爆技术列为 2005 年安全生产重点科技推广项目，并于 2005 年颁布实施《汽车加油（气）站、轻质燃油和液化石油气汽车罐车用阻隔抑爆储罐技术要求》（AQ 3001—2005）和《阻隔抑爆橇装式汽车加油（气）装置技术要求》（AQ 3002—2005），以规范隔爆抑爆技术在汽车加油（气）站、成品油运输车槽罐、撬装式加油装置上的应用工作[13]。目前，我国已有 28 个省（自治区、直辖市）开始推广应用隔爆抑爆技术。总后勤部军需物资油料部于 2005 年起陆续在少量运油车上进行过试点应用。此外，武警部门在新疆等反恐敏感地区的运油车上也开始试用隔爆抑爆材料。

作为当时的一种新技术，隔爆抑爆材料一度成为各国研究的重大课题。根据原中国兵器部科技局"MK9399"文件精神，1995 年 1 月由中国兵器工业集团第五二研究所等三家单位在北京联合成立了"北京安普特高科技发展中心"，推进"铝合金抑爆材料及储存器"项目的开发，组织实施生产、推广应用及销售。"发展中心"在国内很快首次成功研制出了一种新型特种铝合金抑爆材料，并获得了国家专利[34]。

梁广喜和牛少伟等[35]介绍了特种铝合金抑爆材料，此项技术能有效防止爆炸的基本原理是采用物理阻燃原理。可从两个方面防止易燃、易爆容器发生爆炸：其一为蜂窝阻燃，将特种铝合金抑爆材料叠层充填后，容器内腔形成无数厚为 2 mm、边长为 10 mm 的正六边形蜂窝状"小室"，使火焰燃烧时需穿过这无数的"小室"，从而有效抑制火焰的迅速蔓延，避免爆炸的产生；其二为吸收热量，该材料具有良好的热传导及吸收性能，可迅速传导，吸收燃烧释放的绝大部分热量，降低压力增高速度，因而起到抑制爆炸的作用。

特种铝合金抑爆材料主要表现在适用介质广泛：可用于除氢气和乙炔外的绝大多数易燃、易爆气（液）体，如燃油、稀料、香蕉水、丙酮、丙烷等；可安装范围大：由于该材料良好的力学性能，可将其安装在流动或固定的储运容器中，包括安装在地上的容器中和安装在地下的容器中，并可适应各种温度、湿度环境，且能保持其性能不变。

侯向东、王祝堂[28]对易燃易爆流体运储抑爆铝箔的各种性能及影响因素进行了介绍，并详细介绍了带有抑爆铝合金网（球）的液化气瓶的制作，建议建设专业抑爆铝箔厂。为了防止容器内易燃易爆液体气体或粉尘的爆炸，可向容器内放置一种抑爆材料或抑爆装置，在发生意外事故时，能防止容器发生爆炸。侯向东、王祝堂认为，"抑爆装置由检测初始爆炸的传感器和压力式灭火剂罐组成，它在接收到动作信号后，就会在毫秒级时间内使灭火剂罐开启，并立即喷出灭火剂，但其结构复杂，价格也不菲，维护工作量也大，使用时还受灭火粉剂几十米每秒的扩展速度的限制，当可燃物质的爆炸强度高时，抑爆剂无法对爆炸进行有效的抑制，而只能起到限制爆炸范围的作用。因此，必须研制新的抑爆材料。"[28]

顾涛、王凯全等[36]研究了网状金属材料对火焰波的阻隔作用，设计了可架设阻隔材料的气体爆炸箱，借助高速摄像机及 ProAnalyst 软件，测定了不同点火位置，不同网状金属材料条件下的气体爆燃后火焰波运动状态，进而分析了网状金属材料在该条件下的阻隔作用。试验结果表明，同一材质的阻隔物距离点火源越近，对火焰波传播的阻隔作用就越明显。在距离相同的情况下，不同金属材料对火焰波的阻隔效果与其本身的热导率有关，热导率越大，阻隔火焰波的时间越短。由此推导出金属热导率与阻隔火焰波时间的函数关系。王树有等发现铝合金抑爆材料可以把 1.40 MPa 的爆炸压力抑制到 0.14 MPa。南子江等对自行研制的铝合金网状抑爆材料在不同留空容积和不同填充密度状态下的抑爆性能进行了研究。贺洪文、程进远发现，在爆炸容器内充填铝合金网状材料后，可改变容器内腔形状，遏制压力波的传播；同时，也可吸收燃烧释放出的大部分热能，从而达到抑爆作用。邢志祥等研究了网状铝合金抑爆材料填充率对抑爆性能的影响。

3. 铝合金抑爆材料出现的问题

国内学者林捷对我国使用抑爆材料的应用效果进行了研究，由于结垢影响，必须对使用几年的材料进行规范性的清洗。鲁长波等[8]模拟市售的四种不同厂家的铝合金抑爆材料、非金属类抑爆材料以及其自制的材料共六种在 10 L 的磨口玻璃瓶中长期储存出现的问题，并对油品质量进行了分析。结果指出，常用铝合金抑爆材料没有对油品的使用性能带来显著改变，但是对油品的长期储存产生一定的负面影响。基于以上试验对比得出，自制的尼龙类基础材料具有更好的储存性质。储罐是石化企业乃至其他中小型施工企业储存和运输气体和油品的关键设备。填充了抑爆材料的钢制储罐在使用一段时间以后，必须进行定期清洗和检修，或进行更换。

1.2.3　非金属隔爆抑爆防护材料的发展现状与趋势

1. 聚氨酯隔爆抑爆防护材料的发展现状与趋势

网状聚氨酯泡沫（聚酯型或聚醚型）是目前最常用的非金属类隔爆抑爆材料。20 世纪 60 年代初，美国 Scott Paper 公司研制的聚酯 I 型网状泡沫材料用于美国空军。1970—1972 年，聚酯 II 型网状泡沫材料投入使用，在抑爆能力不下降的前提下，相同体积的质量减少 25%。随后聚酯 III 型泡沫材料研制成功，实现了对燃油箱的部分填充设计。1974 年，聚醚型 IV 型和 V 型网状泡沫材料的研制成功从根本上解决了水解问题，并于 1978 年应用于军机系统。1986 年，具有自身导电功能的 VI 型和 VII 型泡沫材料研制成功，并在美国空军 A-10 和 C-130 飞机上试验和推广使用。1987 年，美国空军开始为其新型战机研发和评估耐高温泡沫材料，1990 年研制成功能够长期承受 150 ℃的网状泡沫材料，同时具有较高的水解稳定性和导电性能。

1968 年，美国空军制定了飞机燃油箱及干舱填充用的网状泡沫材料规范 MIL-B-83054，1973—1984 年经过四次修订，最终形成 MIL-B-83054B，即《飞机燃油箱用的阻隔惰性材料》。

1992 年，美国空军针对自身具有导静电功能的网状泡沫材料又制定了新的规范 MIL-F-87260，1998 年修订为 MIL-PRF-87260A，在 2006 年又进一步修订为 MIL-PRF-87260B，即《飞机燃油箱用的自身具有导静电功能的抑爆泡沫材料》。目前，生产网状聚氨酯泡沫材料的公司主要包括美国的

Foamex 和 Crest Foam 公司，全俄航空材料研究院，比利时 PRB 公司的 Racticel 分部，日本的 Mitsui 化学工业公司、Bridge Slance 公司等[8]。

共聚型网状聚氨酯抑爆材料（以下简称抑爆材料）因其抑爆性能优异、质量轻、装填方便灵活等优点[37]被各发达国家应用在飞机、舰船、车辆的燃料箱中用于抑爆防爆，是目前国际上应用最广且公认的主流抑爆材料。抑爆材料由开孔的改性聚氨酯泡沫材料经网格化处理后而成，其结构是五边形十二面体，面与面的交线称为经络，经络为相邻的多面体所共有而形成各向异性的立体骨架结构，经络间形成的层膜经网格化处理后消失。该材料的应用对提高飞机、车辆和舰船战时生存能力具有重要作用，在军事工业和民用工业等领域有广泛的应用前景。

美军在越南战争时期因直升机和作战飞机油箱被击中发生爆炸而损失惨重，因此率先将网状聚氨酯抑爆材料用作军用飞机、车辆及舰艇燃油箱的防火抑爆充填材料。经过多年来的应用改进，美军已研发出第一代聚酯型产品、第二代聚醚型产品，直至今天全面应用的第三代阻燃抗静电网状聚氨酯抑爆材料。美军已将抑爆材料全面应用于 C—130、P—3、F—4、F—5、A—10、F—14、F—15、FA—18 等主力战机中，最近美国奥什卡什公司研制的四代军车 JLTV、抑地雷反伏击车 MARP 使用的油箱内部就添加了同类抑爆材料。美国通用动力公司研制的斯特赖克装甲车改型车后门两侧油箱内也装填了类似抑爆材料；俄罗斯紧随其后也将该材料应用于装备油箱中；国内引进的俄罗斯战车和飞机上均有网状抑爆材料的大量应用[37]。

国内中国兵器工业集团第五三研究所是国内较早从事非金属抑爆材料研究的单位，原沈阳航空工业学院（现沈阳航空航天大学）也相继开展了"燃油箱填充用防火抑爆网状泡沫材料"和"充填俄制网状聚氨酯泡沫油箱的燃油冲刷静电试验研究"等研究工作。北京航空材料研究院曾开展网状聚氨酯泡沫材料的研制工作。深圳国志汇富高分子材料股份有限公司等是网状聚氨酯抑爆材料的主要生产厂家[8]。

田宏、王旭等[38]介绍了网状聚氨酯泡沫材料的多种制备方法、材料的主要特性及应用情况，认为网状聚氨酯泡沫材料具有较高的空隙率、较小的流体流动阻力、较好的稳定性、良好的力学性能和可靠的抑制火焰及爆炸传播的能力，广泛用作飞机等军事装备燃油箱的防火抑爆填充材料，同时还作为"骨架"材料用于生产网状陶瓷和网状金属材料。

王松、陈朝辉等[39]介绍了网状聚氨酯泡沫的三维孔结构特征及其制备工艺，重点综述了网状聚氨酯泡沫的最新应用进展。网状聚氨酯泡沫可追溯到 20 世纪 60 年代，是由美国的 Scott Paper 最先研制成功，并立即应用到燃油箱的防爆层。目前，网状聚氨酯泡沫已成为 Technical Foams 体系中极为重要的一部分，其应用领域和发展前景越来越广阔。

传统的隔爆抑爆材料包括金属类和非金属类材料。其中，金属类材料主要是铝合金材料，但其在使用过程中易受溶剂腐蚀，产生碎渣并堵塞进油口；常见的非金属类材料主要有陶瓷材料、聚氨酯材料等，陶瓷材料脆性大、耐冲击能力低、易碎，聚氨酯材料易受油品冲刷，导致静电事故，且聚氨酯类高分子材料在汽油中会发生溶胀现象[40]，长时间浸泡后与燃油可能会发生相互作用。

2. 新型非金属隔爆抑爆防护材料的发展现状与趋势

近些年来研制出一些新的抑爆技术和抑爆材料，尤其是网状高分子材料与非金属球形材料表现出了较好的抑爆性能。新型非金属隔爆抑爆材料的抑爆原理与金属材料的基本类似，均是将空间分成若干"小室"或"腔体"，形成较高的比表面积，通过吸收和传导热能破坏燃烧介质的爆炸条件，降低火焰燃烧速度，从而抑制爆炸[1]。为了克服传统隔爆抑爆材料存在的易腐蚀、分解物堵塞油路损坏发动机等技术问题，多方面开展了抗腐蚀的新型非金属隔爆抑爆材料研究。

臧充光、朱祥东等[41-44]对新型非金属隔爆抑爆材料进行了设计与研究，并开展了功能防护材料热传导机理及抑爆结构与机理研究。采用碳纤维/碳纳米管/石墨烯/纳米石墨等填充高耐溶性聚酰胺树脂，同时进行阻燃改性，制备具有阻燃、抗静电、导热与燃料相容性好、力学性能优良的非金属球形隔爆抑爆材料，并将设计制成的中空格栅状球形隔爆抑爆结构填充于烷烃燃料储运容器。通过表面修饰，获得多相界面相容性和分散性规律；通过对阻燃、导电、导热、抑爆性能的表征与分析，得到微纳米尺度协同导电、导热模型与导电"渗滤阈值"、热导率方程；通过理论研究、性能测试、材料表征等手段获得导电、导热机理，从而揭示非金属隔爆抑爆材料阻隔火焰传播与释放爆炸能量的规律，破坏燃烧介质的爆炸条件等抑爆机理。为新型非金属隔爆抑爆材料应用提出理论支持。

聚酰胺具有优良的综合性能，是目前世界上产量最大、应用范围最广的工程塑料。按照 ASTM 标准，聚酰胺属于自熄型聚合物，同时达到了 UL94 V-2 级别，具有一定的阻燃性能。由于聚酰胺的广泛应用背景，早在 20 世纪 70 年代，世界各国对聚酰胺的阻燃性能就进行了广泛的研究。聚酰胺阻燃复合材料随着阻燃技术的不断研究与深入，主要的研究与开发方向：①环境友好化；②协效阻燃体系。由于单一的阻燃剂通常在低含量时无法满足阻燃要求，而高含量的阻燃剂则导致复合材料其他性能的严重降低，因此如何通过复配技术解决复合材料的阻燃难题，是现在的阻燃技术发展的重要领域之一；③复合材料的多功能化。目前，复合材料通常需要集多种功能于一体，因此，在提高复合材料阻燃性能的基础上同时改善材料的其他性能具有很大的发展空间[1]。

焦清介、臧充光、朱祥东等[45]对尼龙 6 基碳纤维/石墨烯多尺度复合材料的力学与导电性能进行了研究，为了提高尼龙 6 的力学强度与导电性能，设计合成了改性石墨烯包覆碳纤维（CF）复合填料，使复合材料的冲击强度、弯曲强度以及导电性能均得到了不同程度的提升。

薄雪峰、鲁长波等[46]在临界起爆能和高起爆能条件下，对装填不同碳纤维含量的球形非金属隔爆抑爆材料的油箱进行等效静爆试验，探究球形非金属隔爆抑爆材料中碳纤维含量对其防爆性能的影响。利用红外热成像仪、高速摄像机分别记录油箱爆炸火球的温度场参数及爆炸过程，并与未填装隔爆抑爆材料的油箱进行对比。试验结果表明，在临界起爆能条件下，装填四种材料的油箱均有一定阻燃防爆效果，油箱爆炸产生的燃料云团面积有依次减小的趋势；在高起爆能条件下，四种材料的外场防爆性能分数分别为 16.93、22.04、32.51、94.18，材料的防爆能力随着碳纤维含量的增加而增强。

张新、张鑫等[47]研究了聚丙烯隔爆抑爆材料的制备与阻燃性能，以十溴二苯乙烷为阻燃剂，采用熔融挤出喷丝技术将聚丙烯阻隔抑爆材料母粒加工成具有多孔形状的聚丙烯阻隔抑爆材料，对比分析了聚丙烯阻隔抑爆材料和多孔铝合金阻隔抑爆材料在相同试验条件下的阻燃性能。

周春波、张有智等[48]对 M85 甲醇汽油和高密度聚乙烯阻隔抑爆材料在50 ℃下进行模拟储存试验，对比试验前、后油品和材料相关性能的变化情况。试验结果表明，浸泡过材料的油样与平行储存的油样相比，外观色度保持不变，M85 甲醇汽油的酸度和实际胶质等指标变化极小，不会影响甲醇汽油的品质。高密度聚乙烯阻隔抑爆材料与 M85 甲醇汽油共存后，其表观外貌以及压缩强度基本保持不变。

赵立倩[6]、谷晓昱等设计了一种新型阻燃抑爆材料——球形非金属阻燃抑爆材料，针对不同的燃油体系，选择三种极性不同的聚合物基体——线性低密度聚乙烯（LLDPE）、尼龙 6（PA6）和聚酮（POK）基材进行阻燃性能、熔融流动性和抗静电性能等的改性试验，讨论了这几个因素对阻燃抑爆材料防爆性能的影响。

Baena 等[49]研究了在 45℃ 条件下，高密度聚乙烯高分子材料与不同乙醇含量的生物乙醇汽油的相容性；Labari 等[50]研究了车用生物乙醇汽油与几种常见的高分子聚合物材料的相容性。结果表明，高分子聚合物材料在乙醇汽油这类极性溶剂中会发生溶胀，从而降低材料的性能。

贾佳等认为，舰船越来越多的搭载飞机，往往装载有大量的喷气燃料，由于喷气燃料闪点较低，危险性较大，必须对喷气燃料油舱进行抑爆处理。目前，舰船上广泛采用充填惰性气体的方式对喷气燃料油舱进行抑爆。惰性气体抑爆主要通过降低氧浓度来有效遏制火焰传播，从而实现抑制爆炸。但是，该方法必须在喷气燃料舱密闭、舱内充满惰性气体并保持正压的情况下才能发挥作用，一旦油舱发生破损漏气，防护作用将大大减弱，甚至消失。且惰性气体抑爆需要专门配套复杂的惰性气体产生装置，使用维护费用高、对舰船总体资源消耗大。采用新型非金属阻隔抑爆材料可有效地克服一些技术缺陷[51]。

| 参考文献 |

［1］赵耀辉.雷管防殉爆包装技术研究［D］.北京：北京理工大学，2006.

［2］汪佩兰，李桂茗.火工与烟火安全技术［M］.北京：北京理工大学出版社，1996.

［3］唐平，罗明文.国外火工品防殉爆技术现状分析［J］.包装工程，2018，39（13）：254-259.

［4］胡学先，蒋罗珍.雷管展望［J］.火工品，1998（4）：40-43.

［5］赵耀辉，焦清介，臧充光，等.雷管包装中防殉爆措施的分析［J］.工业安全与环保，2006，32（2）：46-47.

［6］赵立倩.燃油用阻燃抑爆高分子复合材料的结构设计与制备［D］.北京：北京化工大学，2018.

［7］朱祥东.聚酰胺基球形阻隔防爆材料的制备、性能与应用研究［D］.北京：北京理工大学，2015.

［8］鲁长波，安高军，王浩喆，等.储存过程中阻隔防爆材料对油品性能影响研究［J］.中国安全生产科学技术，2014，10（10）：124-130.

［9］Grabenkort R W，Quinn R M. Safety Packaging Improvements：US，5332399［P］.1994-07-26.

［10］李铮，项续章，郭梓熙，等.各种炸药的殉爆安全距离［J］.爆炸与冲击，1994，14（3）：231-241.

［11］张华.工业电雷管轴向殉爆安全性研究［J］.矿业快报，2003（12）：

23 – 24.

[12] 朱顺官，牟景艳，吴幼成．雷管侧向殉爆效应特点研究［J］．火工品，2004（2）：33 – 35.

[13] 陈网桦，朱卫华，彭金华，等．轻质隔爆材料的实验研究［J］．中国安全科学学报，1996，6（6）：17 – 20.

[14] 胡明胜，刘剑飞，王悟．硬质聚氨酯泡沫塑料的缓冲吸能特性评估［J］．爆炸与冲击，1998 18（1）：42 – 47.

[15] 任志刚，楼梦麟，田志敏．聚氨酯泡沫复合夹层板抗爆特性分析［J］．同济大学学报，2003，13（1）：6 – 10.

[16] 金子明，张菡英，王亚平．芳纶复合材料抗爆震性能研究［J］．纤维复合材料，2003，1（11）：11 – 13 + 10.

[17] 黄平．起爆药运输装置动力学及其应用性能研究［D］．北京：北京理工大学，2004.

[18] 周冰，李良春，张会旭．弹药防殉爆包装技术浅析［J］．包装工程，2018，39（1）：217 – 222.

[19] 彭斐．工兵用弹药战时储存防爆研究［D］．青岛：中国石油大学（华东），2013.

[20] 徐露梅．战斗部抗爆能力及隔爆技术研究［D］．沈阳：沈阳理工大学，2022.

[21] 王海福．多孔材料对爆炸载荷的弱化效应及机理研究［D］．北京：北京理工大学，1997.

[22] 高方方，杨豪杰，陈尔余．弹药防殉爆包装技术研究进展［J］．包装工程，2022，43（13）：151 – 157.

[23] MOSTAFA H E, MEKKY F W, WAEL W. EI – Dakhakhni. Sympathetic Detonation Wave Attenuation Using Polyurethane Foam［J］. Journal of Materials in Civil Engineering, 2014, 26（8）：04014046.

[24] 丁小蕾．阻燃抗静电聚乙烯发泡材料的研究［D］．北京：北京理工大学，2007.

[25] YOUN J R, SUB N P. Processing of microcellular polyester composites［J］. Polymer Composites 1985, 6（3）：175 – 180.

[26] 国明成，彭玉成．微孔发泡塑料挤出过程中各种影响因素的研究［J］．中国塑料，2002，16（2）：52 – 55.

[27] 吴舜英，马小明，徐晓，等．泡沫塑料成型机理研究［J］．材料科学与工程，1998，16（3）：30 – 33.

[28] 侯向东，王祝堂. 易燃易爆流体运储抑爆铝箔 [J]. 轻合金加工技术，2011，39（6）：1－10.

[29] TEODORCZYK A，LEE J H S. Detonation attenuation by foams and wire meshes lining the walls [J]. Shock waves，1995，4（4）：225－236.

[30] ZALOSH R. Deflagration suppression using expanded metal mesh and polymer foams [J]. Journal of Loss Prevention in the process Industries，2007，20（4）：659－663.

[31] CUO C，THOMAS G，LI J，et al. Experimental study of gaseous detonation propagation over acoustically absorbing walls [J]. Shocks Waves，2002，11（5）：353－359.

[32] 田原，顾伟芳，田宏. 新型网状铝合金防火抑爆材料的性能及其应用 [J]. 工业安全与环保，2007，33（3）：38－40.

[33] 冯涛，孙晔成，丁秀玉. 中国阻隔防爆技术的开路先锋 [N]. 北京：科技日报，2010－03－04（004）：1－5.

[34] 汪之清，南子江，李怀德，等. 用于易燃易爆物品的抑爆材料 [P]. 内蒙古：CN1077172，1993－10－13.

[35] 梁广喜，牛少伟. "特种铝合金抑爆材料"介绍 [J]. 消防科学与技术，2001（6）：27.

[36] 顾涛，王凯全，疏小勇，等. 金属丝网对火焰波阻隔效应研究 [J]. 消防科学与技术，2014，33（01）：14－17.

[37] 吴炅，黄成亮，于名讯. 共聚型网状聚氨酯抑爆材料的应用 [J]. 包装工程，2017，38（23）：16－20.

[38] 田宏，王旭，高永庭. 网状聚氨酯泡沫材料的制备、性能及应用 [J]. 沈阳航空工业学院学报，1998，15（2）：43－46.

[39] 王松，陈朝辉. 网状聚氨酯泡沫应用进展 [J]. 材料科学与工程学报，2003，21（2）：298－301.

[40] 商红岩，董松祥，刘晨光，等. 甲醇汽油橡胶溶胀抑制剂及其性能评价 [J]. 中国石油大学学报（自然科学版），2012，36（5）：151－159.

[41] 臧充光，朱祥东，郭学永，等. 一种非金属阻隔抑爆球. 国家发明专利. 已授权，专利号：ZL 201210232080.4.

[42] 臧充光，朱祥东，焦清介，等. 一种非金属阻隔抑爆材料及其组合物. 国防发明专利. 已授权，专利号：ZL 201218005494.x.

[43] 焦清介，朱祥东，臧充光，等. 中空栅格状球形填充体. 实用新型专利. 已授权，专利号：ZL 201320127628.9.

［44］ 郭学永，朱祥东，臧充光，等．一种非金属阻隔抑爆球及其组合物．国家发明专利．已授权，公开号：CN102921124 A.

［45］ 焦清介，臧充光，朱祥东．尼龙6基碳纤维/石墨烯多尺度复合材料的力学与导电性能［J］．中国科技论文，2016，11（12）：1407 - 1412.

［46］ 薄雪峰，鲁长波，杨真理，等．碳纤维含量对球形非金属阻隔防爆材料防爆性能的影响［J］．中国安全生产科学技术，2016，12（7）：37 - 41.

［47］ 张新，张鑫，吴洁，等．聚丙烯阻隔抑爆材料的制备与阻燃性能研究［J］．安全与环境工程，2018，25（6）：132 - 138.

［48］ 周春波，张有智，张岳，等．聚乙烯基石墨烯复合多孔球形材料的制备及性能表征［J］．材料导报，2019，33（Z1）：453 - 456.

［49］ BAENA L，JARAMILLO F，CALDERÓN J A. Aggressiveness of a 20% bio-ethanol 80% gasoline mixture on autoparts：II Behavior of polymeric materials ［J］. Fuel，2012，95（1）：312 - 319.

［50］ BERLANGA - LABARI C，ALBISTUR - GOÑI A，BARADO - PARDO I，et al. Compatibility study of high density polyethylene with bioethanol - gasoline blends ［J］. Materials & Design，2011，32（1）：441 - 446.

［51］ 贾佳，吴晓伟，晋文超．舰船油舱新型抑爆材料抑爆效能实验研究［J］．舰船科学技术，2020，42（7）：51 - 55.

第 2 章

防殉爆防护材料与技术

雷 管殉爆的严重程度与发生殉爆的雷管数量成正比，在运输、储存等条件下，雷管放置的数量和密集度都是较大的，这是由雷管的包装形式所决定的。目前，雷管普遍采用的包装方法是：首先用纸盒或纤维板盒装上多发雷管；其次用蜡封或塑料袋密封；最后以木箱作为外包装[1,2]。

奥地利布里蒙特 N8 号雷管：每一小纸包装盒装 50 发或 100 发；外包装箱为木箱，每箱装 5 000 发或 10 000 发。德国 8 号火雷管：每 100 发雷管装于一纸盒内；每 5 盒装于一个大纸板盒中，外面用塑料袋封包；外包装为木板箱，每箱装 10 袋（5 000 发），或者每箱装 20 袋（10 000 发）。美国 M6 火雷管：每个木箱装 6 个纤维板盒，每个纤维板盒装 25 个绝缘袋，每个绝缘袋装 1 个纸盒，每个纸盒装 6 枚雷管；每个木箱共装 900 枚雷管。俄罗斯 8M 型雷汞—特屈儿雷管：内包装为金属盒或纸板盒，每盒装 100 发；或者用小金属盒包装，每盒装 10 发；外包装为木箱，总共装雷管 5 000 发。

从上述例子可以明显地看出，在内包装中雷管是多发集中放置的，这样简陋的包装成了雷管发生殉爆的潜在因素，当某发雷管意外爆炸，就会使得该雷管所在盒内相邻雷管发生殉爆，这样盒内的雷管爆炸又会殉爆另一盒内的雷管，最后导致包装件中所有雷管发生爆炸。正是考虑到雷管在集中装运和储存条件下殉爆的危险性及危害显著的问题，因此有必要对现有雷管的内包装采取防殉爆包装，这样必然对降低雷管包装件整体爆炸的可能性及其危险等级提供技术借鉴[3-5]。

雷管被殉爆是由于雷管的装药受到了主发雷管爆炸产生的作用，因此采取防殉爆的基本思路就是要弱化主发雷管爆炸产生等的冲击载荷，使得被发雷管的装药接收的能量小于其临界起爆能。在现有的雷管包装中，雷管是密集放置的，而且内包装在起到固定雷管作用的同时也对其产生了一定的约束作用，在这样的情况下，主发雷管爆炸输出的三要素（冲击波、破片、热爆炸气体）不经衰减地、几乎全部作用到被发雷管上，这样大的冲击能量已经远远超出了雷管装药的临界起爆能，必然导致包装件中的雷管发生殉爆。因此，对雷管包装采取防殉爆就是要通过包装材料和包装结构来弱化主发雷管爆炸产生的冲击载荷，以此来达到雷管防殉爆的安全目的。编者团队所指导的研究生赵耀辉在北京理工大学学习研究期间进行了防殉爆防护材料与技术的探索，对雷管的防殉爆包装技术进行了以下三方面的研究[6]。

（1）对防殉爆包装用的隔爆材料进行研究。首先优选出隔爆性能优的隔爆材料，这主要是从现有的材料中做出选择，在材料选择时，遵循隔爆性能优、易于加工成型、同雷管具有优良的相容性、长储性能好、来源广泛、价格低廉等原则；其次采用聚偏氟乙烯（PVDF）压电传感器测压技术，研究雷管输出侧向冲击波在该隔爆材料中的传播衰减规律，并给出衰减方程。

（2）研究雷管在隔爆材料中的殉爆特性。雷管在不同的材料中，其冲击起爆压力是不同的，这跟材料的冲击阻抗[7]有关。因此，作为包装用的隔爆材料对雷管的冲击起爆压力的影响是不容忽视的，所以采用PVDF压电传感器测试技术研究雷管在隔爆材料中的殉爆特性，给出雷管殉爆时的临界参量。

（3）研究雷管防殉爆包装样机的结构。研究雷管防殉爆包装中侧向防殉爆安全距离的算式，研究影响雷管包装中防殉爆安全距离的各种因素，研究防殉爆包装中的隔爆措施，最终设计出雷管的防殉爆包装样机。

|2.1 雷管防殉爆包装用隔爆材料|

2.1.1 隔爆材料的优选

由雷管的输出起爆能力可知，被发雷管的殉爆主要是由于爆炸产生的破片和冲击波的作用导致的，所以防殉爆最基本的措施是选用隔爆性能优的材料作为包装件中雷管之间的介质。用于包装中的理想的隔爆材料：它一方面应当具有一定的强度并起到防破片撞击被发雷管的作用，而且需具有较好的缓冲吸能特性，从而起到削弱爆炸产生的冲击波强度；另一方面，它需要具有密度小、单位质量的体积小等特点，以此来达到较高的空间利用率。因此选择性能优的隔爆材料是提高雷管分散放置效率及其存放安全性的技术关键之一。

2.1.2 几种隔爆材料的性能分析

根据南京理工大学陈网桦等[7]的研究数据可知，在侧向防护方面，普通碳钢的隔爆能力（半爆距离为11.0 mm）最为突出；而在轴向防护方面，相比较而言，碳钢和硬铝的隔爆能力最为突出（见表2.1和表2.2）。这是因为普通金属材料具有良好的力学性能，在很小的距离内就可以有效地衰减掉由爆炸产生的冲击波以及抵抗破片的冲击作用。

表 2.1　不同材料的雷管（8 号雷管）径向殉爆结果[8]

材料		密度/($g \cdot cm^{-3}$)	L_{50}/mm	雷管类型
有机玻璃		1.15	19.0	纸壳
胶木板		1.37	13.3	纸壳
三合板		0.60	21.0	纸壳
石棉板		1.77	13.5	纸壳
砂子		1.57	16.5	纸壳
普通碳钢		7.80	11.0	铜壳
发泡镍		0.30	26.7	铜壳
普通橡胶		1.40	14.3	纸壳
硅橡胶	硬质	1.13	20.7	纸壳
	轻质	1.12	24.2	纸壳
聚氨酯橡胶		1.27	21.7	铜壳
半硬质微孔聚氨酯泡沫塑料		0.45	19.2	铜壳
		0.68	17.5	铜壳
		1.13	14.2	铜壳
硬质聚氨酯泡沫塑料		0.226	21.4	铜壳
		0.345	19.2	铜壳

表 2.2　不同材料的雷管（8 号雷管）轴向殉爆结果[8]

材料	泡沫金属	普通橡胶	碳钢	硬铝
密度/($g \cdot cm^{-3}$)	4.34	1.4	7.8	2.7
L_{50}/mm	6.5	24.3	2.3	5.9

（1）由于金属材料不仅空间利用率高，而且导热性能好，所以在雷管爆炸时产生的较高的热量积累也不会导致较高的温升，就不可能发生燃烧。然而，金属材料的密度较其他材料要高很多，如用其做防殉爆包装材料，则会引起过大的非有效质量。

（2）泡沫材料在隔爆能力上比其弹性体有相比较的优势。由表 2.1 所示中的数据可看出，半硬质微孔聚氨酯泡沫塑料的隔爆性能要优于聚氨酯橡胶。这是因为，泡沫材料的密度小，且静态和动态的压缩性能都很好，它们内部存在大量的空隙或孔洞。因此，泡沫材料有着不同于一般密实材料的冲击压缩特性，当材料在承受动态冲击载荷时，其内部空隙或孔洞屈曲、坍塌，从而能吸收大量的冲击能。但是，在达到相同的隔爆效果下，泡沫材料需要的厚度要比金属材料大得多，因此它们的空间利用率是比较低的。

（3）非金属密实材料。非金属密实材料种类较多，涵盖了高分子及其改性材料、普通无机材料等。它们在力学性能上有些甚至可以同金属材料相媲美，应用极为广泛。大多非金属密实材料在抗爆的能力、空间占用率、质量等方面一般介于金属材料和泡沫材料之间。因此，在选用某种材料作为雷管间的隔爆介质时，要综合地衡量各种因素对包装总体效果的影响，以做到合理的选择。

从表 2.1 所示中可以看出，胶木板具有隔爆性能优，质量较轻，价格低廉，来源广泛等诸多优点。同时在调研、试验过程中发现一种硬纸板包装用材料，其质量轻，密度只有 $0.9 \ g/cm^3$；pH 为 6.5，接近中性，能与雷管保持良好的相容性，且生产成本低廉。因此，选择胶木板和硬纸板作为准包装用隔爆材料，研究它们的隔爆性能，最终从两者中做出优选。

2.1.3 用升降法考查材料的隔爆性能

1. 升降法试验

升降法是一种估计临界值的感度试验数理统计方法，适用于在已知感度分布为正态或 Logistic 回归类型时估计总体参数和特定响应点的感度试验。这种方法操作简便，在较小的试验量下就能得到较为准确的结果，尤其对 50% 响应点的估计的准确度仅次于兰利法。正是由于升降法的这些优点，所以被广泛应用于其他具有临界性质的试验中，并且取得了较为理想的结果。因此，这里采用升降法对胶木板和硬纸板的隔爆性能进行定性试验研究。

试验中所用的硬纸板符合 GB/T 2822—2008《厚纸板》标准，密度约为 $0.9 \ g/cm^3$；胶木板符合 JB/T 8149.2—2000《酚醛棉布层压板》标准，密度约为 $1.7 \ g/cm^3$。所用电雷管的参数：装药量约 160 mg（三硝基间苯二酚铅 20 mg、羧铅 80 mg、季戊四醇四销酸酯 60 mg），外径为 4.9 mm，高度为 10 mm。

试验示意如图 2.1 所示。在隔爆介质中开孔的孔径为 4.9 mm，这个尺寸同所用雷管的外径是相同的，以保证雷管放入时紧贴孔壁。孔深为 12 mm，大于试验用的雷管高度，以减少侧向稀疏波的影响。通过初步试验发现，雷管在硬纸板与胶木板的殉爆概率分别发生在 5～6 mm 和 7～8 mm（两雷管之间隔爆介质的厚度）以及 50% 殉爆分别处于 5.5 mm 和 7.4 mm 附近。分别以 5.5 mm 和 7.4 mm 为初始量，以 0.1 mm 为步长进行升降法统计试验。试验数据列于表 2.3 和表 2.4 中。

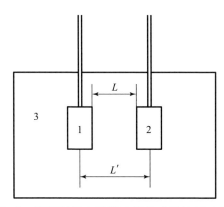

图 2.1　隔爆材料中雷管殉爆的升降法试验示意
1—主爆雷管；2—被爆雷管；3—隔爆介质（硬纸板或胶木板）

表 2.3　雷管在胶木板中殉爆的升降法试验数据

H/mm	1	2	3	4	5	6	7	8	9	10	11	12	13	14	15
7.6			0				0								
7.5		1		0		1		0							
7.4	1				1				0		0		0		1
7.3										1		1		1	
7.2															

H/mm	16	17	18	19	20	21	22	23	24	25	26	27	28	29	30
7.6															
7.5	0		0								0		0		0
7.4		1		0		0				1		1		1	
7.3					1		0		1						
7.2								1							

表 2.4　雷管在硬纸板中殉爆的升降法试验数据

H/mm	1	2	3	4	5	6	7	8	9	10	11	12	13	14	15
5.7											0				
5.6				0						1		0		0	
5.5	0		1		0		0		1				1		0
5.4		1				1		1							
5.3															

H/mm	16	17	18	19	20	21	22	23	24	25	26	27	28	29	30
5.7												0			
5.6			0					0		1		0			
5.5		1		0				1		1				0	
5.4	1				0		1								1
5.3						1									

试验结果处理及结论如下。

对于胶木板，有：

由 $\sum n_i(1) = \sum n_i(0)$，得 $n = \sum n_i(1) = 15$　$n_i = n_i(1)$

$(i = 0, \pm 1, \pm 2, \cdots)$

计算 A、B 和 M：

$$A = \sum i n_i = -5$$

$$B = \sum i^2 n_i = 9$$

$$M = \frac{nB - A^2}{n^2} = 0.488\ 9$$

计算 50% 殉爆距离 $L_{50\%}$：

$$L_{50\%} = L_0 + \left(\frac{A}{N} - 0.5\right)d = 7.36 \ (\text{mm})$$

式中：$L_{50\%}$——50% 殉爆距离；

L_0——距离初始值；

A、B——统计量；

N——有效样本量；

d——步长；

M——方差数。

对于硬纸板，有：

由 $\sum n_i(1) = \sum n_i(0)$，得 $n = \sum n_i(1) = 15$　$n_i = n_i(1)$

$(i = 0, \pm 1, \pm 2, \cdots)$

计算 A、B 和 M：

$$A = \sum i n_i = -3$$

$$B = \sum i^2 n_i = 7$$

$$M = \frac{nB - A^2}{n^2} = 0.4267$$

计算 50% 殉爆距离 $L_{50\%}$：

$$L_{50\%} = L_0 + \left(\frac{A}{N} - 0.5\right)d = 5.47 \ (\text{mm})$$

对比胶木板和硬纸板的 50% 殉爆距离 $L_{50\%}$ 不难看出，硬纸板比胶木板具有更好的隔爆性能，且硬纸板的质量比胶木板的轻很多。因此，硬纸板在雷管防殉爆包装上的应用更有潜力。

2.1.4　雷管输出侧向冲击波在硬纸板中的衰减规律

冲击波在介质中的衰减：冲击波作用于介质并在介质中传播，在传播的过程中，冲击波的能量被介质消耗掉，表现为随着冲击波在介质中传播距离的增加，而冲击波的压力峰值下降。介质性质的不同，冲击波在介质中的衰减机理也是不同的。

1. 多孔材料中冲击波的衰减[9]

多孔材料较其相应的密实材料具有较大的初始比容，从而决定其具有不同于一般密实材料的冲击压缩特性。例如，当多孔材料被冲击压缩到与其相应的密实材料具有同一终态比容或压力时，多孔材料所需的冲击压力和能量更多，材料内部将产生更高的冲击温升。多孔材料的显著特征在于内部存在大量孔隙，而在冲击波作用下，材料首先被致密，以消除孔隙。致密过程可分为几个阶段：首先孔壁发生弹性变形，部分冲击能量转变为弹性能，同时气隙被绝热压缩并吸收部分能量；继而孔壁发生塑性塌缩或脆性破碎，将部分冲击能量转变为塑性能，气隙绝热压缩过程基本结束，随后被逐渐压实直至接近密实材料。一旦多孔材料被完全致密，冲击波在其中的传播行为与相应密实材料基本相同。冲击波在多孔材料中的传播衰减效应，在很大程度上取决于致密过程各阶段所吸收或耗散的能量。

2. 密实介质中冲击波的衰减模型

（1）位错动力学模型。Gliman 模型[10]的基本思想就是：物质内晶格缺陷决定着材料的力学性质，在高速冲击下，位错移动是材料发生变形的主要因素。对任何体积的材料单元，在受快速压缩时，其初期材料均以纯弹性体的性质响应，随后而产生的分切应力将引起位错移动，这种位错移动引起的材料的塑性流动又将这种分切应力减小到零，使材料趋于流体。这是一种从微观角度来考虑材料宏观特性的方法，它摆脱了弹塑性力学中提出的固体断裂的原因，是压缩波自由端反射后形成的拉伸波作用的结果。

（2）高强度介质中冲击波衰减的"热转化"模型。由冲击波的位错动力学模型可以看到，冲击波能量的衰减仅是由于剪切材料时产生的位错移动而消耗掉了能量，这反映到宏观上就是产生了层裂现象。而对于强度较弱的冲击波，当其通过强度较高的介质时，材料不会发生这种现象，而是对物质产生压缩，从而转化为热量而消耗掉部分能量。基于这一原因，提出了一个冲击波衰减的"热转化模型"。

但是，经过多人的研究证明，冲击波不论在多孔介质中还是在密实介质中，一般都遵循指数衰减规律[11-14]，即冲击波压力峰值与冲击波在该介质中传播的距离呈指数关系，可表示成下面的公式：

$$p = p_0 e^{-\alpha x} \tag{2-1}$$

式中　p——冲击波传播距离 x 处的压力（GPa）；

　　　p_0——冲击波作用在介质上的初始压力（GPa）；

　　　α——介质对冲击波的衰减系数。

因此只要通过测定冲击波在介质中不同位置处的压力，就可以用指数规律拟合压力—距离的曲线，这样就能近似得到冲击波在介质中的衰减方程。方程拟合的精度同试验有关，试验误差越小，采集的有效数据越多，拟合效果就越好。

考虑到实际情况中一般的雷管包装结构，防殉爆包装设计的关键部位在于雷管侧向，同时为考察硬纸板对冲击波的衰减能力，设计了雷管输出侧向冲击波在硬纸板介质中的传播衰减规律试验，通过对所得到的数据（x，p）进行曲线拟合来得出规律性结果。采用聚偏二氧乙烯（PVDF）压电传感器测试技术来实现雷管输出侧向冲击波在硬纸板介质内部不同位置的测压。

综上所述，对不同种类材料的隔爆性能及其对包装效果产生的影响进行了分析，利用升降法对胶木板和硬纸板的隔爆性能进行研究，并从升降法试验结果上得出硬纸板比胶木板在雷管防殉爆包装上更有优势。

|2.2　雷管在硬纸板中的殉爆特性|

雷管在惰性介质中被另一发雷管殉爆主要是由于冲击波对被发雷管中的装药发生了冲击压缩作用。国内外的研究者对炸药的冲击波起爆进行了较深入的研究，通常认为，冲击波是一种脉冲式的压缩波，它作用于物体时首先是它的压缩作用。物体受压时都要产生热，所以冲击波起爆基本上也是热起爆的机理。但是，均相炸药和非均相炸药在起爆时差异很大。均相炸药受冲击波作用时，其冲击面上的一薄层炸药均匀地受热升温，此温度如达到爆发点，则经一定延滞期后发生爆炸。非均相炸药受热升温发生在局部的热点上，爆炸由热点扩大开，然后引起整个炸药爆炸。冲击波的主要参数是压力 p 和持续时间 τ，因此被发雷管的殉爆与否应当与其受到的冲击波的压力和持续时间两者有关，是两方面共同作用的结果。因此研究冲击波参数对硬纸板中雷管殉爆产生的影响，期望为雷管防殉爆研究提供支持。

2.2.1　冲击波对雷管中装药的起爆特征

不同雷管的装药是不同的，所以冲击波在对雷管中的装药作用时，其对炸药的起爆过程也是不同的，一般根据装药的不同可以有如下特征。

（1）均相炸药是指气体、液体或单晶体炸药。均相炸药中爆轰成长的模型一般是这样一个过程：冲击波进入炸药，先以常速（或稍有衰减）前进，同时界面以质点的速度 u_p（低于冲击波速度）前进，在界面上的炸药经过一定的延滞期后，形成爆炸反应，并在炸药中产生爆轰波。此爆轰波在已受初始冲击波压缩而密度有所增加的炸药中进行超速爆轰，其爆速比原密度炸药的正常爆速要快。于是经过一段时间后，追上初始冲击波，两波叠加出现过激爆轰，即超速爆轰，然后很快降到稳定爆轰。因此，均相炸药受冲击波作用而起爆的过程具有三个特点：①从冲击波到爆轰波的过渡是突然发生的，两波轨迹线在分界点呈折线形状；②在界面上的一层炸药受冲击波作用后，需要经历一段延滞期后同时起爆；③出现超速爆轰现象。

（2）非均相炸药由于有两个以上的相存在，受冲击波作用时，界面的存在使冲击波产生反射和折射，非均相炸药的爆轰波阵面是不光滑的，这是由于在非均相炸药中，有许多局部的点起爆，而爆轰波阵面是由这些局部点的爆轰汇聚而成的。因为非均相炸药中小冲击波汇聚的结果，使炸药中产生很多所谓的"流体力学"热点，这些热点温度高，和机械热点类似，它们作为爆炸源，爆炸由此开始并扩大。所不同的是这些热点产生的速度比机械能起爆时要快，而且热点温度更高。

对于雷管中装药来说，一般都是非均相炸药，因此冲击波的起爆机理按非均相炸药起爆分析。

2.2.2　冲击波起爆装药的临界能量

用于起爆受主装药的冲击波，起主要作用的是压力 p 和持续时间 τ，脉冲式的压缩波对受主装药进行压缩，炸药受压后生成热点而引起爆炸。压力越大，受压时间越长，起爆效果越好。

根据 F. E. Walker 提出的单位面积炸药被起爆所需的临界起爆能量（50%起爆的能量）的公式：

$$E_c = \mu p^2 \tau = \frac{1}{\rho D} p^2 \tau \qquad (2-2)$$

式中　E_c——炸药临界起爆能量（J/cm^3）；

　　　μ——与炸药有关的常数；

　　　τ——冲击波持续时间（μs）；

　　　p——冲击波压力（GPa）；

　　　ρ——炸药密度（g/cm^3）；

　　　D——冲击波速度（m/s）。

临界起爆能量的大小可以说明炸药的冲击波感度，或者说在一定条件下，炸药的冲击波感度仅与炸药的种类有关，各种炸药对冲击波的感度的顺序是一致的。

冲击波作用时间对临界起爆压力有影响：τ 增加，p 下降。当冲击波作用时间 $\tau > 2.5$ μs 后，p 趋于常数[15]。也就是说，冲击波只有在作用后的 2.5 μs 内的能量才是有效的，而超过 2.5 μs 后爆轰已经发生，冲击波的能量对起爆炸药已经不起作用了。因此，炸药的冲击波起爆感度也可以用临界起爆压力 p_c 表示，p_c 是 τ 为一定值（和试验条件有关）时的冲击波压力。部分炸药的临界起爆能量见表2.5。

表2.5　部分炸药的临界起爆能量[15]

炸药	$\rho/(g \cdot cm^{-3})$	起爆感度参数			
		p/GPa	τ/μs	p_τ^2	$E/(J \cdot cm^{-2})$
PETN	1.60	4.3	0.043	0.795	1.4
RDX	1.40	4.8	0.044	1.0	19
HNS-1	1.60	7.3	0.041	2.2	37
HNS-2	1.60	8.0	0.040	2.6	42

2.2.3　冲击波的起爆深度和起爆面积

从冲击波进入受主装药的表面到达正常爆轰的距离称为起爆深度。只有雷管中的装药达到爆轰才认为其被主发雷管殉爆了。

（1）起爆深度与起爆压力的关系可用下式表示：

$$\ln X_{\mathrm{d}} = k_1 + k_2 \ln p$$

式中　　X_{d}——起爆深度（mm）；

　　　　p——起爆压力（GPa）；

　　　　k_1，k_2——与炸药性质和试验条件有关的常数。

（2）装药密度增加，起爆深度增加。研究认为，临界起爆压力与起爆面积有关[6]。在一定压力下，要有一定的起爆面积方能保证足够的热点，使爆轰得以成长。如果提高冲击波强度，则起爆面积还可以减小。因此，对应于某个压力有一个临界面积存在，小于此起爆面积，受主装药不能起爆。

2.2.4　雷管输出冲击波在硬纸板中的衰减方案设计

对于雷管在硬纸板中的殉爆情况来说，为了便于雷管防殉爆包装的设计，我们考虑雷管的临界起爆压力：主发雷管爆炸输出的冲击波要经过包括雷管壳底在内的多层介质的衰减，衰减后输出的冲击波强度才是用于起爆被发雷管的冲击波强度。冲击波在介质中的衰减速度和隔爆介质的性质有关。当冲击波经过介质时，由于介质的热传导和黏性，冲击波所带的一部分能量被消耗在介质中，加热了介质。结果随冲击波在介质中传播的距离增加，其能量随之下降，表现出冲击波波峰（压强）的下降。换言之，通过介质后冲击波减弱了，此时如果要求通过介质的冲击波不致起爆其周围的雷管，就要看衰减后的冲击波压力 p 能否小于被起爆雷管的临界起爆压力 p_{C}：

如果 $p > p_{\mathrm{C}}$，可爆；

如果 $p < p_{\mathrm{C}}$，不爆；

如果 $p = p_{\mathrm{C}}$，临界条件。

对于雷管侧向受冲击波作用来说，冲击波起爆深度和起爆面积跟雷管的外观尺寸有关，并且对于雷管受冲击波而被殉爆时其起到的作用也不是很明显，这是因为冲击波前沿是很窄的，在雷管侧向，它相对于雷管侧壁来而言是一个点接触。因此从防殉爆的角度来看，"如果 $p = p_{\mathrm{C}}$，临界条件"非常重要，这个临界条件将决定防殉爆的安全可靠性和防殉爆的经济实用性。

为了研究雷管在硬纸板中的殉爆特性，首先用升降法试验得出雷管在硬纸板中的临界殉爆点（位置）；然后采用 PVDF 测压技术在特定的位置测压。从而得出，雷管在殉爆时、临界殉爆时、临界不殉爆时、不殉爆时所受到的冲击波压力和冲击波作用时间。

|2.3 雷管防殉爆包装用隔爆材料的分析与设计|

2.3.1 雷管防殉爆最小安全距离的计算

确定雷管防殉爆包装安全距离是一个比较复杂的问题,因为涉及很多需要考虑的因素,包括主发雷管和被发雷管的参数、隔爆材料的参数、包装中三者的相对位置等。所以必须建立简化的物理模型,计算出被发雷管受到的冲击波压力,从而推出最小的防殉爆安全距离。简化的物理模型如图2.2所示。为简化计算,假设主发雷管管壳材料、被发雷管管壳材料均与包装用隔爆材料所用材料相同。雷管爆炸后的最大侧向冲击波在隔爆材料

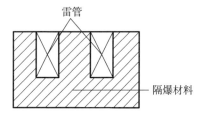

图2.2 简化的物理模型

中的衰减,就转化为同类炸药装入一定厚度的约束体内爆炸时约束外围得到的冲击波能量的计算[5]。那么当被发雷管接收某位置冲击波能量而不殉爆时,这时两个雷管之间的厚度就为雷管在隔爆材料中的最小防殉爆安全距离。

设装药直径 d 与雷管内径相同。由于雷管装药结构复杂、装药量小且在爆炸输出时常常未达到稳定爆轰,所以首先需要根据雷管的轴向压力求出对应的密度 ρ_1 及对应爆速 D_1,然后根据轴向参数求出侧向最大初始冲击波压力和脉冲时间。这样就可把雷管输出药的非稳定爆轰问题转化为可计算的稳定爆轰问题。

若圆管中装药一段被引爆,管壳侧壁受到爆轰产物的压缩而变形(爆轰波平行于固壁表面),则在固体壁表面形成冲击波而传入爆轰产物中的稀疏波。炸药一侧壁界面的初始移动速度 u_X 和压力 p_X 的关系为[16]

$$u_X = u_r = \frac{2\gamma D}{\gamma^2 - 1}\left[1 - \left(\frac{p_X}{p_H}\right)^{\frac{\gamma-1}{2\gamma}}\right] \qquad (2-3)$$

式中 γ——与装药性质和密度有关的常数;

p_H——爆轰波阵面的压力。

由于在分界面处的产物和隔爆材料中所形成的冲击波初始压力和质点速度是连续的,因此,隔爆材料中初始冲击波的质点速度 u_0 和压力 p_0 分别为

$$p_0 = p_X \tag{2-4}$$

$$u_0 = u_X \tag{2-5}$$

在固体介质中，引入隔爆材料的雨果尼特方程和动量方程：

$$D_0 = a_m + b_m u_0 \tag{2-6}$$

$$p_0 = \rho_m D_0 u_0 \tag{2-7}$$

联立式（2-3）~式（2-7），可求得隔爆材料的初始冲击波压力 p_0 和质点速度 u_0。当雷管装药在侧壁表面爆炸时，由于接触表面有限，因而将传入侧壁的冲击波近似视为球形波。为简化计算，假设冲击波在传播过程中波速不变，但由于球面扩散效应，冲击波峰值压力随传播距离而衰减，传出侧壁外表面时，波阵面参数可由下式计算[17]：

$$p_1 = p_0 \frac{d}{d+h} \tag{2-8}$$

式中　d——雷管装药半径；

　　　h——隔爆材料厚度；

　　　p_0——雷管侧壁初始冲击波峰值；

　　　p_1——隔爆材料厚度 h 处的冲击波峰值。

也可以直接利用冲击波在隔爆材料中的衰减公式：

$$p = p_0 e^{-\alpha h} \tag{2-9}$$

将求出的 p_1 代入式（2-6）和式（2-7）中，求出对应的粒子速度 u_1。建立隔爆材料—被发雷管界面参数 p_2、u_2 的求解方程。

对于隔爆材料，有

$$p_2 = \rho_m [a_m + b_m(2u_1 - u_2)](2u_1 - u_2) \tag{2-10}$$

对于被发雷管，有

$$D_E = a_E + b_E u_2 \tag{2-11}$$

$$P_2 = \rho_E D_E u_2 \tag{2-12}$$

联立式（2-11）~式（2-12）可求出 p_2。如前所述，冲击波经过惰性介质衰减后入射到被发雷管侧壁上，被发雷管的起爆主要是冲击起爆机理。被发雷管能否起爆与其受到的冲击波参数（主要是压力）密切相关。若该压力大于临界起爆压力，则被发雷管将起爆，否则被发雷管将不会起爆。

2.3.2　硬纸板黏结条件对防殉爆试验的影响分析

由硬纸板条件对雷管防殉爆安全的影响，得出用聚乙烯醇黏结的硬纸板是较牢靠的，能有效降低黏结界面的影响；从硬纸板的加工工艺上进行考虑，得出采用 3 mm 的硬纸板满足可操作性及便易性要求；分析了开孔孔径对防殉爆安全距离的影响。

（1）不同胶黏剂的影响。在雷管殉爆试验中发现，硬纸板的黏结情况对殉爆试验有一定影响。所用的黏结纸板在经雷管爆炸作用后，两纸板黏结处有微小开缝，并在此处发现少量雷管金属壳碎片。为尽量把这种作用减小，特别考查了多种胶黏剂的黏合效果。试验中分别采用502胶、聚乙烯醇树脂、914胶三种胶黏剂黏结硬纸板，而其他试验条件相同。当雷管爆炸的作用过后，对比三种胶黏剂黏结的硬纸板，发现用聚乙烯醇黏结的硬纸板是较牢靠的，其可有效地降低黏结界面的影响。

（2）硬纸板黏结层数的影响。从理论上来说，当冲击波入射介质后，由于介质受冲击波作用，一方面发生压缩效应，另一方面发生位错移动，由于黏结界面的存在，使介质的这种过程更趋复杂，也因此冲击波的能量得以消耗掉。但从试验的结果来看，以2 mm黏结起来的硬纸板与3 mm黏结（两者黏结厚度相同）的硬纸板对冲击波衰减的效果没有明显的差别。因此，为了加工工艺上的可操作性及便利性，采用3 mm的硬纸板是可行的。

2.3.3　硬纸板中开孔孔径对防殉爆安全距离的影响

雷管在硬纸板中爆炸，输出的冲击波瞬间作用在孔壁上，孔壁受到的初始冲击波压力可以用下式近似求算[18]：

$$p_0 = \frac{\rho D^2}{8} \cdot (d_c/d_b)^6 n \qquad (2-13)$$

式中　p——硬纸板壁上的冲击压力；

　　　ρ、D——雷管装药密度和爆速；

　　　d_c 和 d_b——雷管直径和硬纸板开孔孔径；

　　　n——开孔数 $n = 8 \sim 11$。

由式（2-13）可明显地看出，d_c/d_b 对 p_0 呈指数形式发生关系，即开孔孔径对硬纸板中形成的初始冲击波压力影响很大。这样初始冲击波压力小，则冲击波在硬纸板中衰减到一定的压力时，硬纸板的厚度就小。由此可知，适当增大开孔孔径有利于减小雷管的防殉爆安全距离。

然而，从另一方面来说，如果开孔孔径过大，就会使硬纸板不能有效地固定住雷管（图2.3），这样在使用、搬运以及运输等过程中难免会使雷管包装件发生机械冲击或震动，结果不可避免地会使包装件中那些没能被固定好的雷管发生晃动。可以预见，这样的情况是非常危险的。因此这样的包装是坚决避免的。所以在进行设计时，硬纸板中开孔孔径不宜过大。

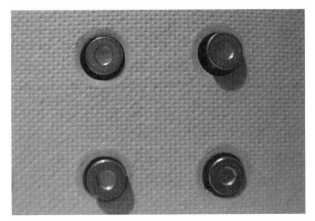

图 2.3　硬纸板中过大的孔径

|2.4　防殉爆隔爆测试技术|

对于雷管爆炸输出定量测试的研究，无论雷管单独做功还是用以起爆下级做功元件，其爆炸输出（冲击波、破片和爆炸气体）是需要掌握或控制的一个基本参数；而雷管爆炸输出的定量测试就成了研究者研究的基本内容。20世纪 70 年代以来，随着电子技术的不断发展，快速记录仪器和电子计算机得到了广泛应用，雷管输出能力动态测量法发展很快。1973 年，Sanford 研究院首次使用锰铜计测定小雷管的压力输出[19]。

从 1974 年起，W. E. Voreck 几次报告了雷管破片速度测定法。破片是雷管输出的一种主要形式，雷管爆炸后的破片速度和雷管的起爆能力有着密切的关系，速度越大，起爆能力越大，因而开发了这一类以破片（或安装在雷管底部的飞片）速度来表征雷管输出的方法，即电探针法。它通过破片击断或接触按一定距离布置的探针，而测出破片在两靶间的飞行时间就可计算出破片的速度。但是由于破片飞行方向的不确定性和靶对破片速度的影响，所以测量准确度较差。美国海军军械实验室（NOL）和匹克汀尼兵工厂（PA）对 M84 电雷管和 M55 针刺雷管进行了多种动态测量，主要包括高速摄影法（水中爆炸，空气中爆炸）、锰铜压阻法、飞片测速法等。其中，锰铜压阻法是基于锰铜材料在冲击压力作用下的电阻响应特性来测量压力场的压力—时间关系。这类方法的频响较高，得到的压力波形失真小，并且锰铜在高压下的非线性误差小，因而得到了较多的应用[6]。

目前，美国等西方发达国家在测量军用或航天用起爆器输出时大多采用动态测量法如 VISAR（Velocity Interference System Any Reflector，任意反射器的速度干涉系统）法、X 射线照相或高速摄影法[20-22]、PVDF 压电传感器法[23-26]等。

（1）VISAR 法是利用激光干涉测量技术，通过测定反射体运动而导致干涉条纹的变化来测定反射体运动的一种方法，用在雷管输出测试中就以雷管破片或以安装在雷管底部的飞片做反射体，并以测得的破片或飞片的速度来表征雷管的输出威力。VISAR 法精度高，可以分辨小药量变化，可反映输出随距离的变化等。但是设备昂贵，数据分析处理复杂，试验中非相干光源的影响难以消除，在实际工作中应用得还比较少。

（2）X 射线照相和高速摄影技术是研究高速瞬变过程的很有效的工具，可以记录瞬变流场的细节。在雷管输出测量中不仅可以测得雷管爆炸冲击波的发生、发展和传播情况，还可测到雷管破片的产生、运动和分布情况。高速摄影法还能测到气体产物的产生及膨胀过程等。但是这类方法对实验操作要求高、准备时间长、底片冲洗费时、照片清晰度差、数据判读不便、仪器设备及维护保养费用高，因而无法满足快速、多发雷管输出试验的要求。

（3）PVDF 压力传感器法使用的是 PVDF 压电薄膜传感器，利用该薄膜在冲击压力作用下的极化特性，测量与压力成正比的电荷转移量，进一步计算求得压力—时间关系。美国已经制定了 PVDF 压力传感器的 Sandia 标准，国外学者利用 PVDF 高的信噪比和高的抗干扰特性，在各种情况下对冲击和雷管作用进行了广泛的研究，取得了满意的结果。但极易受损的 PVDF 传感器作为一次性使用，其成本还是很高的。

我国在 20 世纪 80 年代以后开展了锰铜测压[27-29]及破片速度[30-32]测定等方面的研究工作，冲击极化法[33]、电磁测速法、PVDF 压力传感器法[34]等方法也在相关的研究院所进行了研究。我国的科技工作者还分别从测量破片速度、破片的空间分布、声波谱冲击波特性[35]等方面进行了雷管输出特性的研究。

2.4.1 PVDF 压电传感器测试技术

压电传感器以材料的压电效应为基础，实现非电学量的转换测量，具有响应频带宽、灵敏度高等优点[36]。但在冲击试验中广泛应用的石英晶体压电传感器具有尺寸大、成本高、测试压力范围小及系统复杂等缺点。为适应瞬间高电压和高能量的脉冲电流的测试要求，所用压电材料要具有高剩余极化强度和低介电常数。1969 年，Kaiwai 发现 PVDF 经受机械拉伸后，在强电场作用下变成强压电材料，并提出了研制具有压电性能的 PVDF 膜的方法。PVDF 作为一种压电效应很强的有机高分子材料，在被用作压电传感器前，必须经过拉膜、材料极化、表面敏化及导电等工序的处理。经受热拉伸并在强电场中极化后呈 β 相，极化强度达 2 ~ 10 μC/cm²，极化后的薄膜对冲击和热等刺激敏感，具有压电性和热电性。目前，用 PVDF 制作的传感器已用于压力、速度、温度及无损检测等过程的测量。20 世纪 80 年代以来，美、英、法等国利用极化 PVDF 传感器的高频响、大信噪比和相对低的成本对爆炸（含雷管压力输出）进行了广泛的研究，并完成了标准化的研制和制备。PVDF 传感器的主要特点有：①PVDF 膜可以做得很薄，典型厚度为 25 μm，因而所作的传感器具有很高的频响和响应速率；②传感器可以做得很小、很薄，典型敏感区域的面积为 1 mm²，可以消除因为拉伸、弯曲等非冲击信号的影响，也可以埋入试样中进行测试，这便于对试样内部的物理过程进行测试；③传感器的信噪比大，灵敏度高，由于 PVDF 压电传感器一般不需要电荷放大器之类的二次仪表，所以提高了测试精度，测试系统更为简单，测压范围也更宽，冲击压力可达 20 GPa。

1. PVDF 压电传感器测压原理

PVDF 压电传感器是利用材料在高压下的压电效应来测量雷管输出的侧向压力。当传感器受到的冲击载荷为 p 时，其表面会产生电荷 Q。已证明 p 和 Q 之间在 0 ~ 20 GPa（或更大）的压力范围呈单值函数关系[37]：

$$Q = f(p) = AKp \qquad (2-14)$$

式中　K——动态压电系数，$K = K(p)$；

　　　A——传感器敏感部分的面积。

PVDF 压电传感器的测试电路一般有两种模式，即电流模式（图 2.4）和电荷模式（图 2.5）。

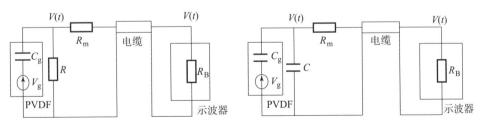

图 2.4　电流模式测试电路　　　　图 2.5　电荷模式测试电路

图 2.4 和图 2.5 所示中，PVDF 压电传感器等效为一个电压源与一个电容 C_g 的串联。在电流模式中，它产生的电荷通过与 PVDF 压电传感器并联的电阻

R 放电；而在电荷模式中，则是通过并联的电容 C 放电（短时间内）。R_m 为匹配电阻（$R_m = 50\ \Omega$ 或 $R_m + R = 50\ \Omega$），与特性阻抗为 $50\ \Omega$ 的电缆匹配，以免在长电缆传输时引起波形震荡。设示波器输入电阻 $R_B = 1\ M\Omega$，$R_B \gg R_m$，$R_B \gg R$，$C \gg C_g$，则有[38]

$$Q(t) = \int_0^t I(t')\,\mathrm{d}t' = \int_0^t \frac{V(t')}{R}\mathrm{d}t' \quad （电流模式） \qquad (2-15)$$

$$Q(t) = CV(t) \quad （电荷模式） \qquad (2-16)$$

通过对 $V(t)$ 积分（电荷模式）或直接计算（电荷模式），即可以计算出相应的压力 $p(t)$。

这两种模式测试电路的时间响应常数：对于电流模式测试电路，有 $\tau_1 = (R + R_1)C_g$；对于电荷模式测试电路，有 $\tau_2 = R_1 C_g$（$C \gg C_g$）（R_1 为 PVDF 压电传感器的引线电阻，对于镀膜型引线，$R_1 \approx 5 \sim 10\ \Omega$；对于金属箔型引线，$R_1 \approx 0.01 \sim 0.1\ \Omega$）。一般 R 的取值范围为 $0.01 \sim 50\ \Omega$。取 $C_g = 100\ pF$，$R = 0.1\ \Omega$，$R_1 = 1\ \Omega$，则 $\tau_1 \approx \tau_2 \approx 0.1\ ns$，即这两种电路的响应时间在同一个数量级，约为 $0.1\ ns$。

PVDF 压电传感器对应力波的响应时间为 $T = n(d/\mu_g)$，其中，d 为 PVDF 压电传感器的厚度，μ_g 为应力波在 PVDF 压电传感器中的传播速度，n 为应力波在传感器中来回反射而达到应力平衡的次数。取 $d = 50\ \mu m$，$u_g = 2.5\ mm/\mu s$，则 PVDF 压电传感器对应力波的最快响应时间（$n = 1$ 的无反射情况）$T_{min} = 20\ ns$。所以说，PVDF 传感器对应力波的最快响应时间在纳秒量级。

由此可知，$\tau_1 \approx \tau_2 \gg T_{min}$，所以电流模式和电荷模式在对应力波的响应时间上不分优劣。相比较而言，后者由于直接反映了应力波的结构，无须积分处理，因而更方便、更直观、更实用一些。本试验采用的测试电路为电荷模式。

在试验中用示波器记录传感器的 $V(t)$，则可得到 $Q(t)$ 从联立式（2-15）和式（2-16），再利用 PVDF 预先标定的动态压电系数 $K(P)$ 就可以得到冲击波的压力。

本试验中选用的 PVDF 压电传感器的敏感部分的面积为 $3\ mm \times 3\ mm$，传感器厚度为 $0.13 \sim 0.15\ mm$，传感器的结构如图 2.6 所示。

在激波管上标定的动态压电系数为[38]：

$$K(p) = 17.6\ pC/N \qquad (2-17)$$

式（2-17）适用于低压范围，在高压阶段采用轻气炮上得到的关系[38]：

$$p = 0.891\,1Q + 0.414\,2Q^2 + 0.350\,5Q^3 \qquad (2-18)$$

式中：$p = 0.46 \sim 6.64\ GPa$；Q 的单位为 $\mu C/cm^2$。

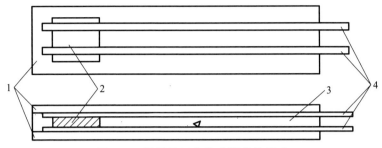

图 2.6　PVDF 压电传感器结构示意

1—聚酰亚胺薄膜；2—敏感部分；3—环氧树脂；4—引线

2. 隔爆测试系统组装

实验所用仪器为 TDS7000 示波器，为小型爆炸容器。TDS7000 示波器的带宽为 1 GHz，采样速率为 2.5 GS/s，记录长度为 625 KB。选用的雷管是电雷管，尺寸为 $\phi 4.9 \times 10$ mm，起爆装药为羧铅，80 mg，输出装药为太安，约 60 mg。

雷管爆炸后，其侧向输出冲击波在纸板中传播，由示波器记录数据（x，p）。测试装置安装如图 2.7 和图 2.8 所示。在测试时，整个测试装置在小型爆炸容器中进行。

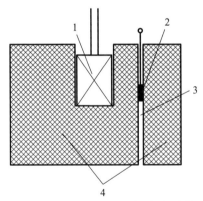

图 2.7　测试雷管侧向冲击波在硬纸板中衰减的试验装置示意

1—雷管；2—PVDF 压电传感器；3—HY – 914 胶黏剂；4—硬纸板

测试中雷管壳右端壁面距离 PVDF 压电传感器敏感部位的距离分别为 2 mm、4 mm、6 mm、8 mm、10 mm，传感器所在硬纸板端面的面积为 25 mm × 50 mm。安装传感器时需保证传感器的敏感中心与雷管侧向输出最大能量位置

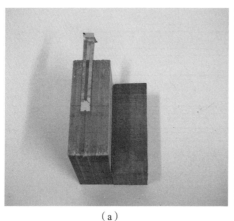

（a） （b）

图2.8 传感器的安装实物图

（a）传感器安装俯视图；（b）传感器安装侧面图

在同一个水平线上，用少许透明的 HY-914 胶排出传感器和硬纸板夹缝中的空气，每个位置重复测三次。

3. 隔爆测试系统分析

由试验所得的典型记录波形如图 2.9 所示，图中出现的电压信号峰值是冲击波。

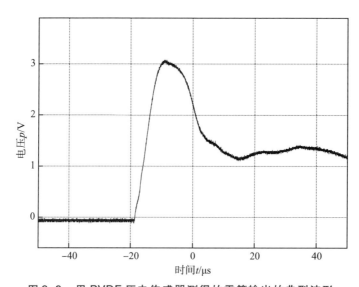

图2.9 用 PVDF 压电传感器测得的雷管输出的典型波形

　　经过硬纸板后作用到 PVDF 压电传感器上的是压力模拟信号的峰值，压力模拟信号峰值之后出现的平滑下降曲线是压力随时间衰减的模拟信号，而随时间延长出现的不规则电压曲线是传感器在冲击波作用下压电信号与拉伸变形电压信号的叠加，已不是真实的压力模拟信号。根据式（2－2）、式（2－4）和式（2－5）或者直接利用式（2－6）可把 $V-t$ 关系换算为 $p-t$ 关系。在不同硬纸板厚度处得到的 $p-t$ 曲线如图 2.10 ~ 图 2.13 所示。

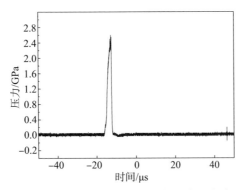

图 2.10　4 mm 处雷管输出的冲击波压力波形

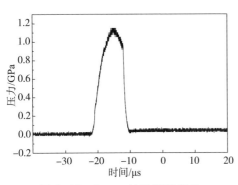

图 2.11　6 mm 处雷管输出的冲击波压力波形

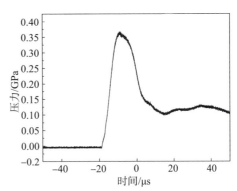

图 2.12　8 mm 处雷管输出的冲击波压力波形

　　冲击波在密实介质中传播时，其峰值压力随传播距离呈指数衰减规律[39]：

$$p = p_0 e^{-\alpha x} \tag{2-19}$$

式中　p_0——冲击波进入硬纸板的初始压力（GPa）；

　　　p——冲击波进入硬纸板传播距离 x 处的压力（GPa）；

　　　α——硬纸板材料的冲击波压力衰减系数。

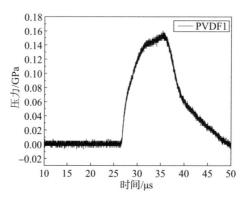

图 2.13　10 mm 处雷管输出的冲击波压力波形

为了便于实验数据（p，x）关系曲线拟合及拟合精度的提高，对式（2 - 19）取自然对数如下[40]：

$$\ln p = \ln p_0 - \alpha x \qquad (2 - 20)$$

得到的直线的待定参数为直线截距 $\ln p_0$ 和斜率 α。据表 2.6 数据得（$\ln p$，x）的散点图和采用最小二乘法拟合的 $\ln p - x$ 曲线，如图 2.14 所示。图 2.15 所示是本次实验雷管侧向输出冲击波峰值压力在硬纸板中随距离 x 的指数衰减曲线。

表 2.6　不同位置处测得的冲击波压力峰值

硬纸板厚度 /mm	冲击波压力峰值 /GPa	硬纸板厚度 /mm	冲击波压力峰值 /GPa
2	5.96	6	0.58
2	4.29	8	0.248
2	5.42	8	0.476
4	2.51	8	0.352
4	2.09	10	0.155
4	2.41	10	0.174
6	1.02	10	0.127
6	1.15	—	—

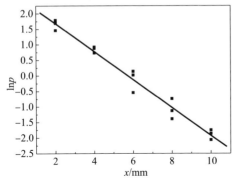

图 2.14　对实验数据拟合的 $\ln p$ – x 曲线

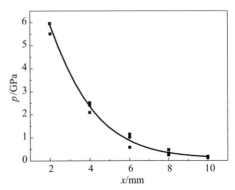

图 2.15　冲击波峰值压力 p 随
距离 x 的指数衰减曲线

拟合的直线方程为

$$\ln p = 2.577\,13 - 0.450\,29x \tag{2-21}$$

其线性相关系数为 –0.987 04，具有较好的线性关系，这也说明了雷管侧向输出冲击波压力在硬纸板中的衰减规律符合指数衰减模型［式（2–21）］。

将参数 $\ln p_0 = 2.577\,13$，$\alpha = 0.450\,29$ 代入式（2–21）得

$$p = 13.159\mathrm{e}^{-0.450\,29x} \tag{2-22}$$

$p_0 = 13.159$ GPa 就是本次试验所测雷管侧向输出的冲击波与硬纸板相互作用时在硬纸板壁面处的初始压力峰值，可以将其看作是硬纸板壁面的冲击波入射压力。利用式（2–22）可计算出当冲击波压力 p 为 1.0 GPa（雷管不殉爆）时对应的硬纸板厚度只有 5.73 mm，说明硬纸板具有优良的隔爆性能。

利用得到的 p – x 曲线，与文献［41］和［42］中的 p – x 曲线作对比可发现，这里得到的衰减曲线与文献中的曲线大趋势是一致的，但它衰减最快。其原因是冲击波在硬纸板中传播时，侧向稀疏波对冲击波压力的衰减作用造成的。这里测量中用的电雷管装药直径和高度较小，产生的冲击波平面性较差，且雷管爆炸时输出的冲击波峰值压力在硬纸板中传播时，侧向稀疏波对其影响最大，使冲击波压力很快衰减。而文献［42］中用的是炸药平面波发生器的直径为 40 mm 的炸药柱，产生的冲击波平面性好，侧向稀疏波对其影响最小，冲击波压力衰减慢。另外，从测压的位置上考虑，采用的侧向测压方案也对结果有一定的影响，因为雷管侧向输出冲击波的压力比轴向要小一些，同时在雷管侧向稀疏波的侵入更容易些，这样也使得测的硬纸板对冲击波的衰减系数较大。

综上所述，运用 PVDF 压电传感器测试雷管侧向输出冲击波压力在硬纸板

中衰减规律的测试方法，通过试验及数值分析，得到了雷管侧向输出冲击波压力峰值与硬纸板厚度的指数衰减方程公式 $p = 13.159\mathrm{e}^{-0.450\,29x}$。由衰减系数 $\alpha = -0.450\,29$ 认为硬纸板对冲击波的衰减是比较强的。

同时设计出运用 PVDF 压电传感器测试雷管输出侧向冲击波压力在硬纸板中衰减规律的测试方法。试验测试的雷管输出侧向冲击波压力峰值与硬纸板厚度的 $\ln p - x$ 关系呈现良好的线性关系，其关系为 $\ln p = 2.577\,13 - 0.450\,29x$，相关系数为 $-0.987\,04$，因此得出的指数衰减关系式也是比较好的。由此得出硬纸板对冲击波的衰减系数 $\alpha = -0.450\,29$，也说明了硬纸板对冲击波有较好的衰减能力，显示出了优良的隔爆性能。

2.4.2 雷管防殉爆隔爆材料性能测试

1. 隔爆材料升降法试验

对第 1 章雷管在硬质板中的升降法试验数据进行处理[28]依据标准 WJ/T 9039—2004 进行计算如下。

计算 50% 殉爆距离 $L_{50\%}$：

$$L_{50\%} = L_0 + \left(\frac{A}{N} - 0.5\right)d = 5.47 \text{ mm}$$

计算标准差 $\hat{\sigma}$，根据

$$M = \frac{nB - A^2}{n^2} = 0.43$$

可知，$M > 0.3$，由 $\rho = 1.620(M + 0.029) = 1.083\,4$，则

$$\hat{\sigma} = \rho d = 0.108\,34 \text{ mm}$$

式中：ρ——计算中间值。

最后计算抗殉爆距离 $L_{0.01\%}$ 和殉爆距离 $L_{99.99\%}$：$L_{0.01\%} = L_{50\%} + 3.719\hat{\sigma} = 5.87$（mm）；$L_{99.99\%} = L_{50\%} - 3.719\hat{\sigma} = 5.07$（mm）。

2. 冲击波参数测量实验装置

试验装置如图 2.16 所示。其中，1 为主爆雷管，2 为被爆雷管，所用的电雷管尺寸为 $\phi 4.9 \times 10$ mm，起爆装药为羧铅，80 mg；输出装药为太安，约 60 mg；纸板中开孔孔径为 5.1 mm，稍大于雷管外径；孔深 12 mm，稍大于雷管的高度，以减小侧向冲击波从空气中引爆被发雷管的危险。实验中选用的 PVDF 压电传感器的敏感部分的面积为 1 mm × 1 mm，传感器厚度为 0.13 ~ 0.15 mm。安装传感器时，首先用 502 胶把传感器固定在雷管上，这时要保证传

感器的敏感中心与雷管输出能量最大位置处于同一个水平线上；然后往孔中注入适量的 HY－914 胶，以消除 PVDF 压电传感器与雷管外壳以及硬纸板壁面的空气隙。试验所用仪器为 TDS7000 示波器，带宽为 1 GHz，采样速率为 2.5 GS/s，记录深度为 625 KB。测试中两个雷管之间硬纸板的厚度分别为 2 mm、4 mm、5 mm、6 mm、8mm，每个位置重复测量 3 次。测试前的殉爆试验表明，2 mm 和 4 mm 为殉爆点，5 mm 为临界殉爆点，6 mm 为临界不殉爆点，8 mm 为不殉爆点。

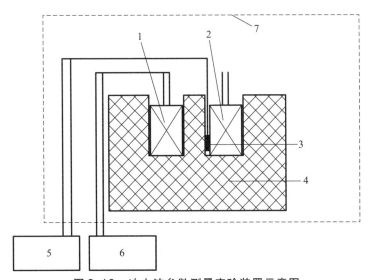

图 2.16　冲击波参数测量实验装置示意图

1，2—雷管；3—PVDF 压传感器；4—硬纸板；5—接示波器；6—接恒流源；7—防爆器

2.4.3　在硬纸板中雷管殉爆试验结果及讨论

雷管殉爆时由示波器记录的典型波形如图 2.17（a）、图 2.18（a）、图 2.19（a）所示，通过式（2－2）、式（2－4）和式（2－6）换算得到的压力波形（p—t 曲线）如图 2.17（b）、图 2.18（b）、图 2.19（b）所示。以图 2.17（b）为例，从中可以看到，在 p-t 曲线前端有较陡的上升沿以及约 0.3 μs 的平台阶段，这个阶段就是雷管壳壁面受到冲击波作用至雷管殉爆发生前的一个延滞期。在这个延滞期，雷管外壳因冲击波作用而受压变形，以及雷管装药开始接收冲击波能量。经过平台阶段后，在极短的时间内压力达到 13 GPa 左右，而这个阶段表明雷管装药发生快速化学反应以致达到爆轰使雷管壳膨胀直至破裂。此时，传感器也被雷管壳破片击坏（曲线在最高位置出现的振荡波形），表现在 p-t 曲线上时，压力在峰值以后很快下降为零。

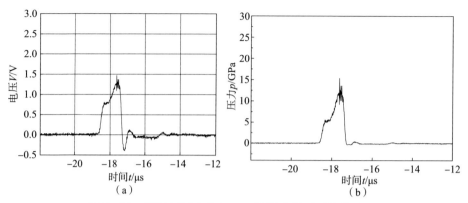

图2.17　硬纸板厚度为2 mm雷管殉爆时测得的波形

（a）示波器测得的典型 V—t 波形；（b）换算得到的 p—t 波形

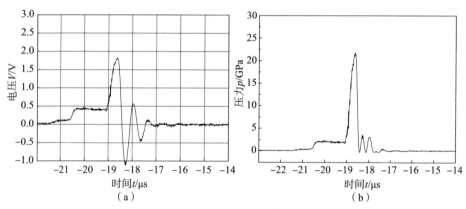

图2.18　硬纸板厚度为4 mm雷管殉爆时测得的波形

（a）示波器测得的典型 V—t 波形；（b）换算得到的 p—t 波形

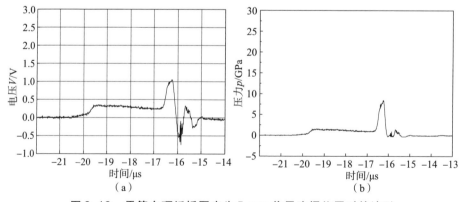

图2.19　雷管在硬纸板厚度为5 mm临界殉爆位置时的波形

（a）示波器测得的典型 V—t 波形；（b）换算得到的 p—t 波形

　　雷管受到冲击波的作用而未发生殉爆时，示波器记录的典型波形如图 2.20 （a） 和图 2.21 （a） 所示，通过式 （2 - 2）、式 （2 - 4）、式 （2 - 5） 换算得到的 $p - t$ 曲线如图 2.20 （b） 和图 2.21 （b） 所示。在图 2.20 （b） 和图 2.21 （b） 中，可以看到 $p - t$ 曲线中压力最高处也不到 3 GPa，可见雷管并未殉爆。在图中，由于时间轴上所取的单位较大 （20 μs），所以雷管受到主发雷管爆炸产生的冲击波作用的阶段表现得不很明显，根据在试验中的记录 （表 2.7），我们可对图中的曲线做出如下分析：雷管受到冲击波的作用，压力开始上升，当冲击波压力达峰值时出现平台阶段，这是由于冲击波的能量被雷管中的装药所消耗的原因。但是，由于冲击波的能量不大 （压力峰值很低），不足以使雷管中的装药发生化学反应，只是装药中的气泡由于热的作用而发生膨胀，进而引起雷管壳的膨胀，所以表现在 $p - t$ 曲线上时，压力经过平台阶段后又开始上升，但这已经不是主爆雷管爆炸产生的冲击波对殉爆雷管的作用了。

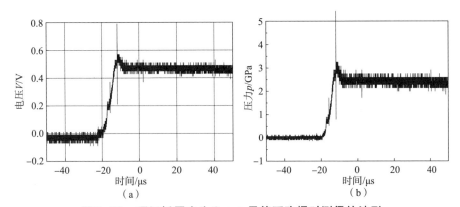

图 2.20　硬纸板厚度为 6 mm 雷管不殉爆时测得的波形

（a） 示波器测得的典型 $V—t$ 波形；（b） 换算得到的 $p—t$ 波形

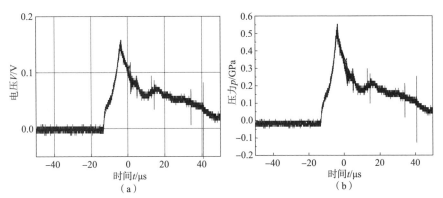

图 2.21　雷管在硬纸板厚度为 8 mm 临界不殉爆位置时的波形

（a） 示波器测得的典型 $V—t$ 波形；（b） 换算得到的 $p—t$ 波形

表2.7　在硬纸板不同厚度时，雷管受到冲击波作用所测得的冲击波参数

硬纸板厚度 /mm	是否殉爆	冲击波压力峰值 p /GPa	压力峰值持续时间 τ /μs	冲击波的 $p^2\tau$
2	是	5.42	0.3	8.81
2	是	4.29	0.3	5.52
4	是	2.41	0.8	4.65
4	是	2.09	1.2	5.24
4	是	1.61	2.7	6.99
5	是	1.49	3.0	6.66
5	是	1.29	2.0	3.32
5	否	0.60	1.5	0.54
6	否	0.75	1.8	1.01
6	否	0.58	2.5	0.84
6	否	0.62	2.0	0.77
8	否	0.129	2.0	0.03
8	否	0.107	3.0	0.03
8	否	0.107	3.5	0.03

表2.7给出了雷管受到的冲击波压力峰值、压力峰值持续时间 τ 以及冲击波的 $p^2\tau$。从表中的数据可以看出，硬纸板厚度在2 mm时，雷管受到的冲击波压力达4.29 GPa以上，这时冲击波只需作用0.3 μs就可使得雷管殉爆。随着硬纸板厚度的增加，冲击波压力峰值下降很快，当硬纸板厚度达5 mm时，冲击波压力峰值降到1.29 GPa以下，同时压力峰值持续时间明显增加达到2.0～3.0 μs，这时雷管也可以被殉爆。

当硬纸板厚度达6 mm以上时，冲击波压力峰值很快降低到1.0 GPa以下，峰值也有一定的持续时间，但雷管未发生殉爆。其中在硬纸板厚度为6 mm时，观察到了雷管受冲击波作用不被殉爆的临界状态。从图2.21（b）中可以明显地看到，雷管受冲击波作用后，其壁面上的压力在主发雷管的冲击波结束后，其压力还一直上升，达到3.5 GPa左右后才下降，雷管虽然没有爆炸，但是通过回收的产品来看，雷管壳体发生了严重变形，几乎爆裂。

通过以上对各个情况雷管殉爆与否的综合分析可知，所设计的硬纸板中雷管殉爆试验条件下，在侧向受到冲击波作用时，雷管殉爆与否起决定作用的是冲击波峰压力值及峰值持续时间的大小，冲击波压力峰值的大小更是两者中的首要决定因素。另外，从雷管在受到冲击波作用而被殉爆的情况来看，有一个

延滞期的现象存在，且延滞期随冲击波压力的下降而增长。延滞期与冲击波作用时间相同，可以看成是在不同硬纸板厚度下，被发雷管从接收冲击波到其被起爆有个时间间隔，且这个时间间隔是不同的。

根据 F. E. Walker 提出的单位面积炸药被起爆所需的临界起爆能量（50%起爆的能量）的式（2-2），我们也可定性地看出，冲击波的两个参数——冲击波压力 p 和冲击波的作用时间 τ。其中，冲击波压力更决定了炸药的起爆，这是因为冲击波压力对临界起爆能的贡献成二次幂关系，较冲击波的作用时间要大得多。对比文献 [43] 中的数据（表2.7），在试验中所用的雷管输出装药 PETN 的密度为 1.15 ~ 1.40 g/cm^{-3}，对比表2.7和表2.8可以看到，本试验中雷管在各个位置处得到的 $p^2\tau$ 要大于文献 [43] 中的数据，这是由于冲击波作用的时间较长的缘故。因为主发雷管冲击波首先到达被发雷管壳壁面，壳体对冲击波能量也有个吸收和反射作用，之后冲击波的能量才作用到装药上，由此计算得到的数值要略大于文献中的数值。

表2.8　PETN 的临界起爆能量

炸药	$\rho/(\mathrm{g \cdot cm^{-3}})$	p/GPa	起爆感度参数		
			$\tau/\mathrm{\mu s}$	$p^2\tau$	$E/(\mathrm{J \cdot cm^{-2}})$
	1.60	4.3	0.043	0.81	1.4
PETN	1.40	3.0	0.045	0.41	8.6
	1.20	1.0	0.047	0.05	1.2

因此，依据冲击波起爆炸药的特征及炸药的起爆条件，并通过对雷管在硬纸板中殉爆情况的分析，提出了硬纸板中雷管受冲击波作用时殉爆与否的冲击波参数（冲击波压力 p 和冲击波作用时间 τ）的判定条件，设计了测定两个参数的试验方案，即结合升降法定性试验和 PVDF 压电传感器测压技术定量试验来得到理想的结果。运用 PVDF 压电传感器测压技术测试雷管在不同情况（殉爆、临界殉爆、临界不殉爆、不殉爆）下的冲击波参数，并结合冲击波压力—时间图像，分析雷管受冲击波作用时的情况。通过对得到的数据分析，以及冲击波起爆的临界能量观点可以得到这样的结论：①雷管在硬纸板介质中受冲击波作用殉爆与否，取决于冲击波压力峰值及峰值持续时间，而冲击波压力峰值更是两者中的首要决定因素。当冲击波峰值压力达到 1.29 GPa 以上时，都可使雷管发生殉爆，而压力峰值降低到 1.0 GPa 后，即使冲击波作用的时间较长，雷管也未殉爆。②雷管在硬纸板介质中受冲击波作用而被殉爆时，存在一个延滞期，且延滞期随冲击波压力下降而增长。这一结论可以推广到任何惰性介质中。

|2.5 雷管防殉爆包装隔爆措施与样机设计|

2.5.1 错位隔爆措施

根据雷管起爆能力的空间分布（图2.22）的特点，可充分利用其死区（图2.22中 A 处）的特性，被发雷管的位置距该处越近，其被殉爆的可能性也就越小。因此，在实际的包装中可把上、下层雷管错开放置以起到轴向防殉爆的安全效果，如图2.23所示。

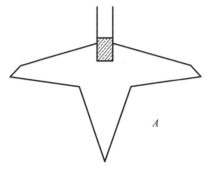

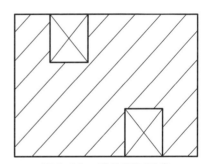

图2.22　雷管起爆能力空间分布示意　　　　图2.23　错位隔爆示意

2.5.2 "放"和"抗"相结合的隔爆措施

所谓的"放"，是指在采取防殉爆包装的隔爆措施中有意识地设计一些薄弱环节形成泄压面，在爆炸发生的瞬间将大量能量释放，以减少主体结构上的爆炸载荷；而所谓的"抗"，是指对除了卸压面以外的爆炸区域进行加强措施，提高其承载能力和极限变形能力，防止其在爆炸发生时和发生后丧失承载能力或整体的稳定性。对于雷管的侧向防护来说，可以在靠近雷管的周围采用一层较易破碎的材料，这种材料在雷管爆炸时发生整体破碎，使得在爆炸发生的瞬间将大量能量释放，以减少主体结构的爆炸载荷。同时，在这层易碎材料的外层采用强度高的抗爆材料，使其形成包装的主体结构，可以防止雷管受爆炸冲击时散落开来。

2.5.3 多层介质的隔爆措施

高压下固体材料通常可看成无黏性的可压缩流体，一般在 $p - u$ 平面上来处理冲击波在两种不同介质的界面上的反射和透射问题[44]。

图 2.24 反映了压力幅值为 p_0 的平面冲击波由材料 1 垂直入射到材料 2 中的情形，透射到材料 2 中的状态 b 是近似地由经过状态 a 的材料 1 的负向 Hugoniot（冲击绝热线）与材料 2 正向 Hugoniot 的交点。对于多层材料结构，则可以按其排列顺序依此类推。

由于在高压下，固体 $p-u$ 线是个二次曲线，下面近似以原点从 O 出发的二

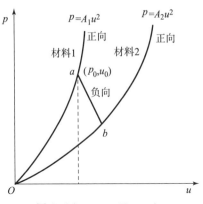

图 2.24　$p-u$ Hugoniot

次曲线 $p = Au^2$ 来分析分层结构中冲击波的传播。式中的 A 值可定性地反映材料的相对"软""硬"程度，A 值越大，材料越"硬"；反之，材料越"软"。假设冲击波的初始状态为状态 $a(p_0, u_0)$，则材料 1 经过状态 $a(p_0, u_0)$ 的负向 Hugoniot 关系为

$$p = A_1 (u - 2u_0)^2 \quad (u < 2u_0)$$

则其与材料 2 正向 Hugoniot 的交点，就是平面冲击波由材料 1 透射到材料 2 中的状态 b，即

$$p = A_1 (u - 2u_0)^2 \quad (u < 2u_0)$$

$$p = A_2 u^2 \tag{2-23}$$

联立式（2-23）中的两个公式并把式中的 u 消去，并考虑到 $p = A_1 u_0^2$，可以求得透射系数为

$$T_2 = \frac{p}{p_0} = \frac{2^2}{\left[1 + \dfrac{\sqrt{A_1}}{\sqrt{A_2}} \right]^2} \tag{2-24}$$

由式（2-24），可以类推到冲击波传播 n 层结构以后的透射系数：

$$T_n = \frac{2^2}{\left[1 + \dfrac{\sqrt{A_1}}{\sqrt{A_2}} \right]^2} \cdot \frac{2^2}{\left[1 + \dfrac{\sqrt{A_2}}{\sqrt{A_3}} \right]^2} \cdot \cdots \cdot \frac{2^2}{\left[1 + \dfrac{\sqrt{A_{n-1}}}{\sqrt{A_n}} \right]^2} = \prod_{i=1}^{n-1} \frac{2^2}{\left[1 + \dfrac{\sqrt{A_i}}{\sqrt{A_{i+1}}} \right]^2} = t_n^2$$

$$t_n = \prod_{i=1}^{n-1} \frac{2^2}{1 + \dfrac{\sqrt{A_i}}{\sqrt{A_{i+1}}}} = \frac{2^{n-1}}{\prod\limits_{i=1}^{n-1} \left[1 + \dfrac{\sqrt{A_i}}{\sqrt{A_{i+1}}} \right]}$$

即对于相同层数（n 相同）的分层结构来说，如果存在着某种排列结构，使

$$t = \prod_{i=1}^{n-1}\left[1 + \frac{\sqrt{A_i}}{A_{i+1}}\right] \qquad (2-25)$$

存在着最大值，则此时结构对冲击波透射的削减性能最好，即这种结构能最有效地削弱透射冲击波的强度。

在实际当中考虑了"硬纸板—空气—硬纸板"的结构，将其与"硬纸板—硬纸板—硬纸板"结构对比，设硬纸板和空气的 Hugoniot 分别为 $p = A_1 u^2$ 和 $p = A_2 u^2$，并且有 $A_1 > A_2$。由式（2-25）可以得到这两种排列结构的 t 值如下。

（1）对于"硬纸板—空气—硬纸板"结构，有

$$t_1 = \left[1 + \frac{\sqrt{A_1}}{\sqrt{A_2}}\right] \cdot \left[1 + \frac{\sqrt{A_2}}{\sqrt{A_1}}\right] \qquad (2-26)$$

（2）对于"硬纸板—硬纸板—硬纸板"结构，有

$$t_2 = \left[1 + \frac{\sqrt{A_1}}{\sqrt{A_1}}\right] \cdot \left[1 + \frac{\sqrt{A_1}}{\sqrt{A_1}}\right] = 4 \qquad (2-27)$$

将式（2-26）和式（2-27）相减，可得

$$\frac{A_1 + A_2}{\sqrt{A_1 A_2}} - 2 \qquad (2-28)$$

显然当式（2-28）的值大于零时，"硬纸板—空气—硬纸板"结构要优于"硬纸板—硬纸板—硬纸板"结构，反之亦然。

由于无法知道具体的 A_1 和 A_2 的值，所以式（2-28）的值的正负也无法确定，为此我们从试验的角度来考虑两种结构的优劣。试验示意如图 2.25 和图 2.26 所示。所用雷管为 M99 针刺雷管，每种结构分别做三组殉爆试验。

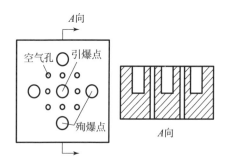

图 2.25 "硬纸板—空气—硬纸板"结构
（引爆点和殉爆点开孔孔径为 6.2 mm，
孔深为 12 mm，空气孔孔径为 2.0 mm）

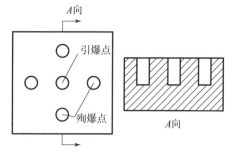

图 2.26 "硬纸板—硬纸板—硬纸板"结构
（引爆点和殉爆点开孔孔径为 6.2 mm，
孔深为 12 mm）

在"硬纸板—硬纸板—硬纸板"结构的殉爆试验中发现，当硬纸板厚度在 6 mm 时，在三组试验中，殉爆点雷管全部被殉爆。而在"硬纸板—空气—硬纸板"结构的三组殉爆试验中发现，硬纸板厚度在 6 mm 时，殉爆点雷管没有被殉爆，如图 2.27 所示，这说明了"硬纸板—空气—硬纸板"结构具有防殉爆更安全的优势。

图 2.27　"硬纸板—空气—硬纸板"结构的殉爆试验结果实物

2.5.4　雷管防殉爆包装样机的设计

在实际的包装情况中，雷管是多发放置在一起的，因此为保证设计的样机能在实际中应用，因此进行了跟实际情况相符的多发雷管间的殉爆试验。按图 2.28 所示的进行硬纸板中多发雷管间的防殉爆试验。所用电雷管的参数：装药量约 160 mg（三硝基间苯二酚铅 20 mg、羧铅为 80 mg、太安为 60 mg），外径为 4.9 mm，高度为 10 mm，硬纸板开孔直径为 5.0 mm，孔深为 11 mm，图中 $L' = 5.0 + L_{0.01\%} = 11$ mm。通过试验结果发现，当引爆雷管时，殉爆点处的雷管都未被殉爆，这些雷管只是表面有轻微点痕。对未殉爆雷管进行铅板穿孔试验的结果表明，3.0 mm 厚度的铅板（与该雷管验收时进行的铅板扩孔试验所用的铅板相同）全部被击穿，铅板扩孔孔径合格。这说明在防殉爆安全距离下的雷管不会由于主发雷管的爆炸而有被殉爆的危险。

根据以上的分析以及雷管的包装情况，可以形成如下的雷管防殉爆包装样机基本设计方案。

雷管防殉爆包装样机结构由内单元盒与外层套盒组成，内单元盒由下层结构与盖板组成。

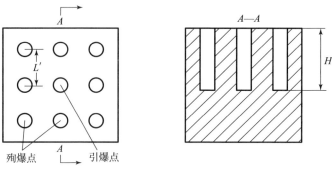

图2.28　多发雷管间的防殉爆试验

（1）单元盒容量：50发/盒。

（2）孔心距 l：l = 最小防殉爆安全距离 e（硬纸板厚度）+ 开孔直径 D。

（3）开孔直径 D：D = 雷管外径 + 0.1 mm；孔深 H = 雷管壳体高度。

（4）采用"硬纸板—空气—硬纸板"结构的防殉爆措施，空气孔直径 d 为 2.0 mm，空气孔位于两对角雷管连线的中点。

（5）错位隔爆设计，盒体在 w 方向上非对称，差值为 $0.5e$，底部厚度 h 为雷管爆炸后不能引爆下层雷管的最小厚度（可由实验确定）。

由上分析可得防殉爆包装样机结构示意如图2.29所示。

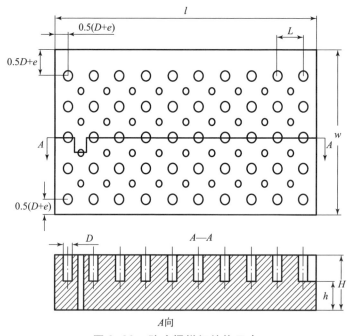

图2.29　防殉爆样机结构示意

雷管防殉爆包装样机实物图如图 2.30 和图 2.31 所示。

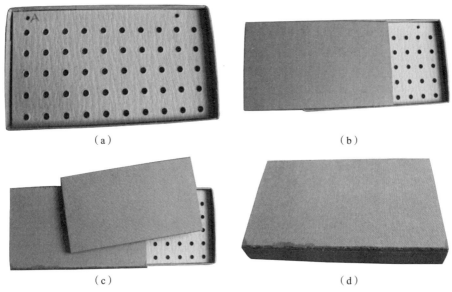

（a）　　　　　　　　　　　　　　　（b）

（c）　　　　　　　　　　　　　　　（d）

图 2.30　不带空气孔的防殉爆包装样机

（a）内单元盒下层结构俯视图；（b）内单元盒下层与盖板结构；

（c）内单元盒、外单元盒与外层套盒；（d）内单元盒推至外层套盒内的包装样机

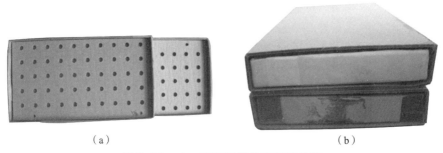

（a）　　　　　　　　　　　　　　　（b）

图 2.31　上、下两层错位隔爆实物图

（a）单元盒内部结构；（b）上、下两层错位防殉爆包装样机

总之，针对雷管防殉爆包装中隔爆介质的优选、雷管的临界殉爆能量及防殉爆样机结构的设计等问题，进行了理论分析、实验研究和工程设计。通过对雷管防殉爆安全距离的计算与分析硬纸板条件对雷管防殉爆安全的影响，得出用聚乙烯醇黏结的硬纸板是较牢靠的，能有效地降低黏结界面的影响；从硬纸板的加工工艺上进行考虑，得出开孔孔径对雷管防殉爆包装安全距离的影响，

采用 3 mm 的硬纸板作为雷管防殉爆包装材料，其密度为 0.9 g/mm³。其他参数按《厚纸板 GB/T 22822—2008》标准，硬纸板满足可操作性及便易性要求；通过对雷管的防殉爆包装措施分析，认为在雷管包装中上、下两层宜采取错位隔爆措施能有效提高雷管放置的安全性，通过对多层介质的隔爆措施进行分析，得出"硬纸板—空气—硬纸板"的多层介质结构有利于减小防殉爆的安全距离，设计出雷管防殉爆包装样机结构的基本参数，并给出了实物模型。

| 参考文献 |

[1] 蔡瑞娇. 火工品设计原理 [M]. 北京：北京理工大学出版社，1999.

[2] 汪佩兰，李桂茗. 火工与烟火安全技术 [M]. 北京：北京理工大学出版社，1996.

[3] 胡学先，蒋罗珍. 雷管展望 [J]. 火工品，1998（4）：40 – 43.

[4] 黄平. 起爆药运输装置动力学及其应用性能研究 [D]. 北京：北京理工大学，2004.

[5] 王凯民. 传爆序列界面能量传递技术研究 [D]. 北京：北京理工大学，2002.

[6] 赵耀辉. 雷管防殉爆包装技术研究 [D]. 北京：北京理工大学，2006.

[7] 陈网桦，彭金华，乔小玲，等. 雷管在不同介质中冲击起爆压力的研究 [J]. 弹道学报，1999，11（1）：44 – 47.

[8] 陈网桦，朱卫华，彭金华，等. 轻质隔爆材料的实验研究 [J]. 中国安全科学学报，1996，6（6）：17 – 20.

[9] 王海福，冯顺山. 爆炸载荷下聚氨酯泡沫材料中冲击波压力特性 [J]. 爆炸与冲击，1999，19（1）：78 – 83.

[10] 刘举鹏. 雷管能量输出应力波研究 [D]. 北京：北京理工大学，1984.

[11] 王作山，刘玉存，郑敏，等. 爆轰波冲击波在有机隔板中衰减模型的研究 [J]. 应用基础与工程科学学报：2001，9（4）：316 – 319.

[12] 程和法，黄笑梅，薛国宪，等. 冲击波在泡沫铝中的传播和衰减特性 [J]. 材料科学与工程学报：2004：22（1）：78 – 81.

[13] 王永刚，胡时胜，王礼立. 爆炸荷载下泡沫铝材料中冲击波衰减特性的实验和数值模拟研究 [J]. 爆炸与冲击，2003，23（6）：516 – 522.

[14] 韩秀凤，蔡瑞娇，严楠. 雷管输出冲击波在有机玻璃中传播衰减的实验

研究 [J]. 含能材料, 2004, 12 (6): 329 – 332.

[15] 郭崇星. 隔板起爆器传爆特性研究及匹配设计 [D]. 北京: 北京理工大学, 2002.

[16] 北京工业学院八系《爆炸及其作用》编写组. 爆炸及其作用 (上册) [M]. 北京: 国防工业出版社, 1979.

[17] 李向东. 目标毁伤理论及工程计算 [D]. 南京: 南京理工大学, 1996.

[18] 徐颖, 丁光亚, 宗琦, 等. 爆炸应力波的破岩特征及其能量分布研究 [J]. 金属矿山, 2002 (2): 13 – 16.

[19] 高举贤. 爆炸力学实验技术新进展 [J]. 力学进展, 1989, 19 (3): 336 – 350.

[20] 马思孝. 转镜式高速照相机及其在火工品测试的应用 [J]. 火工品, 1988 (4): 38 – 45.

[21] 孙同举, 郝建春, 葛瑞荣. 靶线法测雷管破片速度及其分布的初步探索 [J]. 火工品, 1995 (3): 20 – 22 + 19.

[22] TARBELL W, BURKE T, SOLOMON S. Performance characterization of NASA standard detonator [C]//31st Joint Propulsion Conference and Exhibit. San Diego: AIAA Meeting Paper, 1995: 1 – 6.

[23] LEE L M, GRAHAM R A, BAUER F, et al. The standard Bauer Piezoelectric Polymer Shock gauge [C]//DYMAT 88 – 2nd International Conference on Mechanical and Physical Behaviour of Materials under Dynamic Loading. Les Ulis: EDP Sciences S. A. S., 1988, 49 (C3): 651 – 657.

[24] BAUER F. Properties and high pressure shock loading response of poled ferroelectric PVF2 polymer gauges [C]//ASME Applied Mechanics Bioengineering and Fluids Engineering Conference. New York: The American Society of Mechanical Engineers, 1987 (83): 19 – 28.

[25] REED R P, GRAHAM R A, MOORE L M, et al. The Sandia standard for PVDF (polyvinylidene di – fluoride) shock sensors [C]//American Physical Society Topical Conference on Shock Compression of Condensed Matter. Oak Ridge: Office of Science and Technical Information (OSTI), 1989.

[26] TETAL O. The construction and calibration of a inexpensive PVDF stress gauge for fast pressure measurements. Meas. Sci. & technol. 1995 (6): 345 – 348.

[27] 戴实之. 用锰铜压阻技术研究雷管的动态输出特性 [J]. 爆破器材, 1987, 16 (2): 1 – 4.

[28] 国防科学技术工业委员会. 工业电雷管发火冲能测试方法: WJ/T

9039—2004 ［S］．2004.

［29］池家春．锰铜压力计在传爆序列研究中的应用［J］．火工品，1989（1）：8－12．

［30］孙金华，郦江水．覆铜雷管底部速度测试［J］．爆破器材，1993（1）：2－5．

［31］谢兴华，曹伦合，高宏治．矿用雷管破片速度的测试［J］．火工品，1994（1）：12－16．

［32］谢兴华，胡学先．工业雷管轴向飞片速度理论［J］．爆破器材．1995，24（5）：1－4．

［33］甄广平．多层冲击极化传感器［J］．火工品，1994（1）：12－16．

［34］陈西武．雷管输出威力测量的论证研究［D］．南京：南京理工大学，1999．

［35］陈网桦，果宏，彭金华．雷管空中爆炸场超压的近似估算［J］．爆破器材．1988，27（1）：1－3．

［36］孙承纬．应用爆轰物理［M］．北京：国防工业出版社，2000．

［37］刘剑飞，胡时胜．PVDF压电计在低阻抗介质动态力学性能测试中的应用［J］．爆炸与冲击，1999，19（3）：229－234．

［38］李焰，王凯民，谭红梅，等．PVDF应力计在起爆试验研究中的应用［J］．火工品，2003（3）：6－10．

［39］王海福，冯顺山．密实介质中冲击波衰减特性的近似计算［J］．兵工学报，1996，17（1）：79－92．

［40］李国新，程国元，焦清介．火工品实验与测试技术［M］．北京：北京理工大学出版社，1998．

［41］刘玉存．炸药粒度及级配对冲击波感度和输出的影响研究［D］．北京：北京理工大学，2002．

［42］陈熙荣，王可，刘德润．冲击波在不同材料隔板中的衰减特征［J］．兵工学报，1991（2）：77－79．

［43］郭崇星．隔板起爆器传爆特性研究及匹配设计［D］．北京：北京理工大学，2002．

［44］宋博，胡时胜，王礼立．分层材料的不同排列次序对透射冲击波强度的影响［J］．兵工学报，2000，21（3）：272－273．

第 3 章

阻燃发泡聚乙烯防殉爆包装材料

为了推动防殉爆包装技术的发展，更好地满足未来战争的需求，研究防殉爆相关领域内性能优异的复合材料，为火工品等爆炸危险品防殉爆包装提供参考。防殉爆包装材料的功能包括隔爆、抗震和缓冲等，因此需要加强对防殉爆包装材料的阻燃性能、抗静电、力学性能等方面的研究。聚合物发泡阻燃防爆材料性能十分优异，复合材料在弹药防殉爆包装领域具有十分广阔的应用前景。阻燃发泡聚乙烯防殉爆包装材料可应用于弹药、火工品等爆炸危险品包装内层，起到阻隔缓冲吸能的作用。

聚乙烯树脂来源广泛，价格低廉，与其他泡沫塑料相比聚乙烯发泡材料具有容易发泡成型、较少破损、反复使用弹性也不受影响的特性，在现代化工业生产中尤其在用作缓冲包装材料上得到了广泛的应用。但是，由于聚乙烯基体树脂所固有的一些缺点，导致聚乙烯发泡材料的强度较低，阻燃性能和抗静电性能均较差。针对上述问题，研究通过功能改性，制备阻燃、抗静电、力学性能良好的发泡聚乙烯材料。

编者团队所指导的研究生丁小蕾等在北京理工大学学习期间进行了阻燃发泡聚乙烯防殉爆包装材料的研究，为使发泡聚乙烯材料的发泡效果和力学性能良好，优选了阻燃剂、抗静电剂发泡剂、成核剂的种类及发泡剂、交联剂、助交联剂、成核剂的用量，以及工艺参数的优化。针对聚乙烯发泡材料强度较低的缺点，在聚乙烯发泡体系中加入不同种类的弹性体（POE、SBS、SEBS、EVA、硅胶）进行增韧改性，使其发泡聚乙烯材料在发泡效果较好的基础上，各种力学性能有较大的提高[1]。

3.1　发泡聚乙烯材料的机理与设计

3.1.1　发泡聚乙烯材料的发泡机理

在聚乙烯发泡体的定型过程中，在聚乙烯熔体中出现大量细密的气泡，气泡还要经历膨胀和固化定型过程，任何气—液相并存的体系都是极不稳定的，气泡可能膨胀也可能塌陷，而影响其变化的因素很多，有些影响因素又相互交错影响，因此聚乙烯泡沫塑料的成型定型过程比普通聚乙烯塑料成型过程要复杂得多。在已有的文献报道中，很多研究者试图从理论上对上述三个过程进行全面的探讨。但是聚乙烯发泡体发泡成型是一个极其复杂的过程。因此，很多研究者采用现象学，用实验的方法来说明自己的观点。

泡沫塑料的成型定型过程，一般可以分为三个阶段：①气泡核的形成，气核的膨胀和发泡体的固化定型。②发泡成型，首先应在塑料熔体或液体中形成大量均匀细密的气泡核；然后再膨胀成为具有所要求的泡体结构的气泡体。③通过固化定型将泡体结构固定下来，得到泡沫塑料成品。每个阶段的成型机理不同，主要影响参数也不同[2,3]。

1. 成核机理

气泡核的形成阶段对泡体中泡孔密度和分布情况起着决定性的作用，因此气泡核的形成阶段是控制泡体性能和质量的关键阶段[4]。

所谓气泡核，是指高聚物泡体中的大量原始微泡，即气体在高聚物中最初以气相聚集的地方。不同的高聚物，其聚集的过程也不同。

根据形成机理把气泡成核过程归纳为以下三种类型。

（1）气—液相混合直接形成气泡核。此类气泡核的形成是通过气—液相直接混合而成。气体和树脂溶液在经过充分混合后，除部分气体溶入树脂溶液，其余气体以气相分散聚集在液体中即形成气泡核。热固性泡沫塑料大多采用此法进行发泡成型。以脲甲醛泡沫塑料为例，其成型过程：将空气与刚配置好的脲甲醛树脂溶液（原材料的混合液）一起通入打泡机中进行混合，打泡机中设有高速搅拌器和特制的气—液混合装置，使通入的空气被分散成大量的气泡且均布在溶液中。打泡机中的溶液：一方面进行气—液相的混合过程；另一方面进行缩聚过程，使溶液黏弹性逐步增加，并逐渐失去流动性使泡体固化定型。打泡机中含有大量气泡的树脂溶液在没有固化前即进行浇铸成型，在铸模中完成泡体成型和固化定型过程。从以上过程可以看出，泡核的形成是气—液相直接混合的结果。这类方法的成核效果取决于气—液相混合的力度和树脂溶液缩聚反应的速度，因为树脂溶液的缩聚反应程度决定溶液的黏弹性，具有一定黏弹性的溶液才能包住分散的气相。聚氨酯泡沫塑料成型也采用类似的方法成核。

（2）利用高聚物分子中的自由体积为成核点。高聚物分子中存在自由体积，熔融状态下，不同的高聚物具有不同的自由体积。将发泡剂压入高聚物的自由体积中，再通过升温降压的方法，使自由体积中的发泡剂气化膨胀形成气泡核。聚苯乙烯泡沫（EPS）即采用此法制成：首先用低沸点液体如丁烷、戊烷等在加压条件下渗入聚苯乙烯（PS）的微粒中；然后在常压下加热，使树脂软化、低沸点液体气化，微粒膨胀即得到 EPS 颗粒料，也可以用此法制成聚乙烯泡沫（EPE）。20 世纪 80 年代中期，出现的微孔塑料也是采用此类成核机理形成气泡核的。

（3）利用高聚物熔体中的低势能点为气泡成核点。热点成核是在 20 世纪 60 年代末 70 年代初，通过大量试验论证提出来的。其要点是在塑料熔体中必须同时存在大量均匀分布的热点和过饱和气体，才能在熔体中形成大量气泡核。当熔体中出现热点，此点的熔体表面张力和熔体黏度都下降，气体在熔体中的溶解度也发生变化，使熔体中存在的过饱和气体容易从此点离析出来而形成气泡核。此成核机理与上述两种机理主要有两个不同点：第一，气体首先要溶解在熔体中，然后通过降压或升温，使气体在熔体中形成极不稳定的过饱和气体；第二，熔体中要存在适宜成核的热点，使过饱和气体能从此点离析出来形成气泡核。成型中常常采用加成核剂的方法，利用成核剂与熔体间的界面形成大量的低势能点作为成核点。此类成核机理与热点成核机理，广义上讲可以归纳为一类。热点能成核是因为聚合物分子中热点处的势能低，因此，不稳定的过饱和气体容易由此处析出，加成核剂改变了成核剂与聚合物熔体界面间的能量，使过饱和气体容易由此离析而形成气泡核。按此机理，在聚合物熔体中要形成大量气泡核必须有两个条件：一个是足够量的过饱和气体；另一个是熔体中存在大量的低势能点。熔体中的低势能点可以通过各种途径获得，因此这个机理的应用面很宽。

以上三种成核机理都有各自的运用范围。第一种适用于热固性塑料；第二种适用于分子中具有较大自由体积，并有相应发泡剂能渗入的高聚物，采用此法较多的是聚苯乙烯（PS）、聚乙烯（PE），其他如聚碳酸酯（PC）、聚氯乙烯（PVC）、聚对苯二甲酸乙二醇酯（PET）。第三种适用范围很广，因为人们可以通过各种途径改变气体在熔体中的过饱和能量和熔体中各点的势能，因此可以挖掘的潜力很大。总的来说，成核过程在发泡体系中产生了一个较大的质的变化，由单相体系转变为两相体系[5]。

以下详细介绍经典的热点成核模型。

物理发泡的成核速率可以通过经典的成核理论进行描述。气泡的形成过程实际是相分离过程，需要克服相变能垒。成核的概率与 $\exp[-W^0/kT]$ 成正比。其中，k 是 Boltzman 常数，T 是热力学温度，W^0 是相变所需的最小功，即自由能垒。我们可以使用作为最大功的 Helmholz 自由能，因为在形成临界气泡核的过程中可以忽略体积的增长。均相成核是在液—固相界面产生的，在玻璃纤维表面或杂质粒子表面的气泡成核则为非均相成核，在液相—圆锥形空穴的成核则为空穴成核。为了得出 Helmholz 自由能，必须确定成核前后体系的状态。假设成核前后体系均处于平衡状态，成核前的体系只是气体/聚合物熔体均相体系，成核后的体系包括临界气泡核和聚合物熔体。

在成核过程中，设体系的温度是不变的。成核前，气体的压力突然降低，聚合物熔体处于过饱和状态，但此时没有任何成核的气泡，并假设气体的浓度和压力是一致的，成核后则形成了临界气泡核，而各处的温度仍假设是一致的。然而在此状态下，由于表面张力的作用，气泡核内的压力高于核外的压力。虽然在成核后，气泡核外的气体浓度有很小的梯度，但为了估算化学势，假设是一致的。因此，这三种状态下的自由能均可按下式计算：

$$G = \sum \mu_i N_i + \sum A_j \gamma_j - pV + SE \qquad (3-1)$$

式中　μ_i——组分的化学势；

N_i——分子数；

γ_j——界面 j 的界面能；

A_j——界面面积；

p 和 V——压力和体积；

SE——体系的弹性能。

因为聚合物处于熔体状态且成核是在聚合物固化前发生的，所以体系的弹性能可以忽略不计。假设气泡核的体积 V_b 相对体系的体积可以忽略不计，则气泡核外的气体/聚合物体系的化学势的变化可以忽略不计。因此，成核前后自由能垒（Gibbs 自由能垒）可计算如下：

$$\Delta G = G_2 - G_1 = N_b RT\ln p_b/p_s + \sum A_j\gamma_j - (p_b - p_o)V_b \qquad (3-2)$$

式中　N_b——气泡内的气体分子数；

　　　R——通用气体常数；

　　　p_b——气泡内的压力；

　　　p_s——过饱和压力；

　　　p_0——熔体压力。

式（3-2）适用上述三种成核情况，只是在不同情况下，表面能、界面面积、气泡体积和气泡内分子数不同。

（1）均相成核。均相成核是指发生在均相体系中的成核过程。均相体系中无任何杂质，在体系的压力释放过程中，每个气体分子都是理论上的成核点，因此具有最理想的成核密度和最小的泡孔半径，但由于无成核点的依附和诱导，成核所需克服的自由能最大，这就要求体系的气体必须有很大的过饱和度，因而要求气体/熔体体系必须积累更多的能量。

根据式（3-2），可以得到均相成核所需的最小自由能垒为

$$\Delta G_{hom} = N_b RT\ln p_b/p_S + 4\pi r_b^2 r - (p_b - P_0)4\pi r_b^3/3 \qquad (3-3)$$

式中　r_b——气泡半径；

　　　r——界面能。

在临界气泡核处自由能垒对半径的导数应为零，即 $dG_{hom}/dr_b = 0$，

假设气体为理想气体，则可得到气泡临界半径和所需克服的自由能垒分别为

$$\gamma'_b = 2\gamma/(p_b - p_0) \qquad (3-4)$$

$$\Delta G' = 16\pi r^3/3(p_b - p_0)^2 \qquad (3-5)$$

均相成核的成核速率为

$$N_{hom} = C_0 f_0 \exp(-\Delta G'_{hom}/kT) \qquad (3-6)$$

式中　C_0——气体分子的浓度；

　　　f_0——均相成核的频率因子（代表气体分子扩散进入初始气泡核内的频率）；

　　　k——Boltzman 常数；

　　　T——热力学温度。

（2）非均相成核。非均相成核是指熔体中除气体和聚合物本身以外，存在游离态杂质。在气—液—固三相共存时，在三相共存的交界面处存在一个低能点。因此，成核时将在这个低能点处发生相变。

对于非均相成核，Gibbs 自由能垒的计算式为

$$\Delta G_{\text{hom}} = N_{\text{b}}RT\ln p_{\text{b}}/p_{\text{s}} + [4\pi r_{\text{b}}^2 r - (p_{\text{b}} - p_0)4\pi r_{\text{b}}^3/3]f(\theta) \qquad (3-7)$$

其中

$$f(\theta) = \frac{2 + 3\cos\theta - \cos^3\theta}{4}$$

气泡核的临界尺寸及所需的 Gibbs 自由能垒分别为

$$\gamma_{\text{b}}' = 2\gamma/(p_{\text{b}} - p_0) \qquad (3-8)$$

$$\Delta G_{\text{het}} = [16\pi r^3/3(p_{\text{b}} - p_0)^2]/f(\theta) \qquad (3-9)$$

一般地，非均相成核中，$0 < \theta < \pi$，即 $0 < f(\theta) < 1$，故有 $\Delta G_{\text{het}} < \Delta G_{\text{hom}}$，说明非均相成核所需克服的 Gibbs 自由能垒低于均相成核所需克服的 Gibbs 自由能垒。

非均相成核的成核速率为

$$N_{\text{het}} = C_1 f_1 \exp(-\Delta G_{\text{het}}'/kT) \qquad (3-10)$$

式中　C_1——非均相成核成核点的浓度；

　　　f_1——非均相成核的频率因子（表示气体分子扩散进入初始气泡核内的频率）。

（3）空穴成核。气体/聚合物熔体体系中的空穴主要有两种：一种是体系固有的；另一种是人为生成的。当体系中存在成核剂或其他固体颗粒时，某些颗粒为疏松多孔的结构，或者具有粗糙不平的表面，这些颗粒在进入机筒之前，空气等气体已被吸附在颗粒的内部或表层深处。由于粗糙表面内的劈楔作用，以及劈楔的阻力和气体的存在，外部熔体不易进入到劈楔的内部，结果劈楔的尖端被熔体封闭成微小的空穴。所以，在成核过程中，熔体中的气体分子将优先向这些空穴聚集而发生空穴成核。

空穴成核的 Gibbs 自由能垒的计算公式为

$$\Delta G_{\text{cav}} = N_{\text{b}}RT\ln p_{\text{b}}/p_{\text{s}} + [4\pi r_{\text{b}}^2 r - (p_{\text{b}} - p_0)4\pi r_{\text{b}}^3/3]f(\beta,\theta) \qquad (3-11)$$

其中

$$f(\beta,\theta) = \frac{1}{2} - \frac{3}{4}(\cos\alpha) + \frac{1}{4}(\cos^3\alpha) + \frac{1}{4}(\sin^3\alpha\cos\beta/\sin\beta)$$

$$\alpha = \pi/2 + \beta - \theta$$

在空穴成核中，$0 < \theta < \pi$，$0 < \beta < \pi$，即 $0 < f(\beta,\theta) < 1$。因此，$\Delta G_{cav} < \Delta G_{hom}$，即空穴成核所需克服的自由能垒低于均相成核，气体分子易于从高能态激活跃迁到低能态，较易成核。气泡核的临界尺寸所需的 Gibbs 自由能垒分别为

$$\gamma'_b = 2\gamma/(p_b - p_0) \tag{3-12}$$

$$\Delta G'_{cav} = [16\pi r^3 3(p_b - p_0)^2] f(\beta,\theta) \tag{3-13}$$

空穴成核的成核速率为

$$N_{cav} = C_2 f_2 \exp(-\Delta G'_{cav}/kT)$$

式中　C_2——空穴（劈楔）的浓度；

　　　f_2——空穴成核的频率因子（表示气体分子扩散进入初始气泡核内的频率）。

2. 膨胀机理

气泡的膨胀阶段和气泡核的形成阶段紧密相联，特别对高密度（低发泡倍率）的发泡体，其膨胀阶段极短，因此更难分开。但是，对于低密度（高发泡倍率）的发泡体，情况就不同了，影响成核过程的参数与影响膨胀过程的参数在主次顺序上存在较大差异。例如，气体在高聚物中的扩散速度对成核阶段影响不大，但对膨胀阶段影响极大，特别在膨胀的后期，它是控制气泡膨胀速度的主要参数。要制取高发泡塑料，必须有效地控制气体在高聚物中的扩散速度。此外，泡体的几何形状和结构，如泡孔的大小、开闭孔、泡孔的形状和分布都是由膨胀阶段的条件决定的。

气泡膨胀的机理：气泡的膨胀阶段紧接在气泡核的形成之后，很难断然分开，未有明确的分界定义。气泡膨胀的后期，聚合物熔体的温度逐渐下降，黏度逐渐上升，随后固化，所以膨胀阶段与固化阶段也是很难断然分隔的，它们都是相互关联的，但各段的机理和主要影响条件存在明显的不同。气泡的膨胀程度主要受泡体的黏弹性和膨胀力控制，黏弹性取决于原材料的性能和所处的工艺条件，而膨胀力主要受气泡内压和高聚物中的气体分子向气泡内扩散速度的控制，扩散速度快，泡体膨胀的速度也快。另外，高的扩散速度并不一定能得到高发泡倍数的泡体，因为泡体的发泡倍数除了受气体扩散速度控制外，还受泡体材料的物性参数和流变性能的影响。因此，要得到高发泡倍数的泡体，材料要有适宜的黏弹性、足够的拉伸强度，且膨胀速度要与材料的松弛速度相

适应。此外，泡体的结构形状也主要取决于膨胀阶段的条件。当泡孔属于闭孔结构时，如果膨胀速度过快或材料的收缩速率过大，就容易得到开孔泡体。如果皮层温度低，芯部温度高，或皮层受压而芯部减压，就可能得到结构泡体，即皮层不发泡或少发泡，芯部发泡的泡体。总之，泡沫塑料成型的膨胀阶段对泡体的结构性能影响很大。泡沫塑料的某些特性是可以运用改变膨胀条件来实现的。影响气泡膨胀的因素很多，在原材料配方确定后，温度与压力是控制气泡膨胀的主要参数。

在气泡膨胀过程中，气泡内气体组成气相，周围含有气体的塑料熔体组成液相，气—液两相组成气—液并存的体系，称为气泡膨胀体系（Bubble Expanding System，BES）。气泡膨胀克服气—液相的黏弹性、气液表面张力、惯性等，呈现出成长、塌陷或振动三种方式。所谓气泡成长、塌陷和振动，是指气泡半径随时间的增加而增大、减小或呈周期性变化[6]。涉及气—液两相动量、质量和热量传递，及 BES 同周围环境的动量、质量和热量传递等过程，具体模型可参考 Zana[7]、Honghton[8] 等人的研究。

3. 固化机理

膨胀的结果能否巩固，直接取决于泡体的固化速度。影响泡体固化速度的因素很多，而温度起着主导的作用。必须了解温度对膨胀与固化的双重影响，才能制定出定型过程适宜的温度条件。

泡体固化定型机理：塑料泡体的固化过程主要由基体树脂的黏弹性控制，树脂的黏弹性逐渐上升使泡体逐渐失去流动性而固化定型。热固性塑料的固化机理与热塑性的不同，其发泡过程是与树脂的反应过程同时并进的。树脂溶液的黏弹性由树脂的反应程度控制，反应结束，泡体的固化过程也就结束。因此，要控制固化速度就必须控制树脂的反应速度，而反应速度与材料配方及所处工艺条件有关。热塑性泡沫塑料的固化过程是纯物理的过程，主要由树脂温度控制其黏弹性。一般采用冷却的方法使塑料熔体的黏度上升，直到固化定型，而热固化塑料为加速固化反应，有时还要加热。此外，开始固化的时机和固化速度是影响泡体膨胀效果的重要参数，过早或过迟开始固化，固化速度太慢都不利于提高膨胀的效果，因为气—液相并存一般是处在不稳定状态，气泡不及时固化定型就容易合并或塌陷，影响发泡倍数。但是，如果表层冷却速度太快，内部冷却速度跟不上，导致表层树脂收缩太快，容易使泡体的表面产生裂纹，也会影响泡体的质量。因此，固化速度要控制适宜。

气泡在形成初期可能不稳定，会继续膨胀、合并（并泡）、塌陷或破裂。这主要取决于熔体的黏度、气泡内外的压力，根据上述的气泡生长模型，泡孔

半径变化速率为

$$R' = [(p_g - p_f)R - 2\sigma]/4\mu \tag{3-14}$$

式中　p_g——气泡内压；

　　　p_f——气泡外的熔体压力；

　　　μ——黏度；

　　　σ——表面张力。

令式（3-14）的左边等于零，并考虑残余应力影响，那么气泡固化的平衡条件为

$$p_g + \tau_n(R) = p_f + 2\sigma/R \tag{3-15}$$

式中　$\tau_n(R)$——残余应力随半径变化的关系式。

假设气泡外的熔体压力 p_f 太小，以上的平衡关系并不能维持，气泡的气体就会向熔体中扩散，导致气泡塌陷，当熔体压力 p_f 增大时，气体会向气泡中扩散，使气泡膨胀。p_f 越大，熔体中气体向气泡扩散的速度就越快，使熔体的弹性不足以支撑膨胀，最终气泡发生破裂。为了防止气泡破裂，可以通过提高熔体黏弹性，使气泡壁有足够的强度承受压力，也可以通过控制膨胀速率，使气泡壁有足够时间产生应力松弛。

当相邻气泡的直径不等时，也会导致气泡的不稳定。在外界条件相同的情况下，小气泡中的气体压力比大气泡中的气体压力大，泡孔直径相差越大，气泡的内压差别就越大，因此小气泡的气体趋于向大气泡扩散，扩散动力为

$$\Delta p = p_{g小} - p_{g大} \tag{3-16}$$

$$\Delta p = 2\sigma[(R_小 - R_大)/(R_大 R_小)] \tag{3-17}$$

式中　$R_大$、$R_小$——大、小气泡的半径；

　　　$P_大$、$P_小$——大、小气泡的内压力。

由式（3-17）可见，大、小气泡的半径差别越大，表面张力越大，则 Δp 值越大，小气泡并入大气泡的可能性就越大。因此泡孔大小的差异越大，气泡就越不稳定。为了减小气泡的不稳定性，有时候在熔体中加入表面活性剂，使表面张力降低，从而使 Δp 下降，气泡互相结合的速度减慢。

以上阐述的是成型机理，具体的机理涉及具体树脂的发泡转变过程，这要在试验中研究[9,10]。

3.1.2　聚乙烯泡沫塑料的成型方法

1. 模压发泡成型方法

聚乙烯泡沫塑料模压发泡法[11]是将可发性的聚乙烯定量装入成型模具中，

通过加热加压使之发泡成型，经冷却定型，制得聚乙烯泡沫塑料模塑制品。它既可以用来成型低密度结构型泡沫塑料，也可以用来成型高发泡倍率的泡沫塑料，并且可以生产大面积、厚壁或多层的泡沫塑料。

聚乙烯模压发泡成型按发泡的方式可分为一步法和两步法。一步法成型的发泡过程是一次性完成的。其具体成型过程如图 3.1 所示。

图 3.1　模压发泡成型过程示意

聚乙烯的模压两步发泡法的基本程序与一步法相同，只是在交联完毕，一部分发泡剂分解，物料部分发泡后，使之冷却，或趁热在常压中再进行第二次加热发泡。由于两步发泡法的物料膨胀速率大大降低，发泡倍率可以加大，现在 PE 模压发泡法的发泡倍率可以达到 30 倍，板材厚度可达 100 mm。

具体的模压两步发泡法可以有多种，如常规模压两步法、特殊模压两步法、复杂形状的模压两步法、可发性聚乙烯珠粒的模压法、模压熔结成型、模压黏结成型。

聚乙烯模压发泡成型主成型设备[12]按其功能可分为混合和成型两大类。混合设备包括捏合机、炼塑机、密炼机和挤出机；成型设备包括液压机、蒸缸及模具。模压发泡成型最大的缺点是比较复杂的制品成型困难，而且制品形状难保持，复杂制品要二次加工。

2. 注射发泡成型方法

注射发泡法[13]是结构泡沫制品的主要成型方法，属于一次成型。热塑性塑料的注射发泡成型是 20 世纪 60 年代初出现的，初始阶段采用聚苯乙烯为原料。但是，到了 20 世纪 60 年代末，几乎所有的注射成型的热塑性塑料都可以采用这种工艺方法进行发泡成型。注射发泡成型的主要优点是一次成型，大大简化了泡沫制品的制造工艺，产品质量好，产量高，特别是对于形状比较复杂、尺寸要求较高的泡沫塑料制品，更能显示出其优越性。其缺点是对模具要求高，制品多为低发泡制品。结构泡沫塑料制品使用较多的有以下几个方面[14]。

（1）要求质地轻巧的结构材料和工业制品。如各种容器、集装箱以及冷藏箱等。

（2）家具、建筑材料、仿木制品。

（3）热绝缘材料、隔声材料。

注射发泡成型工艺过程由原料配制、塑化和计算、闭模、注射、发泡、冷却定性、开模和顶出制品以及制品的处理等部分组成。影响注射成型工艺主要有压力、温度和时间三个要素。为了提高制品的质量，三个要素必须相互配合。

注射发泡成型工艺的主要设备为注射机。注射机又分为注射发泡成型机、高压法注射发泡成型机和多组分注射发泡成型机。

3. 挤出发泡成型方法

挤出成型[15]是泡沫塑料成型加工的主要方法之一。由于挤出发泡成型方法的连续性，一般的异型材、板材、管材、膜片、电缆绝缘层等发泡制品都采用挤出成型方法。挤出发泡成型法有两种：物理发泡法和化学发泡法。理论上两种方法都是适用的，但实际上应用最多的是化学发泡法。物理发泡法则大量应用在低密度聚苯乙烯泡沫材料中，它在挤出成型中主要是使用 n－戊烷碳氟化合物或其他低沸点的液体作为发泡剂。目前，主要使用碳氟化合物来保证得到低密度的聚苯乙烯泡沫材料，它可以控制聚苯乙烯增塑的程度，以得到合适的熔体弹性和增加气体的保持能力。直接注入气体的物理发泡法也在聚乙烯泡沫塑料、管状吹塑膜和厚板生产中得到了应用。化学发泡法在聚烯烃泡沫塑料挤出成型中也得到广泛应用。

无论是物理发泡法还是化学发泡法，都涉及气泡核的形成过程。气泡成核方法可以归纳为气体混合物、续充物及部分不相容的添加剂等。其中，气体填充物可以用来控制气体的增长，它是气泡核形成的动力来源，细小的晶体填充物常用做成核剂，使聚合物熔体泡体形成得到控制。部分不相容的添加剂在聚合物中也起到成核剂的作用，在发泡过程中，当气体从聚合物中释放出来时，每个泡沫被不相容的液相密封起来，从而使气体凝聚减少，避免了气泡相容形成大泡孔。在实际生产中，上述三种成核剂往往复合使用。

挤出发泡基本工艺有两种[16]：一种是自由发泡工艺；另一种是可控发泡工艺。前者缺点是不需要控制熔体压力和气体溶解力的匹配，因此难以得到低密度平滑均匀的外表皮；后者利用"赛路卡"法基本原理，以控制密度及得到发泡倍率较低的硬皮。前者往往限于较小面积的制品生产；后者可用于较大截面制品的生产，但是费用较高。

由于泡沫塑料用途广泛，挤出发泡成型设备也是各种各样。热塑性塑料挤出成型设备主要有以下六大部分[17]。

（1）主机部分：主要由挤出系统、加料系统、温控系统和传动系统组成。

（2）口膜部分：这是不同泡沫制品生产中的主要控制对象，聚乙烯发泡塑料在此完成发泡、成型并形成各种不同要求的表皮。

（3）冷却定型部分：这部分决定了泡沫塑料制品的最终性能及尺寸稳定性。

（4）牵引部分：前一部分合适与否，对制品的密度、泡孔结构、尺寸和出料的均匀性有很大的影响。

（5）切断部分：此部分的作用是将制品的长度控制在确定的尺寸以内。

（6）收卷部分或堆放部分。

总之，挤出发泡成型最大的优点是实现了生产的连续性，便于实现大规模工业化生产，在生产聚乙烯低发泡制品方面占有主导地位。主要缺点是不适用于生产复杂、高发泡的聚乙烯制品，所需设备也比较复杂。

4. 旋转模压发泡成型方法

旋转模压发泡[18,19]适用于生产厚度均匀、无底边、生产批量较小的大型泡沫制品。如聚乙烯泡沫块材、聚乙烯泡沫容器等，所用容器为加热釜及模具。它的特点是设备简单、投资少。该方法的主要缺点是生产周期长、脱模困难，对于那些要求内外结构一致的发泡制品不适宜使用此方法成型。

5. 低发泡中空发泡成型方法

据文献介绍，低发泡中空成型法[20]通常是指采用冷却后的胚件进行低发泡并吹塑成型的方法。可发性聚乙烯粒料可利用该方法进行成型，所得制件有珍珠光泽、白度高，并有独立发泡，使得制件富有绝热性、反冲性、柔软性。该方法所用的设备为双头式中空成型机和注射成型机，而对于要求高发泡的片材制件，多采用模压发泡成型。

3.1.3　发泡聚乙烯材料配方的设计原则

由于 PE 交联发泡成型是一个复杂的过程，加工和成型过程中伴有交联剂的交联反应、发泡剂的分解反应，该体系中含有大量的气体，并涉及泡孔的成核、膨胀、稳定等问题。如果交联剂、发泡剂和成核剂等选择不当或配比不合适，均不能达到各组分之间在加工条件和各自作用发挥上的相互协调和匹配。例如，如果发泡剂分解过早，会导致熔体提前发泡，可能会因为强度不够而使气泡无法稳定，致使气体冲破孔壁而逸出，不能形成理想的泡孔结构；如果分解太晚，由于熔体交联后，熔体强度增加，会造成发泡困难，也不会形成具有良好泡孔结构的发泡材料。

所以，从理论上讲，聚乙烯发泡材料的配方设计，就是要尽可能保证熔体在发泡剂分解之前发生适度交联，使熔体具有适当的黏度和强度，同时保持较好的流动性；要尽可能保证发泡剂分解迅速，气泡时间集中。只有这样，才能保证开模取出制品后最终获得具有良好泡孔结构的 PE 发泡制品。

为此，必须综合考虑基体树脂 PE、发泡剂/发泡助基、交联剂/交联助剂、成核剂性能的匹配，使得各个因素的协调作用结果达到最佳值。所以，在配方设计过程中要注意以下原则[21]。

1. 交联反应/混合体系热性能匹配原则

（1）根据 PE 树脂的熔融温度选择交联剂。

交联反应必须在 PE 熔融塑化后、发泡剂分解反应前发生，所以一般来说，交联剂的分解温度要稍高于 PE 的熔融温度而稍低于发泡剂的分解温度。通常使用二烷基过氧化物和硅烷类过氧化物作为 PE 的交联剂。

（2）考虑助交联剂对交联剂的影响。

在使用有机过氧化物交联时，往往会使聚合物自由基的主链断裂，从而使聚合物的相对分子质量下降，熔融温度降低，这样会降低交联效率。为了避免这一点，一般加入有机过氧化物的助交联剂（又称交联促进剂）。这些助交联剂多是一些含有双键的化合物，如甲基丙烯酸酯类化合物、苯醌二肟类化合物、烯丙基酯类化合物、马来酰亚胺类化合物等。它们由于能迅速地与 PE 自由基反应使其稳定，并形成一个新的稳定自由基，该自由基再参与反应。因此，不仅能使聚合物不会降解，还能提高交联效率。

另外，需要考虑的一点是交联时间，交联时间应该是使 PE 中的交联剂消耗尽为止的时间。一般取预定交联温度下半衰期的 5～10 倍[22]。

2. 发泡剂分解反应/混合体系热性能匹配原则

在选择实验所用发泡剂时，应考虑下述之匹配原则。

（1）发泡剂分解温度与 PE 熔融温度相匹配。

选用化学发泡剂的主要依据是分解温度和发气量。对于结晶型 PE 树脂，发泡剂的分解温度应高于其熔融温度，并且比交联剂的活化温度至少要高出 10 ℃ 左右[23]。表 3.1 列出了几种有机化学发泡剂的性能比较。

表 3.1　PE 发泡常用有机化学发泡剂

名称及其缩写	塑料中分解温度/℃	产气量/(mL·g⁻¹)	状态
偶氮二甲酰胺（AC）	150～195	220	橙色至淡黄色结晶粉末
4,4′-双（苯磺酰肼）醚（OBSH）	157～165	120～125	白色粉状晶体
偶氮二异丁腈（AIBN）	90～120	110～130	白色粉末

（2）发泡剂分解温度与交联剂分解温度相匹配。

由于交联剂与发泡剂都是在一定条件下才能起作用，所以在同一个体系中，两者之间的匹配很重要。

①交联剂的分解温度要稍低于发泡剂的分解温度。只有这样，才能使在交联反应发生以后熔体强度足够大，发泡剂分解时，泡孔壁才不致被气体冲破。

②交联/发泡的最佳匹配温度范围是发泡剂分解温度的下限到交联剂分解温度的上限。

除上述几点外，在配方设计中还应考虑多种发泡剂并用、发泡剂与其他助剂的搭配及发泡剂粒度大小等方面的影响。

3.1.4　发泡聚乙烯防殉爆材料配方设计

在原料选择过程中，应从三个基本原则出发：符合本试验的工艺特点和工艺要求；对产品性能和工艺过程有明显的作用；国内有批量生产，并来源广泛。

1. 聚乙烯基体树脂的确定

基体树脂是塑料发泡材料的主要组分，它的化学和物理性能决定了发泡材料的加工和使用性能，是制定成型工艺的主要依据。

由于聚苯乙烯泡沫塑料对环境造成严重的污染，聚丙烯发泡相当困难，而其他的泡沫塑料价格比较昂贵，为了得到价格便宜、性能良好的泡沫塑料，我们选择聚乙烯作为发泡材料的基体树脂。

研究表明，在化学交联反应中，树脂的分子结构对发泡效果影响很大。一般来说，相对分子质量越高，结晶度越小，支链越多则交联度越高。PE 的熔体流动速率标志着聚乙烯熔体的流动性能，对发泡体的性能有着明显的影响。如果 PE 的熔体流动速率过小，则熔体黏度大，流动性不好，容易造成发泡困难，不能形成细密均匀的泡孔结构，泡体弹性较差。反之，如果熔体流动速率过大，则熔体黏度太低，强度不够，造成泡孔塌陷，很难发泡成型[24]。所以，应选择熔体流动速率比较适中的 PE 树脂，而且熔融温度要介于交联剂分解温度和发泡剂分解温度之间。

2. 交联剂的选择和确定

（1）主交联剂的确定。

主交联剂的种类对交联效率有很大影响。目前，有机过氧化物是最重要、也是最常用的一种交联剂。各种有机过氧化物因活性大小（由半衰期 1 min 所需要的温度决定）不同，对 PE 的交联效率大小也不同。由于主交联剂的种类很多，不同种类交联剂的相互搭配可以产生不同的交联配方。具体来说，应该根据模压温度的不同而定。一般要求在模压温度下，有机过氧化物的半衰期为1 min 左右，以保证其分解完全[25]。由于过氧化二异丙苯（DCP）的分解温度略低于发泡温度，分解速度也能满足工艺要求（120 ℃左右开始分解，160 ℃左右达到分解高峰，175 ℃时的半衰期仅为 45 s[26]）。因此，我们在 PE 的交联中首先选了 DCP 作为主交联剂，其主要功能是受热分解产生活性很高的自由基，这些自由基夺取 PE 分子中的氢原子，使 PE 分子主链变为活性基；然后这些大分子活性基再相互结合而发生交联反应。

（2）助交联剂的选择。

自由基的夺氢反应可以发生在聚合物分子主链的任何部位，而且在 PE 的交联反应中，交联剂很容易使 PE 的主链发生断链和降解，这是交联的主要障碍。为了抑制降解反应，需要在体系中添加合适的助交联剂。助交联剂的选择原则：在主交联剂存在下，能先行与聚合物产生接枝反应，从而抑制主交联剂对 PE 产生的不良影响[27]。根据这一原则和常用助交联剂的种类，我们选用邻苯二甲酸二烯丙酯作为助交联剂。

3. 发泡剂的确定

化学发泡剂的种类很多，但应该根据具体的使用要求进行选用。其选用原则如下[28]。

（1）分解迅速、发气量大、分解温度稳定且范围较窄；

（2）发气迅速可控；

（3）分解气体和残留物无毒、无味、无色，对基体树脂和其他助剂无影响；

（4）在熔体中分散性较好；

（5）分解时放热量不太大；

（6）性能稳定、便于储存和运输；

（7）价格便宜、来源广泛。

另外，发泡剂的分解温度应该高于交联剂的活化温度。由于以上原因，我们对发泡剂 AC、发泡剂 OBSH、发泡剂 AIBN 进行了发泡性能的比较实验，优选出发泡效果较好的发泡剂。

4. 成核剂的确定

由于在 PE 结晶区内气体的溶解度很低，气泡成核及成核后膨胀的驱动力很小，虽然可以发泡，但是气泡很分散。PE 的球晶大小一般为 10～100 Å，球晶之间为无定形区[29]。虽然，无定形区可以溶解气体并使气泡增长，但无定形区长而薄，刚形成的小气泡在晶体间移动增长所需的能量很大，气泡难以进一步增长；温度升高到熔点以上，PE 大分子链开始流动时，晶体结构已经熔化，熔体强度迅速降到很低，甚至到零，气泡会不受限制的生长[30]。PE 树脂的这两个特点使我们不能直接对气泡的生长进行有效的控制。因此，需要在树脂中加入成核剂，以此来降低熔体的表面张力，促进气泡的成核。

成核剂的成核机理很多，成核剂的种类也很多。在研究中选择苯甲酸钠和硬脂酸钾两种物质作为成核剂进行比较。

5. 弹性体的选择

虽然 PE 发泡材料具有很多良好的物理性能和化学性能，但是它也具有一些固有的缺点，如 LDPE 泡沫材料本身强度低，蠕变性不够理想等。为了解决这一问题，在国内通常采用加入交联剂、增强纤维[31]等共混的方式来改善其结构，以提高其力学性能，拓宽泡沫塑料的应用领域。增强纤维的主要成分中含有极性很强的羟基和碳氧键，与非极性的 PE 相容性很差，很难形成物理和化学键的结合，界面层很薄，界面张力大，影响材料的力学性能[32]。所以，我们为了提高 PE 发泡材料的力学性能，经常加入与 PE 相容性好的弹性体。常用的弹性体有很多种，主要有乙烯 - 醋酸乙烯共聚物（EVA）、乙丙橡胶（EPDM）、聚乙烯辛烯共弹性体（POE）、苯乙烯 - 丁二烯嵌段共聚物（SBS）、氢化 SBS（SEBS）、天然橡胶（NR）、顺丁橡胶（BR）、聚苯醚（聚2，6 - 二甲基苯醚）（PPO）、聚异丁烯（PIB）、硅胶[33]等。根据性能要求首先选择 EVA、POE、SBS、SEBS、硅胶分别加入配方中进行比较；然后再确定最佳的弹性体。

6. 阻燃体系的选择

聚乙烯树脂非常易燃，所以聚乙烯发泡材料也非常容易燃烧。而且由于塑料燃烧造成的事故日益成为重大社会问题，因此，未经阻燃处理的塑料产品在使用中受到极大的限制，塑料的阻燃改性日益受到人们的重视。聚乙烯发泡材料的阻燃改性研究也日益成为人们研究的重点问题。聚乙烯发泡材料的常用阻燃方法有锑氧化物和卤素的协效体系[34]，磷 – 卤并用体系[35]。这种含卤素的阻燃剂阻燃效果较好，而且添加量比较少，对材料性能的影响不是很显著[36]，因此，应当选用阻燃效果较好的含卤阻燃剂。复配的阻燃体系有：六溴环十二烷（HBCD）/Sb_2O_3/高岭土阻燃体系和十溴二苯乙烷（DBDPE）/Sb_2O_3/高岭土阻燃体系。

7. 抗静电剂的选择

由于聚乙烯材料是非极性分子结构，由其共价键构成的分子链既不能电离，也难以传递自由电子。一旦因摩擦使电子得失而带电后则很难消除，因此PE 具有相当高的体积电阻率（通常为 $10^{17} \sim 10^{19} \ \Omega \cdot m$）。而 PE 材料在加工过程中产生的静电，给包装材料包括缓冲包装材料的进一步加工带来诸多的不便，影响了制品的操作性能[37]。因此，针对 PE 发泡材料加工过程中的静电问题，采用抗静电剂和其他相应助剂来降低聚乙烯发泡材料的静电电位[38]，使聚乙烯发泡材料的综合性能达到比较理想的效果。

研究中选用的抗静电剂有单十八（烷）酸丙三醇酯（GMS）、二乙醇胺，并且由于有研究报道 GMS 与二乙醇胺复配效果较好，所以在本试验中还采用了将 GMS 与二乙醇胺按 2∶1 混合进行试验。

综上所述，我们选取的实验原料有低密度聚乙烯（LDPE），发泡剂 4,4′ – 双（苯磺酰肼）醚（OBSH），发泡剂偶氮二甲酰胺（AC），发泡剂偶氮二异丁腈（AIBN），交联剂过氧化二异丙苯（DCP），助交联剂邻苯二甲酸二烯丙酯，成核剂苯甲酸钠、硬脂酸钾，弹性体 EVA、POE、SBS、SEBS、硅橡胶，阻燃剂六溴环十二烷、十溴二苯乙烷、Sb_2O_3，抗熔滴剂高岭土（SK – 80），抗静电剂二乙醇胺、丙三醇单硬脂酸酯（GMS）等。

3.1.5 发泡剂和成核剂优选

研究采用的发泡剂为发泡剂 AC、发泡剂 OBSH、发泡剂 AIBN，成核剂为苯甲酸钠和硬脂酸钾，分别探讨了在成核剂的种类和添加量一定的情况下，添加量均为 10 份的不同的发泡剂对聚乙烯发泡材料性能的影响以及发泡剂种类和添加量一定时，添加量均为 0.5 份的不同的成核剂对聚乙烯发泡材料性能的影响，并考察了它们之间的相互匹配协调的性能。表 3.2 列出了试验所得的结果。

表 3.2　不同发泡剂及成核剂对 PE 发泡材料性能的影响

性能	编号					
	A1	A2	A3	B1	B2	B3
表观密度/(g·cm⁻³)	0.181	0.164	0.172	0.177	0.155	0.170
拉伸强度/MPa	2.03	1.81	1.93	1.97	1.76	1.85
断裂伸长率/%	64.21	81.23	76.59	78.42	90.29	79.73
压缩永久变形/%	10.2	5.6	8.0	8.5	4.0	7.4
压缩强度（80%）/MPa	1.43	0.87	1.09	1.26	0.71	1.03

研究分析不同的发泡剂和成核剂对聚乙烯发泡材料的密度和力学性能的影响。

图 3.2 所示中，A1 表示成核剂苯甲酸钠/发泡剂 AC 为 0.5/10；A2 表示成核剂苯甲酸钠/发泡剂 OBSH 为 0.5/10；A3 表示成核剂苯甲酸钠/发泡剂 AIBN 为 0.5/10；B1 表示成核剂硬脂酸钾/发泡剂 AC 为 0.5/10；B2 表示成核剂硬脂酸钾/发泡剂 OBSH 为 0.5/10；B3 表示成核剂硬脂酸钾/发泡剂 AIBA 为 0.5/10。

图 3.2（a）所示为成核剂苯甲酸钠和三种不同的发泡剂（发泡剂 AC、发泡剂 OBSH、发泡剂 AIBN）相配合进行发泡试验所得的 PE 发泡材料的密度。图 3.2（b）所示为成核剂硬脂酸钾和三种不同的发泡剂（发泡剂 AC、发泡剂 OBSH、发泡剂 AIBN）相配合进行发泡试验所得的 PE 发泡材料的密度。由图 3.2（a）和图 3.2（b）比较可知，选用成核剂苯甲酸钠和三种不同的发泡剂相配合进行发泡试验，所得的 PE 发泡材料的密度均高于选用硬脂酸钾作为成核剂和三种不同的发泡剂配合使用进行发泡试验时所得的 PE 发泡材料的密度。由于发泡材料的密度越小越好，由此可以推断出，成核剂硬脂酸钾和发泡剂 OBSH 的相互配合的性能较好。

通过图 3.2（a）、图 3.2（b）我们可以很明显地看出，发泡剂 OBSH 的发泡效果要好于发泡剂 AC 和发泡剂 AIBN，这主要是由于发泡效果不仅与发泡剂的产气量等自身的参数有关，还与加工工艺参数有很大的关系。虽然发泡剂 AC 的产气量最大，但是发泡剂 AC 在塑料中的分解温度范围较宽，为 150 ~ 195 ℃。发泡剂 AC 的热分解在初期阶段生成 N_2 和 CO，随着温度的升高，NH_3 增加，并从 220 ℃ 开始急剧增加。试验中发泡时的模压温度为 160 ℃，在

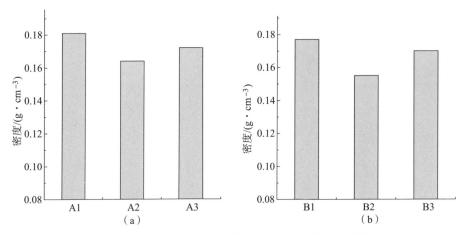

图 3.2　不同发泡剂及成核剂对 PE 发泡材料密度的影响
（a）苯甲酸钠/三种不同的发泡剂对 PE 发泡材料的影响；
（b）硬脂酸钾/三种不同的发泡剂对 PE 发泡材料的影响

模压时间内，发泡剂 AC 还没有完全分解，只是产生 N_2 和 CO 气体，致使产气量较低，导致发泡效果不好，密度较大。而发泡剂 AIBN 的分解温度较低，最高只有 120 ℃，试验中混炼用的双辊混炼机的温度为 110 ~ 120 ℃，观察到料片在混炼时就有发泡现象，说明有一部分发泡剂 AIBN 在混炼过程中就已经分解，产生了气泡，放入平板硫化机中加热加压，使以前产生的泡孔破裂，也导致了发泡效果不好，导致密度较大。然而，用 OBSH 作为发泡剂时的发泡效果最好，这主要是由于发泡剂 OBSH 的分解温度为 140 ~ 160 ℃，而且在 120 ℃以下几乎不分解。在双辊混炼机中混炼时，料片并没有出现发泡现象。在用平板硫化机发泡时，达到了最大分解速率，产气量相对达到最大，发泡效果最好，密度较小。

图 3.3 ~ 图 3.5 所示的是使用不同种类的发泡剂时的电镜（SEM）照片，图 3.3 所示为使用发泡剂 AC 时所得的发泡材料的电镜照片，由图中可以看出，所得的泡孔较大，而泡孔与泡孔之间的孔壁较厚，发泡效果不好。图 3.4 所示为使用发泡剂 AIBN 时所得的发泡材料的电镜照片，由图中可以看出，所得的泡孔不均匀，个别地方出现泡孔破裂现象。图 3.5 所示为使用发泡剂 OBSH 时所得的发泡材料的电镜照片，由图中可以看出，发泡剂 OBSH 发泡所得的泡孔较均匀，发泡效果较好。由于发泡的效果不同，导致发泡材料的密度及其力学性能都产生了很大的不同。下面主要针对发泡剂对力学性能产生的影响作一下解释。

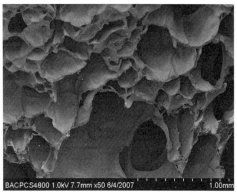
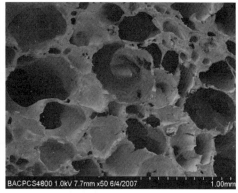

图 3.3　发泡剂为 AC 时的 SEM 照片　　图 3.4　发泡剂为 AIBN 时的 SEM 照片

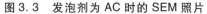

图 3.5　发泡剂为 OBSH 时的 SEM 照片

不同发泡剂及成核剂对 PE 发泡材料拉伸强度的影响如图 3.6 所示。

通过比较图 3.6（a）和图 3.6（b）可知，图 3.6（a）中的拉伸强度要稍高于图 3.6（b）中的拉伸强度，这是由于苯甲酸钠与三种发泡剂配合使用时的发泡效果没有硬脂酸钾与三种发泡剂配合使用时的发泡效果好，导致密度较高，发泡材料比较硬，故拉伸强度要稍大一些。同时，图 3.6（a）和图 3.6（b）中拉伸强度最小的均为两种成核剂与发泡剂 OBSH 配合使用时的发泡材料，这主要是由于发泡剂 OBSH 与两种成核剂配合使用时发泡效果较好，密度较小，发泡材料比较松软，故拉伸强度也比较小。

不同发泡剂及成核剂对 PE 发泡材料断裂伸长率的影响如图 3.7 所示。

通过比较图 3.7（a）和图 3.7（b）可知，使用发泡剂 OBSH 作为 PE 的发泡剂时所得的发泡材料的断裂伸长率最大。同时，当都使用发泡剂 OBSH 时，

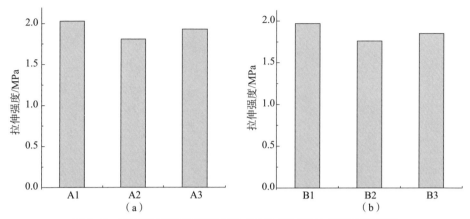

图3.6　不同发泡剂及成核剂对 PE 发泡材料拉伸强度的影响

（a）苯甲酸钠与三种不同的发泡剂对 PE 发泡材料的影响；

（b）硬脂酸钾与三种不同的发泡剂对 PE 发泡材料的影响

成核剂选用硬脂酸钾时所得的发泡材料的断裂伸长率要较大一些，这主要也是和材料的密度有很大的关系，材料的密度较小，则材料就会比较柔软，断裂伸长率相应地就会增大。

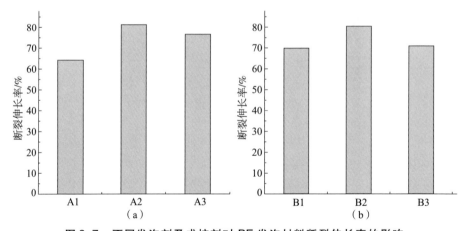

图3.7　不同发泡剂及成核剂对 PE 发泡材料断裂伸长率的影响

（a）苯甲酸钠与三种不同的发泡剂对 PE 发泡材料的影响；（b）硬脂酸钾与三种不同的发泡剂对 PE 发泡材料的影响

不同发泡剂及成核剂对 PE 发泡材料压缩强度的影响如图3.8 所示。

通过比较图3.8（a）和图3.8（b）可知，使用发泡剂 OBSH 可使材料获得较小的压缩强度。进一步比较可知，选用成核剂硬脂酸钾时材料的压缩强度比选用成核剂苯甲酸钠时材料的压缩强度低，这也和材料的密度有很大的关

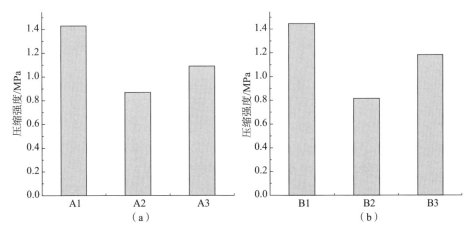

图3.8　不同发泡剂及成核剂对 PE 发泡材料压缩强度的影响

（a）苯甲酸钠与三种不同的发泡剂对 PE 发泡材料的影响；

（b）硬脂酸钾与三种不同的发泡剂对 PE 发泡材料

系，材料的密度小，材料较柔软，同样的距离所需的压力较小，故压缩强度较低。

　　不同发泡剂及成核剂对 PE 发泡材料压缩永久变形的影响如图3.9所示。

　　通过比较图3.9（a）和图3.9（b）可知，压缩永久变形和压缩强度具有同样的规律，这也是由材料的密度较小，材料较柔软，弹性较大，压缩永久变形则较低造成的。

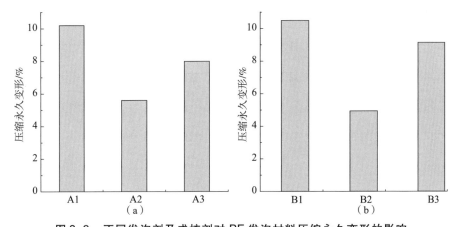

图3.9　不同发泡剂及成核剂对 PE 发泡材料压缩永久变形的影响

（a）苯甲酸钠与三种不同的发泡剂对 PE 发泡材料的影响；（b）硬脂酸钾

与三种不同的发泡剂对 PE 发泡材料的影响

3.2 各种助剂对 PE 发泡聚乙烯材料性能的影响

在优选出成核剂和发泡剂的基础上，试验确定了用过氧化二异丙苯（DCP）作为交联剂，硬脂酸钾作为成核剂，4,4′-双（苯磺酰肼）醚（OB-SH）作为发泡剂。为了加工出性能较好的 PE 发泡材料，选取 DCP 的用量、OBSH 的用量、硬脂酸钾的用量、模压温度和模压时间 5 个影响因素，采用 5 因素 4 水平的 $L_{16}(4^5)$ 正交试验[39]，研究这几种助剂用量及工艺参数对 PE 发泡材料性能的影响规律，确定优化的发泡 PE 材料的配方。表 3.3 为主要助剂用量及工艺参数和实验水平，表 3.4 为 $L_{16}(4^5)$ 正交试验安排及在不同助剂用量和工艺参数下 PE 发泡材料的密度。由表 3.4 可知，各因素对 PE 发泡材料性能的影响程度为 E > D > C > A > B，模压温度和模压时间对 PE 发泡材料性能的影响最为显著。

表 3.3 主要助剂用量及工艺参数和实验水平

水平	因素				
	OBSH 用量（A）/%	硬脂酸钾用量（B）/%	DCP 用量（C）/%	模压温度（D）/℃	模压时间（E）/min
1	5	0.2	0.6	145	5
2	10	0.3	0.8	155	10
3	15	0.4	1.0	165	15
4	20	0.5	1.2	175	20

表 3.4 $L_{16}(4^5)$ 正交试验安排及在不同助剂用量和工艺参数下 PE 发泡材料的密度

编号	A	B	C	D	E	密度/(g·cm⁻³)
B1	5	0.6	0.2	145	5	0.174
B2	5	0.8	0.3	155	10	0.159
B3	5	1.0	0.4	165	15	0.163
B4	5	1.2	0.5	175	20	0.220
B5	10	0.6	0.3	165	20	0.156
B6	10	0.8	0.2	175	15	0.161
B7	10	1.0	0.5	145	10	0.166

编号	A	B	C	D	E	密度/(g·cm⁻³)
B8	10	1.2	0.4	155	5	0.162
B9	15	0.6	0.4	175	10	0.162
B10	15	0.8	0.5	165	5	0.169
B11	15	1.0	0.2	155	20	0.180
B12	15	1.2	0.3	145	15	0.152
B13	20	0.6	0.5	155	15	0.168
B14	20	0.8	0.4	145	20	0.160
B15	20	1.0	0.3	175	5	0.151
B16	20	1.2	0.2	165	10	0.163
K1	0.716	0.660	0.678	1.02	1.081	—
K2	0.645	0.649	0.618	0.669	0.656	—
K3	0.663	0.660	0.647	0.651	0.644	—
K4	0.642	0.697	0.723	0.694	0.716	—
k1	0.358	0.330	0.339	0.510	0.540 5	—
k2	0.322 5	0.324 5	0.309	0.334 5	0.328	—
k3	0.331 5	0.330	0.323 5	0.325 5	0.322	—
k4	0.321	0.348 5	0.361 5	0.347	0.358	—
R	0.037	0.024	0.052 5	0.184 5	0.218 5	—

3.2.1　发泡剂 OBSH 对发泡聚乙烯材料的影响

根据表 3.4 正交试验结果可知，在聚乙烯发泡过程中，发泡剂用量的多少直接影响发泡效果的好坏。当发泡剂用量较少时，发泡剂的发气量就会比较少，聚乙烯熔体中气泡的含量就会较少，导致发泡效果不好，密度较大。在理论上，发气量随发泡剂 OBSH 用量的增加而增大。但是，实际上并非发泡剂 OBSH 的用量越多越好，因为发泡过程要求发泡时间集中，起泡均匀。发泡剂 OBSH 用量与 PE 发泡材料密度的关系如图 3.10 所示。由图 3.10 可以看出，发泡剂达到 10 份以上时，发泡剂的密度并不是随着发泡剂用量的增加而增大的，而是趋于平稳，并稍微有增大的趋势。所以，由图 3.10 可知，发泡剂 OBSH 的用量为 10 份时为最佳。

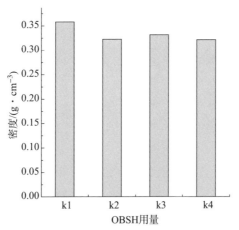

图3.10　发泡剂OBSH用量与PE发泡材料密度的关系

（k1、k2、k3、k4分别为5份、10份、15份、20份）

3.2.2　成核剂硬脂酸钾对发泡聚乙烯材料的影响

成核剂用量的多少对聚乙烯发泡材料的密度也有较大的影响，这主要是因为成核剂的加入在聚乙烯熔体形成大量的晶核，就像是发泡气体在聚合物熔体的超饱和溶液中的沸石。一般来说，成核气泡称为热点，使形成的小气泡在熔体内迅速增长，避免了经常性的泡孔破裂，使发泡效果变好。

成核剂硬脂酸钾用量与PE发泡材料密度的关系如图3.11所示。

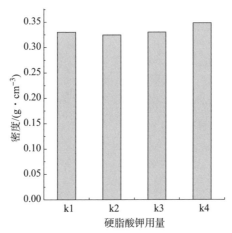

图3.11　成核剂硬脂酸钾用量与PE发泡材料密度的关系

（k1、k2、k3、k4分别对应表3.3中的B因素的1、2、3、4水平）

由图 3.11 可知，发泡剂的密度是随着成核剂用量的增加先减小后增大，可见成核剂硬脂酸钾的用量并不是越多越好。当成核剂硬脂酸钾的用量为 0.3 份时，发泡剂的密度最小，所以在研究中成核剂用量为 0.3 份为最佳。

3.2.3　交联剂 DCP 对发泡聚乙烯材料的影响

交联剂 DCP 用量与 PE 发泡材料密度的关系如图 3.12 所示。

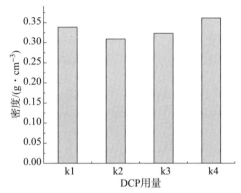

图 3.12　交联剂 DCP 用量与 PE 发泡材料密度的关系

（k1、k2、k3、k4 分别对应表 3.3 中 C 因素的 1、2、3、4 水平）

由图 3.12 可以看出，交联剂 DCP 对聚乙烯发泡材料的密度也产生了较大的影响。由图可知，随着交联剂 DCP 用量的增加，聚乙烯发泡材料的密度呈先减小后增大的趋势。这主要是由于在 DCP 的含量低于 0.8 份时，在其分解温度下，DCP 分解成化学活性较高的游离基，它们能够夺取 LDPE 分子链上的氢原子，使大分子的碳原子变成活性游离基，两个或多个大分子链上活性游离基相互结合成 C—C 化学键，构成网状结构。当 DCP 含量大于 0.8 份时，大分子活性游离基已相对较少，两个大分子活性游离基间的距离也相对较大，从而使它们能够相互交联的可能性大大降低。这时，再增加 DCP 的含量也很难使 LDPE 进一步交联。另外，多余的 DCP 分解出的活性自由基会造成体系不稳定，使材料的性能下降。由图 3.12 可知，当交联剂 DCP 的用量为 0.8 份时，所得的聚乙烯发泡材料的密度最小。所以在研究中，DCP 的用量为 0.8 份时为最佳。

3.2.4　模压温度与模压时间对发泡聚乙烯材料的影响

经过分析正交实验数据可知，工艺条件对聚乙烯发泡材料密度的影响要大于各种助剂的用量对聚乙烯发泡材料密度的影响。工艺条件首先是模压温度。

由图 3.12 可知，当模压温度较低时，发泡材料的密度较大，随着模压温度的升高，发泡体的密度呈先减小后增大的趋势，在模压温度为 165 ℃时达到最低。这主要是因为发泡剂 OBSH 的分解温度为 140 ℃ ~ 160 ℃，当温度较低时，发泡剂 OBSH 没有分解完全，发气量比较少，导致聚乙烯发泡材料中的泡孔数目较少，密度较大，而随着温度的升高，发泡剂逐渐完全分解，产气量增大，聚乙烯发泡材料中的泡孔数目增多，密度减小。温度进一步升高，熔体黏度越来越低，泡孔容易破裂，从而又导致密度升高。

模压温度与 PE 发泡材料密度的关系如图 3.13 所示。

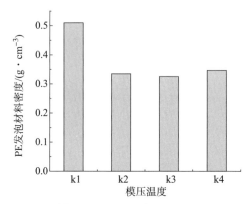

图 3.13　模压温度与 PE 发泡材料密度的关系

（k1、k2、k3、k4 分别对应表 3.3 中 D 因素的 1、2、3、4 水平）

由图 3.13 可以看出，当模压温度为 165 ℃时，发泡剂的密度最小，所以在研究中模压温度选择 165 ℃为最佳。

经过分析正交实验数据可知，工艺条件对聚乙烯发泡材料密度的影响要大于各种助剂的用量对聚乙烯发泡材料密度的影响。其中，模压时间的影响最大。

模压时间与 PE 发泡材料密度的关系如图 3.14 所示。

由图 3.14 可以看出，聚乙烯发泡材料的密度随着模压时间的增大先减小后增加，但增加的幅度较小。这主要是由于当模压时间较短时，有大量的发泡剂 OBSH 没有完全分解，导致密度较大。而随着模压时间的增大，发泡剂逐渐完全分解，密度变小。模压时间越长，发泡剂分解得越完全。但是，当模压时间较长时，气体将会在聚合物熔体中扩散和融解，所以并不是时间越长，发泡体的密度越小。由图 3.14 可知，当模压时间为 15 min 时，发泡剂的密度最小，所以在研究中选取模压时间为 15 min 为最佳。

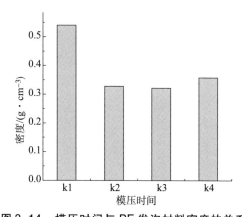

图 3.14　模压时间与 PE 发泡材料密度的关系

（k1、k2、k3、k4 分别代表表 3.3 中 E 因素的 1、2、3、4 水平）

3.2.5　助交联剂对发泡聚乙烯材料性能的影响

助交联剂的作用是抑制交联剂在聚乙烯发泡体系中发生降解，有助于提高发泡效果，本节主要研究的是助交联剂对聚乙烯发泡材料性能的影响。

研究选择的助交联剂——邻苯二甲酸二烯丙酯——为微黄色油状液体。其结构式如下：

助交联剂对聚乙烯发泡材料性能的影响，包括对聚乙烯发泡材料表观密度、拉伸强度、断裂伸长率、压缩永久变形、压缩强度的影响，如表 3.5 所示。

表 3.5　助交联剂对聚乙烯发泡材料性能的影响

助交联剂用量	表观密度 /(g·cm^{-3})	拉伸强度 /MPa	断裂伸长率 /%	压缩永久变形 /%	压缩强度 /MPa
0.12	0.161	1.54	67.12	9.7	0.77
0.24	0.159	1.56	71.35	8.8	0.75
0.36	0.158	1.60	78.69	7.6	0.71
0.48	0.170	1.83	82.55	9.1	0.93
0.60	0.172	1.91	63.58	10.5	1.02
0.72	0.175	1.92	60.34	11.2	1.09

为了方便、清晰地看出助交联剂的加入量对聚乙烯发泡材料性能的影响，现将结果数据作成曲线图进行解释说明，如图 3.15 所示。

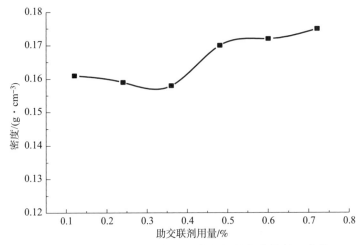

图 3.15　助交联剂用量与 PE 发泡材料密度的关系曲线

由图 3.15 可知，密度随助交联剂用量的增加变化不大，稍微呈现先减小后增大的趋势，而且在助交联剂用量为 0.36% 时，达到最小值。助交联剂的作用是抑制体系由于交联剂的存在而发生降解反应，形成最适于发泡的熔体强度，提高发泡效果。当助交联剂含量适当时，能比较适当地控制体系的降解反应发生，此时体系的黏度达到一个最佳的发泡时机，发泡效果较好，泡孔细密均匀，弹性好。而在此前或此后，要么黏度较低，体系的流动性较好，导致强度不够，会造成泡孔塌陷，形成大小不一的泡体结构；要么黏度较高，流动性不好，容易造成发泡困难，不能形成细密均匀的泡孔结构。这两种情况都能导致发泡效果不好，从而得到的发泡体的密度较大，几乎没有弹性。

图 3.16～图 3.21 分别是当助交联剂用量为 0.12 份、0.24 份、0.36 份、0.48 份、0.60 份、0.72 份时发泡材料的 SEM 图。由图中可以清楚地看出，当助交联剂用量较少时，出现泡孔破裂现象，随着助交联剂用量的增加，发泡效果逐渐变好，图 3.17 中虽然泡孔大小也不是很均一。但是，泡孔破裂现象减少很多，只有少部分地方泡孔破裂。图 3.18 助交联剂用量达到最佳加入量，得到的发泡材料泡孔细密均匀，且密度最小。助交联剂用量再增加时，则由于熔体黏度过大，发泡效果又逐渐变得很差，泡孔壁变得很厚，泡孔也逐渐变得很大，泡孔大小变得非常不均匀。由图 3.20 和图 3.21 所示的 SEM 图可以很明显地看出，密度又进一步地增大。

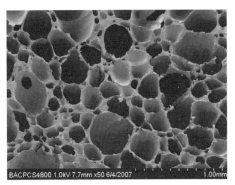

图 3.16　0.12 份硬脂酸钾的 SEM 图

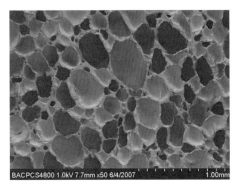

图 3.17　0.24 份硬脂酸钾的 SEM 图

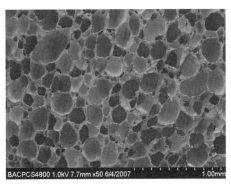

图 3.18　0.36 份硬脂酸钾的 SEM 图

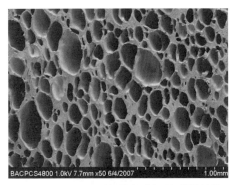

图 3.19　0.48 份硬脂酸钾的 SEM 图

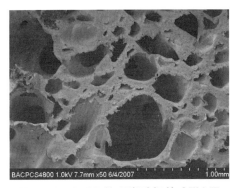

图 3.20　0.60 份硬脂酸钾的 SEM 图

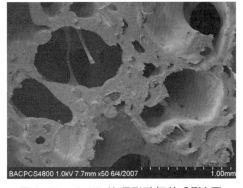

图 3.21　0.72 份硬脂酸钾的 SEM 图

　　图 3.22 主要反映了助交联剂用量与 PE 发泡材料拉伸强度的关系曲线。由图可以看出，拉伸强度随着助交联剂用量的增加呈增大的趋势。其中，在助交

联剂用量为 0.36 份和助交联剂用量为 0.48 份之间时增加的幅度最大。这主要是因为当助交联剂较少时，因为熔体黏度较低，所以导致发泡效果不好，泡孔大小不均，而且泡孔壁较薄，导致拉伸强度较低，助交联剂逐渐地增加，发泡效果逐渐变好，拉伸强度也随之增大。当助交联剂继续增加时，发泡效果又逐渐变差，但是此时泡孔之间的泡孔壁较厚，导致拉伸强度增加的幅度变大。

图 3.23 主要反映了助交联剂用量和 PE 发泡材料断裂伸长率的关系曲线。由图中可以看出，断裂伸长率随着助交联剂用量的增加先增加后减小，最后趋于平稳。这也与发泡效果的好坏有很大的关系。发泡效果好，泡孔细密均匀，则断裂伸长率较大；否则，断裂伸长率就会下降很快。

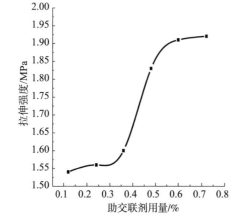

图 3.22　助交联剂用量与 PE 发泡
材料拉伸强度的关系曲线

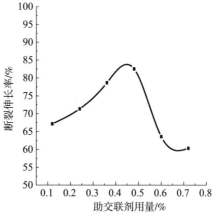

图 3.23　助交联剂用量与 PE 发泡
材料断裂伸长率的关系曲线

图 3.24 和图 3.25 主要反映了发泡材料压缩强度和压缩永久变形与助交联剂含量的关系。由图 3.24 和图 3.25 可知，随着助交联剂含量的增加，压缩强度和压缩永久变形都呈先减小后增大的趋势。这主要是由于当助交联剂含量为 0.36% 时，发泡材料的密度较小，泡孔均匀，弹性较大，导致压缩强度和压缩永久变形较小。

因此，通过在聚乙烯发泡过程中对最佳助剂、助剂用量及最佳工艺条件等的研究，经过单因素和正交试验及结果的分析，而得到 PE 发泡材料的最佳助剂、助剂用量及最佳工艺条件：发泡剂 OBSH 用量为 10 份、交联剂 DCP 用量为 0.8 份、成核剂硬脂酸钾用量为 0.3 份、模压温度为 165 ℃、模压时间为 15 min。按最佳助剂用量及最佳工艺条件进行 PE 发泡试验，所测力学性能如表 3.6 所示。

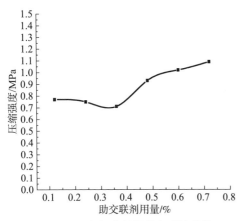

图 3.24　助交联剂用量与 PE 发泡
材料压缩强度的关系曲线

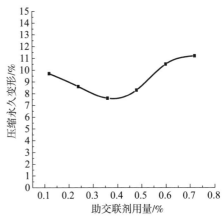

图 3.25　助交联剂用量与 PE 发泡
材料压缩永久变形的关系曲线

表 3.6　最佳配方所测力学性能一览表

表观密度 /(g·cm⁻³)	拉伸强度 /MPa	断裂伸长率 /%	压缩永久变形 /%	压缩强度 /MPa
0.162	1.55	65.02	8.1	0.79

3.3　弹性体对 PE 发泡材料性能的影响

　　PE 发泡材料本身强度较低，蠕变性不够理想。而在 PE 中加入弹性体后，得到的微孔复合材料具有质轻、柔韧、弹性好、较好的尺寸稳定性等特点。因此，本节我们主要探讨弹性体对 PE 发泡材料的性能的影响。

3.3.1　PE 发泡材料中不同种类的弹性体优选

　　加入 PE 发泡材料中的常用的弹性体有很多种，主要有 EVA、EPDM、POE、SBS、SEBS、NR、BR、ESI、PIB、硅胶[40]等。在本试验中选出 EVA、POE、SBS、SEBS、硅胶 5 种较常见的弹性体进行试验研究。经过共混、发泡、制样、测试性能得到的试验数据如表 3.7 所示。

表 3.7　不同弹性体对 PE 发泡材料力学性能的影响

编号	弹性体	添加量 /phr	表观密度 /(g·cm⁻³)	拉伸强度 /MPa	断裂伸长率 /%	压缩永久变形 /%	压缩强度 /MPa
C1	EVA	30	0.176	2.28	80.53	9.8	1.51
C2	POE	30	0.189	2.45	82.74	11.3	1.61
C3	SEBS	30	0.204	2.62	82.81	14.7	2.17
C4	SBS	30	0.197	2.56	81.65	12.9	1.83
C5	硅胶	30	0.170	2.14	84.48	8.1	1.14

　　由表 3.7 中数据可以看出，几种弹性体都能使聚乙烯发泡材料的力学性能有很大的提高，但是发泡材料的密度应尽可能的低为好；当使用硅胶作为弹性体加入聚乙烯中时，使聚乙烯发泡材料的力学性能有较大的提高，同时发泡材料的密度又没有大幅度的增加，弹性也较好，通过电镜照片可以看到，发泡效果也较好。

　　为了比较清楚地看到不同种类的弹性体对聚乙烯发泡材料密度及力学性能的影响，现将表 3.7 所示中的数据作成柱状图进行比较。

　　图 3.26 ~ 图 3.30 所示为将表中的数据作成的柱状图。其中，横坐标中的 C0 点代表不含弹性体、C1 点代表 EVA、C2 点代表 POE、C3 点代表 SEBS、C4 点代表 SBS、C5 点代表硅胶。

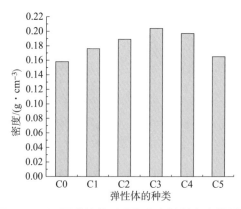

图 3.26　不同弹性体对 PE 发泡材料密度的影响

　　图 3.26 主要反映的是不同的弹性体对聚乙烯发泡材料密度的影响。由图可以看出，在加入弹性体后，聚乙烯发泡材料的密度均有所增加。其中，只有在加入硅胶后，聚乙烯发泡材料的密度变化不大，而在加入 SEBS 后，其密度增加得最多。这说明除了硅胶以外，在加入其他的弹性体后导致发泡效果变

差，密度增大。

　　下面分析在加入弹性体后聚乙烯发泡材料力学性能的变化。图 3.27 ~ 图 3.30 均反映了不同的弹性体对聚乙烯发泡材料力学性能的影响。由图中可以看出，在加入弹性体后，聚乙烯发泡材料的力学性能均有所提高。其中，拉伸强度、压缩强度、压缩永久变形提高得较大，断裂伸长率只是略有提高。在这几种弹性体中，硅胶对聚乙烯发泡材料密度和发泡效果的影响是最小的（其余的几种弹性体均使聚乙烯发泡材料的发泡效果变得比较差），而且加入硅胶后的聚乙烯发泡材料弹性较好，所以我们选择硅胶作为聚乙烯发泡材料的改性弹性体，以提高聚乙烯发泡材料的力学性能。

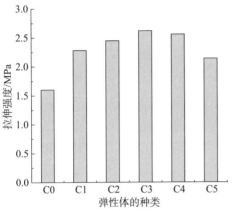

图 3.27　不同弹性体对 PE 发泡
材料拉伸强度的影响

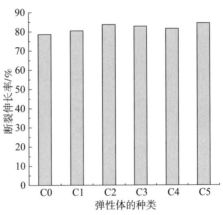

图 3.28　不同弹性体对 PE 发泡
材料断裂伸长率的影响

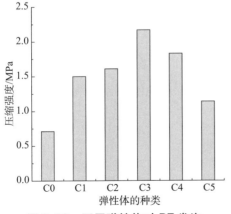

图 3.29　不同弹性体对 PE 发泡
材料压缩强度的影响

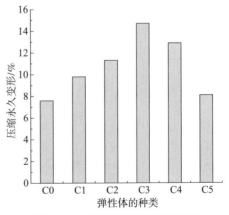

图 3.30　不同弹性体对 PE 发泡
材料压缩永久变形的影响

3.3.2 硅胶含量对 PE 发泡材料性能的影响

硅胶对 PE 发泡材料的力学性能有很大的提高，同时又能保证聚乙烯发泡材料的密度不大幅增加。下面主要讲述对不同硅胶含量对聚乙烯发泡材料力学性能影响进行研究。不同的 LDPE/硅胶比对聚乙烯发泡材料力学性能的影响如表 3.8 所示。

表 3.8　不同的 LDPE/硅胶比对聚乙烯发泡材料力学性能的影响

LDPE/硅胶	表观密度 /(g·cm⁻³)	拉伸强度 /MPa	断裂伸长率 /%	压缩永久变形 /%	压缩强度 /MPa
90/10	0.161	1.75	75.38	6.5	0.61
80/20	0.165	2.08	79.41	7.0	0.66
70/30	0.170	2.14	82.48	8.1	1.14
60/40	0.182	2.29	94.74	9.3	1.71
50/50	0.205	2.47	107.13	10.4	1.97

为了比较直观、清楚地看出硅胶含量对聚乙烯发泡材料性能的影响，将表 3.8 中的数据作成曲线图，如图 3.31 ~ 图 3.35 所示。由图可知，随着硅胶含量的增加，聚乙烯发泡材料的密度及其各种力学性能都呈现增大的趋势。这主要是由于密度增大了以后，泡孔数目减少，实体增多，密度较大，导致其他力学性能也随之增大。

图 3.31 主要反映的是不同的 LDPE/硅胶并用比对 PE 发泡材料密度的影响。由图可以看出，随着硅胶含量的增加，聚乙烯含量减少，发泡体的密度逐

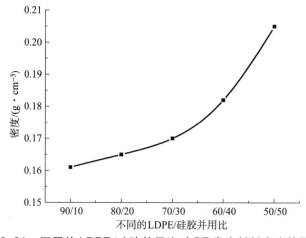

图 3.31　不同的 LDPE/硅胶并用比对 PE 发泡材料密度的影响

渐增加；当 LDPE/硅胶的并用比较大时，密度增加比较缓慢；当 LDPE/硅胶的并用比减小时，发泡体的密度增加很快；当 LDPE/硅胶各占 50% 时，发泡体密度最大。可见，并不是硅胶的含量越大越好。

图 3.32 主要反映的是不同的 LDPE/硅胶并用比对 PE 发泡材料拉伸强度的影响。由图可以看出，随着 LDPE/硅胶并用比的逐渐降低，材料的拉伸强度呈增大的趋势，且随着 LDPE/硅胶并用比的降低，材料的拉伸强度增加的趋势逐渐变小。

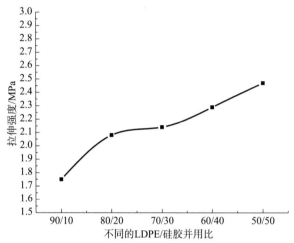

图 3.32 不同的 LDPE/硅胶并用比对 PE 发泡材料拉伸强度的影响

图 3.33 主要反映的是不同的 LDPE/硅胶并用比对 PE 发泡材料断裂伸长率的影响。由图可以看出，断裂伸长率随 LDPE/硅胶并用比的降低呈增大的趋势，但是在 LDPE/硅胶并用比为 80/20 过后，增加的趋势逐渐增大。

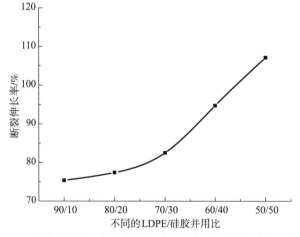

图 3.33 不同的 LDPE/硅胶并用比对 PE 发泡材料断裂伸长率的影响

图 3.34 主要说明的是不同的 LDPE/硅胶并用比对 PE 发泡材料压缩永久变形的影响。从图可以看出，在 LDPE/硅胶的并用比较大时，压缩永久变形几乎没有变化，随着硅胶含量的增加，LDPE 含量的减少，压缩永久变形急剧增加。这主要是由于硅胶含量的增加导致的密度增大，弹性降低，压缩永久变形增大。

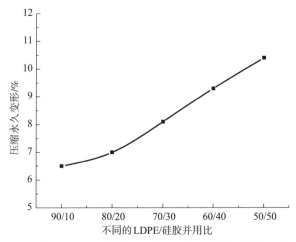

图 3.34　不同的 LDPE/硅胶并用比对 PE 发泡材料压缩永久变形的影响

图 3.35 主要反映的是不同的 LDPE/硅胶并用比对 PE 发泡材料压缩强度的影响。由图可知，压缩强度也是随着 LDPE/硅胶并用比的降低逐渐增加的，而且在 LDPE/硅胶的并用比达到 80/20 后，压缩强度增加很快，到 50/50 时达到最大值。

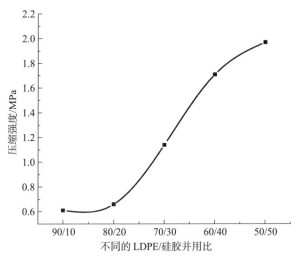

图 3.35　不同的 LDPE/硅胶并用比对 PE 发泡材料压缩强度的影响

综上所述，发泡剂和成核剂的种类对 PE 发泡材料的密度和力学性能产生较大影响。其中，发泡剂对泡沫塑料的密度影响较大；而成核剂对泡沫塑料的泡孔均匀性和泡孔壁厚影响较大。试验表明，发泡剂 OBSH、成核剂硬脂酸钾的复配效果最佳。由正交实验可知，该发泡材料的最佳配方：发泡剂的用量为 10 份，交联剂的用量为 0.8 份，成核剂的用量为 0.3 份，助交联剂的用量为 0.36 份。同时，通过正交实验发现，发泡时的工艺条件（包括模压温度和模压时间）对 PE 发泡材料的性能的影响最大，当模压温度为 165 ℃，模压时间取 15 min 时，聚乙烯发泡材料的发泡效果最好。

弹性体能使 PE 发泡材料的力学性能有很大的提高，但是会导致发泡效果变差。研究选用了 EVA、POE、SBS、SEBS、硅胶 5 种不同的弹性体进行实验研究。经研究发现，当使用硅胶时，发泡效果变化最小，且 PE 发泡材料的力学综合性能有较大的提高。

3.4　阻燃聚乙烯发泡材料的研究

3.4.1　聚乙烯发泡材料阻燃体系设计研究

阻燃剂是阻止材料被引燃及抑制火焰传播的助剂，可以提高材料的抗燃性。在制备阻燃高聚物时，很少采用单一的阻燃剂，往往采用多种阻燃剂的复配系统，以发挥协同阻燃效应或同时提高材料的多种阻燃性能。

目前溴系阻燃剂是世界上产量最大、阻燃效率最高的有机阻燃剂之一。其产量占有机阻燃剂总产量的 30% 以上。从分子结构上而言，溴系阻燃剂可分为芳香族阻燃剂、脂肪族阻燃剂、脂环族阻燃剂及混合型阻燃剂四种。其中，有的使用面较宽，而有的使用面较窄。对于材料阻燃性能要求的日益提高，溴系阻燃剂的阻燃效率比相应的氯系约高 50%（以质量计），且可同时在气相及凝聚相起阻燃作用，这样可减少材料中的阻燃剂用量，从而不致过多破坏基材的物理性能及抗静电性能[41]。采用两种溴系阻燃剂加入 PE 发泡材料中，对 PE 发泡材料进行阻燃性能的研究。

两种溴系阻燃体系分别是六溴环十二烷、三氧化二锑与抗熔滴剂的复配体系；另一种是十溴二苯乙烷、三氧化二锑与抗熔滴剂的复配体系。其中，抗熔滴剂为高岭土（SK - 80）。下面介绍这些阻燃剂。

六溴环十二烷（HBCD）：商品名称为 BZ - 87。其结构式如下：

十溴二苯乙烷（DBDPE）：商品名称为 SaytexS－8010。其结构式如下：

三氧化二锑：分子式为 Sb_2O_3，立方晶体，相对分子质量为291.5，熔点为656 ℃。

高岭土：又称陶土、黏土，为含水硅酸盐，纯净高岭土的分子式为 $Al_2O_3 \cdot 2SiO_2 \cdot 2H_2O$，为白色、灰色等不同颜色的无毒粉末。

1. 六溴环十二烷（HBCD）阻燃体系对 PE 发泡材料性能的影响

在研究中，加入不同质量分数的阻燃剂六溴环十二烷、Sb_2O_3 和高岭土，把物料混合均匀后，共混、发泡、制样，进行力学性能和燃烧性能的测试，测试结果如表3.9和表3.10所示。

表3.9　六溴环十二烷和三氧化二锑对 PE 发泡材料性能的影响

项目	W（HBCD/Sb_2O_3/高岭土）/phr					
	1	2	3	4	5	6
	0	6/2/5	9/3/5	12/4/5	15/5/5	18/6/5
密度/（g·cm³）	0.165	0.171	0.178	0.183	0.202	0.224
拉伸强度/MPa	2.08	2.01	1.97	1.93	1.91	1.89
断裂伸长率	79.41%	70.62%	61.81%	48.93%	39.72%	30.14%
压缩强度（50%）/MPa	0.66	0.73	0.81	1.04	1.35	1.62
压缩永久变形	7.0%	8.1%	8.9%	10.2%	11.5%	12.7%

项目	W（HBCD/Sb$_2$O$_3$/高岭土）/phr					
	1	2	3	4	5	6
	0	6/2/5	9/3/5	12/4/5	15/5/5	18/6/5
A 指标	>300	>40	13.4	5.7	3.6	2.5
B 指标	有	无	无	无	无	无

注：A 指标表示试样第一次点火燃烧时间（s）；B 指标表示是否有熔滴及熔滴是否点燃脱脂棉。phr 表示角 100 份树脂要配合的添加量，为 Parts per hundred parts of resin 的缩写。

表 3.10　不同阻燃配比体系与氧指数及阻燃级别的关系

项目	W（HBCD/Sb$_2$O$_3$/高岭土）/phr					
	1	2	3	4	5	6
	0	6/2/5	9/3/5	12/4/5	15/5/5	18/6/5
LOI	17.5%	19.1%	20.3%	23.5%	27.8%	29.7%
阻燃级别（UL-94）	可燃	FV-2	FV-2	FV-1	FV-0	FV-0

为了方便、清晰地看出 PE 发泡材料在加入六溴环十二烷阻燃体系后，对聚乙烯发泡材料的各项性能的影响。其中，包括对机械力学性能的影响和燃烧性能的影响，将结果数据作成曲线进行比较，如图 3.36～图 3.42 所示。

图 3.36 所示的是随着六溴环十二烷阻燃体系加入量的增加，材料的密度

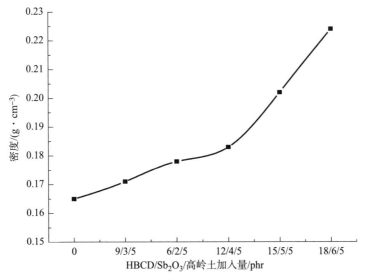

图 3.36　六溴环十二烷阻燃体系加入量对聚乙烯发泡材料密度的影响

呈现逐渐增大的趋势。从图可知，当 HBCD、Sb_2O_3 和高岭土的加入量在 12/4/5 之前时，对材料密度的影响并不是很大，增加的趋势非常的缓慢。但是，随着 HBCD、Sb_2O_3 和高岭土加入量的进一步增加，材料密度的增加速度变得非常的快，这是由于 HBCD、Sb_2O_3 和高岭土粉料的进一步增加，致使聚乙烯发泡效果越来越差，因此造成了材料的密度大幅增加。

图 3.37 ~ 图 3.40 主要反映的是 PE 发泡材料的力学性能包括材料的拉伸强度、压缩强度、压缩永久变形、断裂伸长率随着六溴环十二烷阻燃体系的加入量的增大的变化情况。由图中可以看出，材料的拉伸强度和断裂伸长率随着六溴环十二烷阻燃体系加入量的增加呈现下降的趋势，这主要是由于六溴环十二烷阻燃体系加入后，共混体系中混合的效果变差，导致材料的拉伸强度和断裂伸长率的下降。而材料的压缩强度和压缩永久变形随着六溴环十二烷阻燃体系加入量的增加呈现增大的趋势，这是由于材料的发泡效果变差导致材料的密度变大，材料变硬，导致材料的压缩强度和压缩永久变形都呈现增大的趋势。

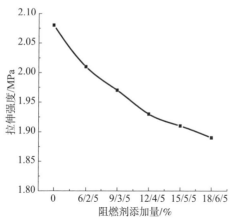

图 3.37　六溴环十二烷体系加入量
对 PE 发泡材料拉伸强度的影响

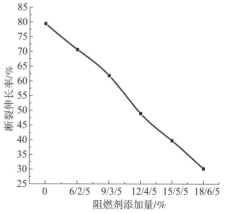

图 3.38　六溴环十二烷体系加入量
对 PE 发泡材料断裂伸长率的影响

进一步研究阻燃剂六溴环十二烷、Sb_2O_3 和高岭土的加入对聚乙烯发泡体系的燃烧性能的影响。通过分析表 3.9 中 A 指标（试样第一次点火燃烧时间），从未加入阻燃剂的 300 s，到六溴环十二烷的加入量到 9 份时，材料的第一次点火燃烧时间突然降到了 13.4 s，已经从根本上改善了材料的阻燃性能。材料已经达到了阻燃级别 FV‐2 级。随着 HBCD、Sb_2O_3 和高岭土的进一步加入，加入量到 12/4/5 时，燃烧时间进一步缩短为 5.7 s，材料的阻燃级别也达到了 FV‐1 级。

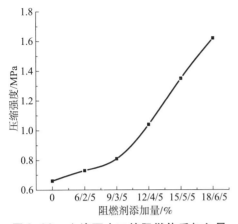

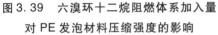

图 3.39　六溴环十二烷阻燃体系加入量
对 PE 发泡材料压缩强度的影响

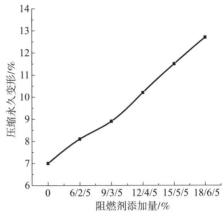

图 3.40　六溴环十二烷阻燃体系加入量
对 PE 发泡材料压缩永久变形的影响

　　六溴环十二烷阻燃体系的加入量对聚乙烯发泡材料氧指数的影响如图 3.41 所示。由图可知，由六溴环十二烷、Sb_2O_3 和高岭土组成的复合阻燃体系，其含量的多少直接影响着 PE 发泡材料的阻燃性质，阻燃剂的含量与氧指数的关系基本上呈线性关系，添加量越大，阻燃性能就越好。这是因为，当用含有脂肪族溴的阻燃剂阻燃时，在较低的温度下就能生成溴自由基，这种溴自由基能使火焰熄灭。作用模式是在气相以自由基原理使燃烧中断而阻燃。自由基除了能促使火焰熄灭，还易使聚乙烯断链，这导致熔融高聚物快速滴落，

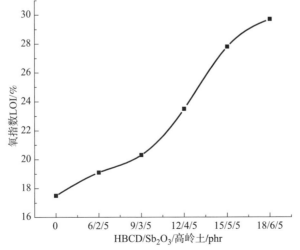

图 3.41　六溴环十二烷阻燃体系的加入量对 PE 发泡材料氧指数的影响

而这种熔滴也具有冷却和阻燃的作用，从而达到了阻燃的目的。

在阻燃体系中，Sb_2O_3 对六溴环十二烷的协同作用是非常重要的，应用的是卤 – 锑协同作用原理。含氢溴系阻燃剂，通常是先分解出溴化氢，而溴化氢能与聚合物燃烧产生的 OH·、H·、O·等高活性自由基反应，生成活性较低的卤素自由基，从而减缓或终止燃烧。

因为 HX 的密度比空气密度大，除发生上述的反应外，还能稀释空气中的氧气，并且覆盖于材料的表面，可降低燃烧速度。反应生成的水，能够吸收燃烧热而被蒸发，起到隔氧的作用。

当 Sb_2O_3 和卤系阻燃剂复配使用时，Sb_2O_3 能够在燃烧过程中与 HX 反应生成三卤化锑或卤氧化锑，其反应过程如下：

$$\begin{cases} Sb_2O_{3(S)} + HX_{(g)} \longrightarrow SbX_{3(g)} + H_2O \\ Sb_2O_{3(g)} + HX_{(g)} \xrightarrow{250\ ℃} SbOX_{(s)} + H_2O \\ SbOX_{(s)} \xrightarrow{250 \sim 280\ ℃} Sb_4O_5X_{2(s)} + SbX_{3(g)} \\ Sb_4O_5X_{2(s)} \xrightarrow{400 \sim 480\ ℃} Sb_3O_4X_{(s)} + SbX_{3(g)} \\ Sb_3O_4X_{(s)} \xrightarrow{470 \sim 560\ ℃} Sb_2O_{3(S)} + SbX_{3(g)} \end{cases} \quad (3-18)$$

从上述反应可以看出，Sb_2O_3 的协同效应表现在以下方面。

（1）Sb_2O_3 蒸汽的密度大，能长时间停留在燃烧物的表面附近，具有稀释空气和覆盖作用。

（2）卤氧化锑的分解过程是一个吸热的过程，能有效地降低聚合物的表面温度。

（3）SbX_3 能与空气中的 CH_3·、H·自由基反应，从而减少反应放热量而使火焰猝灭。

（4）反应中生成的 Sb 可与气相中的 H·、O·反应生成 SbO·和水等产物，有助于终止燃烧。

$$\begin{cases} Sb + O· + M \rightarrow SbO· + M \\ Sb + H· + M \rightarrow SbO· + H_2 + M \\ SbO + H· \rightarrow SbOH \\ SbOH + H· \rightarrow SbO· + H_2O \end{cases} \quad (3-19)$$

图 3.42 主要反应的是含有高岭土和不含高岭土的六溴环十二烷阻燃体系对 PE 发泡材料氧指数的影响。由于不含有高岭土的六溴环十二烷阻燃体系在阻燃 PE 发泡材料时容易产生熔滴，所以高岭土的作用主要是抑制熔滴的产生。通过试验发现，加入高岭土后的六溴环十二烷阻燃体系阻燃聚乙烯发泡材

料时确实没有了熔滴；从图中还可以看出，含有高岭土的六溴环十二烷阻燃体系的氧指数要高于不含高岭土的六溴环十二烷阻燃体系。由此可见，高岭土具有抑制熔滴的作用，同时还与六溴环十二烷、三氧化二锑产生了阻燃协同作用，提高了体系的阻燃性能。

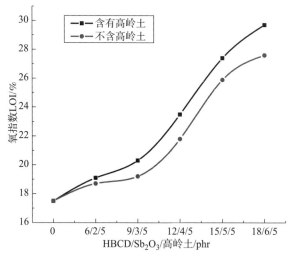

图 3.42　含有高岭土和不含高岭土的六溴环十二烷体系对 PE 发泡材料氧指数的影响

2. 十溴二苯乙烷阻燃体系对聚乙烯发泡材料性能的影响

在研究中，加入不同质量分数的阻燃剂十溴二苯乙烷（DBDPE）、Sb_2O_3 和高岭土，把物料混合均匀后，共混、发泡、制样，进行力学性能和燃烧性能的测试，测试结果如表 3.11 和表 3.12 所示。

表 3.11　DBDPE、Sb_2O_3 和高岭土阻燃体系对发泡材料性能的影响

项目	W（DBDPE/Sb_2O_3/高岭土）/phr					
	1	2	3	4	5	6
	0	6/2/5	9/3/5	12/4/5	15/5/5	18/6/5
密度/(g·cm^{-3})	0.165	0.169	0.176	0.181	0.188	0.197
拉伸强度/MPa	2.08	2.02	1.99	1.95	1.93	1.90
断裂伸长率	79.41%	72.61%	63.12%	51.35%	44.07%	35.36%
压缩强度（50%）/MPa	0.66	0.71	0.78	0.95	1.16	1.37
压缩永久变形	7.0%	7.8%	8.6%	9.4%	10.5%	11.2%

项目	W（DBDPE/Sb$_2$O$_3$/高岭土）/phr					
	1	2	3	4	5	6
	0	6/2/5	9/3/5	12/4/5	15/5/5	18/6/5
A 指标	>300	>40	11.6	5.0	3.1	2.0
B 指标	有	无	无	无	无	无

注：A 指标表示试样第一次点火燃烧时间（s）；B 指标表示是否有熔滴及熔滴是否点燃脱脂棉。

表 3.12　不同阻燃配比体系与氧指数及阻燃级别的关系

项目	W（DBDPE/Sb$_2$O$_3$/高岭土）/phr					
	1	2	3	4	5	6
	0	6/2/5	9/3/5	12/4/5	15/5/5	18/6/5
LOI/%	17.5	20.7	22.5	25.3	29.2	30.1
阻燃级别（UL-94）	可燃	FV-2	FV-2	FV-1	FV-0	FV-0

　　PE 发泡材料加入十溴二苯乙烷阻燃体系后，对 PE 发泡材料的各项性能的影响包括对力学性能的影响和燃烧性能的影响，如图 3.43～图 3.49 所示。

　　图 3.43 主要反映的是十溴二苯乙烷阻燃体系对 PE 发泡材料密度的影响。从图中可以看出，PE 发泡材料的密度随着十溴二苯乙烷阻燃体系的加入量的增加呈现增大的趋势，这主要是由于在加入十溴二苯乙烷阻燃体系后，材料的发泡效果变得较差，导致密度较大。

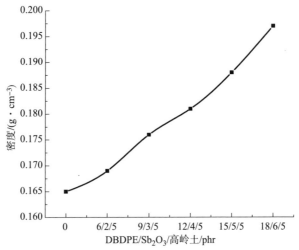

图 3.43　十溴二苯乙烷阻燃体系对 PE 发泡材料密度的影响

图 3.44 ~ 图 3.47 主要反映的是十溴二苯乙烷阻燃体系对 PE 发泡材料力学性能的影响。从图中可以看出，材料的拉伸强度和断裂伸长率随着十溴二苯乙烷阻燃体系加入量的增加呈下降的趋势。但是，拉伸强度下降的趋势很小。这主要是由于一方面材料的密度变大；另一方面是由于聚乙烯发泡体系随着十溴二苯乙烷阻燃体系粉料的加入，混合效果越来越差，导致拉伸强度下降趋势很小。而压缩强度和压缩永久变形随着阻燃剂体系加入量的增加而呈增大的趋势，这主要是由于发泡效果不好导致密度的增大，密度增大导致材料变硬，力学性能增加。

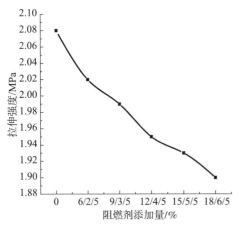

图 3.44   十溴二苯乙烷阻燃体系的加入量对 PE 发泡材料拉伸强度的影响

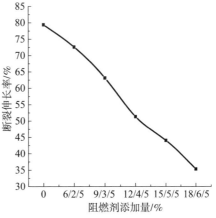

图 3.45   十溴二苯乙烷阻燃体系的加入量对 PE 发泡材料断裂伸长率的影响

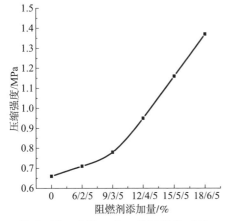

图 3.46   十溴二苯乙烷阻燃体系的加入量对 PE 发泡材料压缩强度的影响

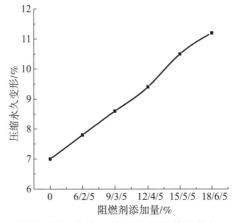

图 3.47   十溴二苯乙烷阻燃体系的加入量对 PE 发泡材料压缩永久变形的影响

进一步研究阻燃剂十溴二苯乙烷、Sb_2O_3 和高岭土的加入量对聚乙烯发泡体系燃烧性能的影响。通过分析表 3.11 中的 A 指标（试样第一次点火燃烧时间），从聚乙烯发泡体系未加入阻燃剂的燃烧时间大于 300 s，到十溴二苯乙烷的加入量到 9 份时，材料的第一次点火燃烧时间突然降到了 11.6 s，已经从根本上改善了材料的阻燃性能。材料已经达到了阻燃级别 FV - 2 级。随着十溴二苯乙烷、Sb_2O_3 和高岭土的进一步加入，加入量到 12/4/5 时，燃烧时间进一步缩短为 5.0 s，材料的阻燃级别也达到了 FV - 1 级。

十溴二苯乙烷（DBDPE）阻燃体系的加入量对 PE 发泡材料氧指数的影响如图 3.48 所示。

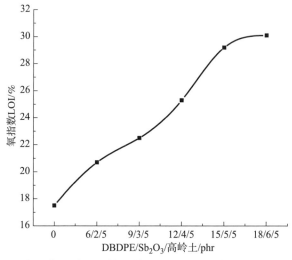

图 3.48　十溴二苯乙烷阻燃体系的加入量对 PE 发泡材料氧指数的影响

由图 3.48 可知，PE 发泡材料的氧指数随着十溴二苯乙烷阻燃体系的加入量的增加而增大，且基本呈正比关系。添加量越大，阻燃性能就越好。这是因为，十溴二苯乙烷同时含有脂肪族溴和芳香族溴，因为脂肪族溴与碳形成的键强度较低，而芳香族溴与碳形成的键强度较高，故前者在材料受热早期，后者在材料受热后期分别发挥功效，但作用模式均系在气相以自由基原理使燃烧中断而阻燃。因为 PE 对自由基引发的断链很敏感，以含脂肪族溴的阻燃剂阻燃 PE 时，由于在较低温度下就能生成溴自由基，所以除了自由基能促使火焰熄灭之外，还使 PE 断链，这导致熔融态高聚物快速滴落，这种熔滴也具有冷却和阻燃的作用。

当十溴二苯乙烷受热分解时释放出溴化氢气体，三氧化二锑与其结合生成浓密的溴化锑白烟覆盖于聚合物表面隔绝其与氧气接触，从而实现协同阻燃效果。协同阻燃作用是指以阻燃聚合物体系的燃烧性能作为阻燃剂组分浓度的函数，由于组分复合所产生的优于添加效应的一种阻燃效果。当 $n_{Br}/n_{Sb} \approx 3$ （摩尔比）时阻燃效果最好，这时的阻燃效果可能是卤锑协同阻燃作用与过剩的溴系阻燃剂产生的气相阻燃作用的加和。

图 3.49 主要反映的是含有高岭土和不含有高岭土的十溴二苯乙烷阻燃体系对 PE 发泡材料氧指数的影响。由图中可以看出，含有高岭土的十溴二苯乙烷阻燃体系的阻燃效果要好于不含高岭土的十溴二苯乙烷阻燃体系的阻燃效果，这主要是由于高岭土具有抑制熔滴的作用，同时高岭土和十溴二苯乙烷阻燃体系产生了协同阻燃效应，提高了氧指数。

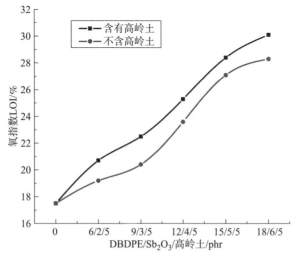

图 3.49　含有高岭土和不含高岭土的十溴二苯乙烷阻燃体系
对 PE 发泡材料氧指数的影响

3.4.2　两种阻燃体系阻燃性能、力学性能研究

两种阻燃体系指的是六溴环十二烷阻燃体系和十溴二苯乙烷阻燃体系，在两种阻燃体系中分别加入 PE 发泡材料后，对材料的各项力学性能和阻燃性能的影响如表 3.9 ~ 表 3.12 所示。

1. 两种阻燃体系对阻燃性能的影响

两种阻燃体系都能使 PE 发泡材料的阻燃性能提高，但两种阻燃体系对 PE 发泡材料的阻燃性能的影响程度不同。

图 3.50 主要反映的是六溴环十二烷（HBCD）阻燃体系和十溴二苯乙烷阻燃体系对 PE 发泡材料氧指数的影响。从图中可以看出，十溴二苯乙烷阻燃体系的阻燃效果要好于六溴环十二烷阻燃体系的阻燃效果，氧指数要高。这主

要是由于十溴二苯乙烷中既含有脂肪族溴，又含有芳香族溴，脂肪族溴与碳形成的键强度较低，芳香族溴与碳形成的键强度较高，所以前者在热分解早期，后者在热分解后期分别释放出自由基来阻止 PE 发泡材料的燃烧，从而起到较好的阻燃效果。而六溴环十二烷中只含有脂肪族溴，只在热分解的前期自由基发挥作用，故阻燃效果没有十溴二苯乙烷阻燃体系好，氧指数较低。

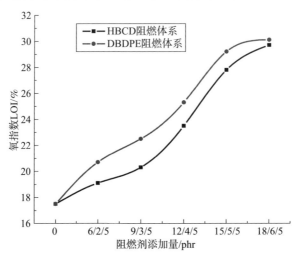

图 3.50　两种阻燃体系对 PE 发泡材料氧指数的影响

2. 两种阻燃体系对密度和力学性能的影响

两种阻燃体系都对 PE 发泡材料的密度和力学性能有所影响，但程度不同。图 3.51 所示的是两种阻燃体系对 PE 发泡材料密度的影响的对比。从图中可以看出，随着阻燃剂加入量的增加，密度呈增大的趋势，而且六溴环十二烷阻燃体系密度增大的趋势要大于十溴二苯乙烷阻燃体系，尤其当两种阻燃体系的加入量较大时。这说明

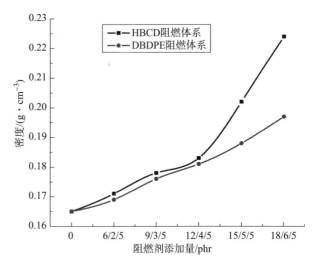

图 3.51　两种阻燃体系对 PE 发泡材料密度的影响

十溴二苯乙烷阻燃体系对密度的影响比六溴环十二烷阻燃体系的要小，用在聚

乙烯发泡体系中使 PE 发泡材料的发泡效果变化较小，发泡效果较六溴环十二烷阻燃体系好。

图 3.52 ~ 图 3.55 所示的是六溴环十二烷阻燃体系和十溴二苯乙烷阻燃体系对聚乙烯发泡材料的力学性能的影响。由图 3.52 可以看出，十溴二苯乙烷阻燃体系对 PE 发泡材料密度的影响较小，加入十溴二苯乙烷阻燃体系后得到的发泡材料的密度比加入六溴环十二烷阻燃体系得到的发泡材料的密度低，材料较软，导致加入十溴二苯乙烷阻燃体系的 PE 发泡材料的压缩强度、压缩永久变形均比加入六溴环十二烷阻燃体系的小，如图 3.54 和图 3.55 所示。而拉伸强度和断裂伸长率两者相差不大。综合可知，十溴二苯乙烷阻燃体系对 PE 发泡材料密度和力学性能影响较小，阻燃效果较好。

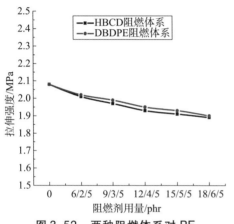

图 3.52　两种阻燃体系对 PE
发泡材料拉伸强度的影响

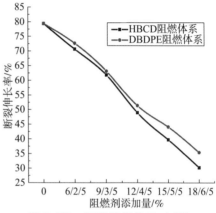

图 3.53　两种阻燃体系对 PE
发泡材料断裂伸长率的影响

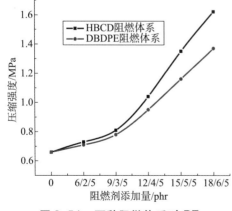

图 3.54　两种阻燃体系对 PE
发泡材料压缩强度的影响

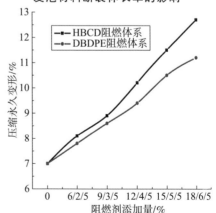

图 3.55　两种阻燃体系对 PE
发泡材料压缩永久变形的影响

3.4.3 阻燃 PE 发泡材料的热稳定性

对十溴二苯乙烷阻燃体系阻燃 PE 发泡材料与纯 PE 发泡材料的热重分析（TG）、差示扫描量热（DSC）进行了对比研究，TG、DSC 曲线如图 3.56 和图 3.57 所示。

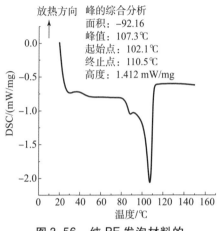

图 3.56 纯 PE 发泡材料的
DSC 曲线

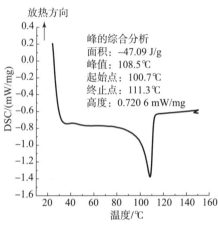

图 3.57 阻燃 PE 发泡材料的
DSC 曲线

从试验中发现，纯 PE 发泡材料的发泡效果要好于阻燃 PE 发泡材料的发泡效果。纯 PE 发泡材料的密度就小于阻燃 PE 发泡材料的密度，各种力学性能也优于阻燃 PE 发泡材料。

纯 PE 发泡材料的 TG 曲线如图 3.58 所示。由图可知，聚乙烯发泡材料在 435.3 ℃时开始出现明显失重，当温度达到 464.8 ℃时，失重速率最大，这是由主链的断裂造成的；温度升高至 480.4 ℃时失重结束，对应的失重量约为 91.51%。再分析加入十溴二苯乙烷阻燃体系阻燃聚乙烯发泡材料，如图 3.59 所示，图中出现了四个失重阶段，其中由于十溴二苯乙烷的分解温度为 350 ℃左右。所以，从图中我们可以看出，温度在 319 ~ 365 ℃的失重阶段是阻燃剂十溴二苯乙烷的分解阶段，而温度在 445 ~ 485 ℃的失重阶段是聚乙烯的分解阶段。也就是说，在聚乙烯分解之前，DBDPE 就已经先分解了，这样 DBDPE 分解释放出的 HBr 就能发挥其捕捉自由基，终止链式反应，从而达到充分阻燃的目的。其余两个中前一个失重阶段可能是 Sb_2O_3 的失重阶段，后一个可能是高岭土的失重阶段。

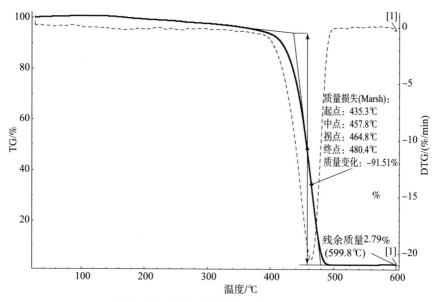

图 3.58　纯聚乙烯发泡材料的 TG 曲线

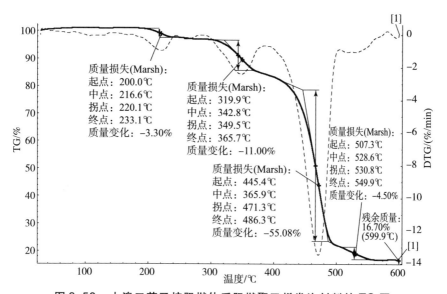

图 3.59　十溴二苯乙烷阻燃体系阻燃聚乙烯发泡材料的 TG 图

3.5 抗静电聚乙烯发泡材料的研究

为了改善塑料的抗静电性能，用内加型抗静电剂是极为有效的手段[42]。抗静电剂的种类很多，根据各自的特点，研究选取几种不同含量的抗静电剂加入聚乙烯发泡材料中，针对抗静电性能、力学性能等方面进行分析与研究。

选用的抗静电剂有二乙醇胺、单硬脂酸酯甘油酯（GMS）和 ASA-51。二乙醇胺和 GMS 均为无色油状液体，GMS 的主要成分为丙三醇单硬脂酸酯，且丙三醇单硬脂酸酯的含量越高，抗静电效果越好[43]。选取的 GMS 为丙三醇单硬脂酸酯含量大于 90% 的 GMS90。ASA-51 为淡黄色粉状物，不溶于水，是由聚氧乙烯化合物、多元醇脂肪酸酯两种非离子表面活性剂复合而成。主要成分的分子结构式为

$$R-N \begin{array}{c} (CH_2CH_2O)_nH \\ \\ (CH_2CH_2O)_m \end{array}$$

据文献报道[44]，二乙醇胺与 GMS 配合使用较两者分别使用时的效果要好，且两者的添加比例（GMS/二乙醇胺）为 2/1。采用两种抗静电剂的混合物作为复配抗静电剂用在聚乙烯发泡材料中。

3.5.1 抗静电剂对聚乙烯发泡材料抗静电性能的影响

将二乙醇胺、GMS、ASA-51、GMS/二乙醇胺为 2/1 的混合物以 0.5% 的添加量加入聚乙烯发泡体系中，在空气湿度为（50±3）% 的条件下，测试 5 个时间点试样的表面电阻，根据实验数据作图（图 3.60）。

加入抗静电剂后，聚乙烯发泡材料的抗静电剂性能均有所增加。因为纯聚乙烯发泡材料的表面电阻率达到 $10^{17} \sim 10^{18}$ $\Omega \cdot m$ 数量级。从图 3.60 可以看出，在这四条曲线中，各条曲线均趋于下降并在一个月后下降趋势趋于平缓，表明随着时间的延长，抗静电剂不断从试样内部向试样的表面迁移。当抗静电分子在试样表面析出越多，表面电阻率值越低。抗静电剂分子在试样表面析出排列有一个饱和程度，所以其表面电阻也会趋于稳定。以上四条曲线在一个月后均大致呈水平线，表明抗静电剂在试样表面已经饱和，尤其是二乙醇胺的曲线，在一周后已经接近水平。这是因为二乙醇胺从聚乙烯发泡材料试样内部析出速度较快，能比其他的抗静电剂更快达到饱和。而 ASA-51 的曲线基本没

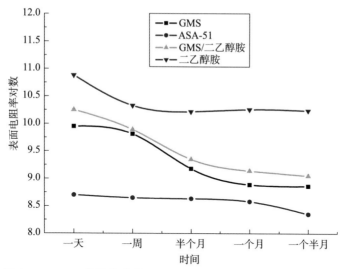

图 3.60　不同的抗静电剂对聚乙烯发泡材料表面电阻率的影响

有变化，只在一个半月后有点下降的趋势，说明 ASA-51 的析出速度比较慢，抗静电剂分子基本上在一个月后才开始有比较大量的析出。从图 3.60 中，一个月后表面电阻值已趋于稳定来比较，表面电阻值从大到小分别为二乙醇胺、二乙醇胺和 GMS 的混合物、GMS、ASA-51。这说明在含有等量的以上四种抗静电剂时，ASA-51 的抗静电效果最好，GMS 次之，二乙醇胺最差。

3.5.2　抗静电剂对聚乙烯发泡材料力学性能的影响

将二乙醇胺、GMS、ASA-51、GMS 与二乙醇胺的混合物这四种抗静电剂加入聚乙烯发泡体系中后，虽然聚乙烯发泡材料的抗静电性能有非常大的提高，但同时也对聚乙烯发泡材料的力学性能有了一定的影响。表 3.13 为不同的抗静电剂对聚乙烯发泡材料力学性能的影响。

表 3.13　不同的抗静电剂对聚乙烯发泡材料力学性能的影响

编号	抗静电剂	密度 /(g·cm⁻³)	拉伸强度 /MPa	断裂伸长率 /%	压缩永久变形 /%	压缩强度 /MPa
D0	纯 PE 发泡材料	0.165	2.08	79.41	7.0	0.66
D1	二乙醇胺	0.172	2.23	54.75	9.8	0.89
D2	GMS/二乙醇胺	0.168	2.16	67.54	9.0	0.81
D3	ASA-51	0.175	2.37	39.08	10.5	0.93
D4	GMS	0.167	2.14	71.85	7.5	0.70

为了比较清楚地看到不同的抗静电剂对聚乙烯发泡材料密度及力学性能的影响，现将表 3.13 中的各种力学性能数据作成柱状图进行比较。图 3.61 中 D0 点表示不含抗静电剂的聚乙烯发泡材料；D1 点表示含抗静电剂二乙醇胺；D2 点表示含抗静电剂 GMS 和二乙醇胺的混合物；D3 点表示含抗静电剂 ASA - 51；D4 点表示含抗静电剂 GMS。

首先分析图 3.61 中四种抗静电剂对聚乙烯发泡材料密度的影响。由图可以看出，这四种抗静电剂对聚乙烯发泡材料密度的影响不大，只是略微有所升高。通过比较可知，加入抗静电剂 GMS 后，聚乙烯发泡材料的密度升高得最小，说明 GMS 对聚乙烯发泡材料的发泡效果影响最小。加入抗静电剂 GMS 后，发泡效果较加入其他三种抗静电剂要好一些。抗静电剂 ASA - 51 对聚乙烯发泡材料密度的影响较大，密度升高较大，发泡效果不好。

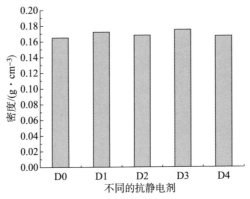

图 3.61 不同的抗静电剂对聚乙烯发泡材料密度的影响

图 3.62 ~ 图 3.65 所示为这四种抗静电剂对聚乙烯发泡材料力学性能的影响。由图 3.62 可知，不同的抗静电剂对拉伸强度的影响不是很大，只是稍微地增加。其顺序为 ASA - 51 > 二乙醇胺 > GMS 与二乙醇胺的混合物 > GMS。由图 3.62 可知，加入抗静电剂后导致聚乙烯发泡材料的断裂伸长率降低，而且降低的程度有大有小，加入抗静电剂 ASA - 51 后，聚乙烯发泡材料的断裂伸长率降低得最多，而加入抗静电剂 GMS 后，聚乙烯发泡材料的断裂伸长率降低得最小。由图 3.64 和图 3.65 可知，加入抗静电剂后，聚乙烯发泡材料的压缩强度和压缩永久变形的变化趋势是一样的，都是呈现增大的趋势，这与聚乙烯发泡材料的密度有关系。加入抗静电剂 GMS 后，聚乙烯发泡材料的压缩强度和压缩永久变形均增加得不大。这说明加入抗静电剂 GMS 后，聚乙烯发泡材料的发泡效果较好，弹性没有很大的改变，弹性仍然较好。

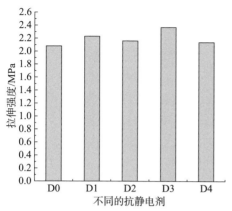

图 3.62　不同的抗静电剂对聚乙烯
发泡材料拉伸强度的影响

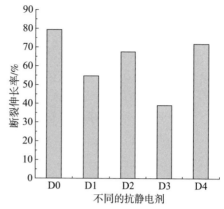

图 3.63　不同的抗静电剂对聚乙烯
发泡材料断裂伸长率的影响

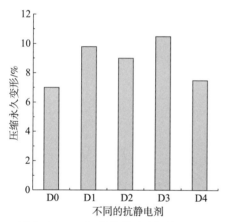

图 3.64　不同的抗静电剂对聚乙烯
发泡材料压缩永久变形的影响

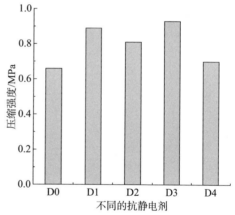

图 3.65　不同的抗静电剂对聚乙烯
发泡材料压缩强度的影响

3.5.3　GMS 对聚乙烯发泡材料性能的影响

　　由上面的分析可知，虽然 ASA－51 的抗静电性能是这四种抗静电剂中最好的，但是它使聚乙烯发泡材料的力学性能变得很差；而抗静电剂单十八（烷）酸丙三醇酯（GMS）由于其较好的抗静电性而对聚乙烯发泡材料的力学性能基本没有破坏特性。在以下的研究中，优选使用抗静电剂 GMS。下面主要分析抗静电剂 GMS 的加入量对聚乙烯发泡材料的抗静电性能及力学性能的影响。

1. GMS 加入量对聚乙烯发泡材料抗静电性能的影响

将抗静电剂 GMS 分别以 0.25%、0.5%、0.75%、1.0% 加入聚乙烯发泡体系中，在空气湿度为（50±3）% 的条件下，测试不同的加入量在一天后、一周后、两周后、四周后、六周后的表面电阻率。根据试验测得的表面电阻率取对数分别对 GMS 的添加量和时间作图，如图 3.66 和图 3.67 所示。

图 3.66 主要反映的是抗静电剂 GMS 的加入量对聚乙烯发泡材料抗静电性能的影响。由图中曲线可知，随着抗静电剂 GMS 用量的增加，聚乙烯发泡材料的表面电阻率呈现先降低后增大的趋势。在加入量为 0.5% 时，表面电阻率最低，抗静电性能最好。由图中可知，加入少量的抗静电剂 GMS 就能使聚乙烯发泡材料的表面电阻率迅速降低，抗静电性能迅速增加，继续添加时，表面电阻率继续降低，当加入量达到 0.5% 时，达到最低点，以后再继续增加抗静电剂 GMS 的加入量，聚乙烯发泡材料的表面电阻率不降低反而升高，抗静电性能变差。

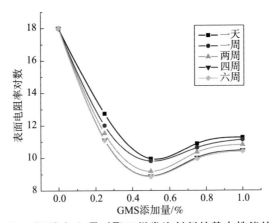

图 3.66　GMS 加入量对聚乙烯发泡材料抗静电性能的影响

图 3.67 主要反映的是时间对抗静电聚乙烯发泡材料抗静电性能的影响。由图中可以看出，不管加入量是多少，随着时间的延长，聚乙烯发泡材料的表面电阻率呈现降低的趋势，并趋于稳定，这主要是由于抗静电剂分子在析出的过程中在材料的表面有一个达到饱和的过程。达到饱和后，聚乙烯发泡材料的抗静电性能也就趋于稳定了。

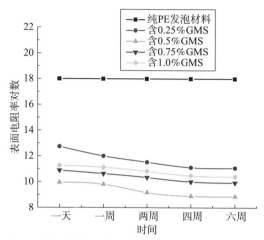

图 3.67　时间对抗静电聚乙烯发泡材料抗静电性能的影响

2. GMS 加入量对聚乙烯发泡材料力学性能的影响

GMS 含量对聚乙烯发泡材料力学性能的影响如表 3.14 所示。

表 3.14　GMS 含量对聚乙烯发泡材料力学性能的影响

GMS 含量	密度 /$(g \cdot cm^{-3})$	拉伸强度 /MPa	断裂伸长率	压缩强度 /MPa	压缩永久变形
0	0.165	2.08	79.41%	0.66	7.0%
0.25%	0.166	2.12	73.24%	0.69	7.3%
0.5%	0.167	2.14	71.85%	0.70	7.5%
0.75%	0.173	2.27	62.83%	0.78	8.7%
1.0%	0.178	2.33	50.97%	0.89	9.5%

将表 3.14 中 GMS 的不同加入量对聚乙烯发泡材料力学性能的实验数据作成曲线图，如图 3.68 ~ 图 3.72 所示。

图 3.68 主要反映的是抗静电剂 GMS 加入量对聚乙烯发泡材料密度的影响。由图可知，随着抗静电剂 GMS 加入量的增加，聚乙烯发泡材料的密度逐渐增大。但是，在抗静

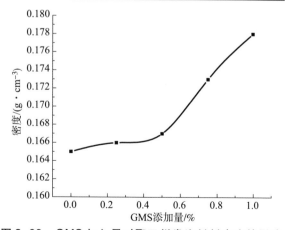

图 3.68　GMS 加入量对聚乙烯发泡材料密度的影响

电剂 GMS 加入量较少时，聚乙烯发泡材料的密度增加的程度不大，当加入量超过 0.5% 后，聚乙烯发泡材料的密度急剧增加，发泡效果迅速变差。

　　进一步研究抗静电剂 GMS 的加入量对聚乙烯发泡材料力学性能的影响。图 3.69 ~ 图 3.72 分别是抗静电剂 GMS 加入量对聚乙烯发泡材料拉伸强度、断裂伸长率、压缩强度、压缩永久变形的影响。

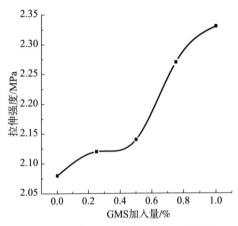

图 3.69　GMS 加入量对聚乙烯发泡
材料拉伸强度的影响

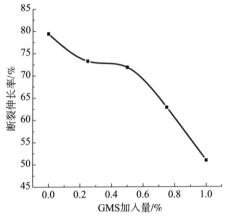

图 3.70　GMS 加入量对聚乙烯发泡
材料断裂伸长率的影响

　　由图 3.69 ~ 图 3.72 可知，材料的拉伸强度、压缩强度、压缩永久变形随着抗静电剂 GMS 加入量的增加而增大，这是由于聚乙烯发泡材料密度的增加导致材料变硬所致；而断裂伸长率随着抗静电剂 GMS 加入量的增加而降低，这说明加入抗静电剂后，材料的相容性变差。而且通过这四幅图我们可以看出，在添加量较少时，聚乙烯发泡材料的各种力学性能变化不大，当添加量超过 0.5% 后，拉伸强度、压缩强度、压缩永久变形迅速增大，而断裂伸长率迅速降低，综合力学性能迅速变差。

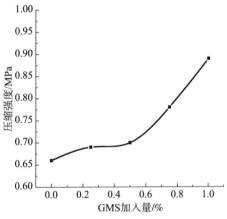

图 3.71　GMS 加入量对聚乙烯
发泡材料压缩强度的影响

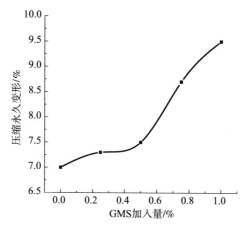

图 3.72 GMS 加入量对聚乙烯发泡材料压缩永久变形的影响

3.5.4 抗静电聚乙烯发泡材料的热稳定性

下面研究添加抗静电剂 GMS 对聚乙烯发泡材料的热稳定性的影响。聚乙烯发泡材料与纯聚乙烯发泡材料的 DSC 和 TG 图如图 3.73 和图 3.74 所示。

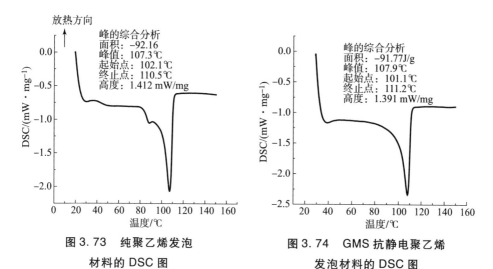

图 3.73 纯聚乙烯发泡
材料的 DSC 图

图 3.74 GMS 抗静电聚乙烯
发泡材料的 DSC 图

通过对图 3.75 和图 3.76 的分析，研究抗静电剂对聚乙烯发泡材料热稳定性的影响。

由图 3.75 与图 3.76 相比较可知，在图 3.76 中出现两个失重阶段，第一个失重阶段应该是由于抗静电剂 GMS 的失重导致的，从 154.5 ℃ 开始，当温度达到 169.9 ℃ 时失重速率最大，温度升高至 203.1 ℃ 时失重结束。此时对应

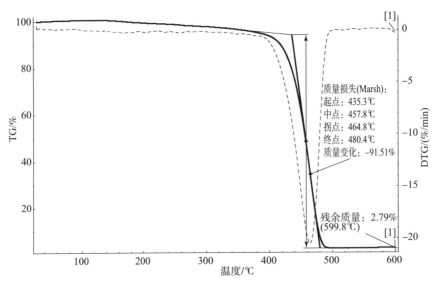

图 3.75　纯聚乙烯发泡材料的 TG 图

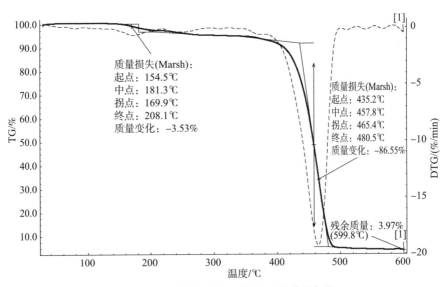

图 3.76　抗静电聚乙烯发泡材料的 TG 图

的 GMS 的失重量约为 3.53%。

聚乙烯的失重阶段的始末温度、失重速率最大温度、热失重量与纯聚乙烯发泡材料中的聚乙烯的失重阶段基本一样。

通过对阻燃抗静电发泡聚乙烯材料综合性能研究可知,十溴二苯乙烷、

Sb_2O_3 和高岭土阻燃体系的阻燃效果要好于六溴环十二烷、Sb_2O_3、高岭土的阻燃体系，且加入量为 15/5/5 时，阻燃性能和力学性能均较好，在阻燃体系中加入高岭土后，可防止出现熔滴现象，且能产生协同效应，提高体系的阻燃性能。

抗静电剂能降低聚乙烯发泡材料的表面电阻率，即提高聚乙烯发泡材料的抗静电性能，且聚乙烯发泡材料的表面电阻率随着抗静电剂含量的增加而降低，随着测试时间的延长而降低，抗静电剂 GMS 的抗静电效果较好，且加入量为 0.5% 时，抗静电性能和力学性能均较好。同时，聚乙烯发泡材料的氧指数稍微降低，降低的程度不大，表面电阻率增大了 2~3 个数量级，说明抗静电性能有所降低。发泡效果和力学性能较阻燃聚乙烯发泡材料均有提高。

对于阻燃抗静电聚乙烯泡沫抑爆材料，研究了成核剂、发泡剂、工艺参数以及阻燃剂和抗静电剂体系对聚乙烯泡沫塑料各种性能的影响规律，认为发泡剂和成核剂的种类对聚乙烯发泡材料的密度和力学性能产生较大影响。其中，发泡剂对泡沫塑料的密度影响较大，而成核剂对泡沫塑料的泡孔均匀性和泡孔壁厚影响较大。试验表明，发泡剂 OBSH、成核剂硬脂酸钾的复配效果最佳。

弹性体能使聚乙烯发泡材料的力学性能有很大的提高，但是会导致发泡效果变差。本试验中选用了 5 种不同的弹性体：EVA、POE、SBS、SEBS、硅胶进行试验研究。经研究发现，当使用硅胶时，发泡效果变化最小，且聚乙烯发泡材料的力学综合性能有较大的提高。

┃参考文献┃

[1] 丁小蕾. 阻燃抗静电聚乙烯发泡材料的研究 [D]. 北京：北京理工大学，2007.

[2] 国明成，彭玉成. 微孔发泡塑料挤出过程中各种影响因素的研究 [J]. 中国塑料，2002，16（2）：52－55.

[3] 吴舜英，马小明，徐晓，等. 泡沫塑料成型机理研究 [J]. 材料科学与工程，1998，16（3）：30－33.

[4] Jae R Y, Nam P S. Processing of microcellular polyester composites [J]. Polymer Composites, 1985, 6 (3): 175－180.

[5] 傅志红，彭玉成. 微孔塑料物理发泡的成核理论 [J]. 中国塑料，2000，14（10）：1－4.

［6］ 刘小平，吴舜英．泡沫塑料气泡膨胀的动量质量和热量传递理论［J］．材料导报，2002，16（5）：1-3.

［7］ ZANA P，LEAL L G. The Dynamics and Dissolution of Gas Bubble in a Viscoelastic Fluid［J］. Rheol Acta，1991（30）：274.

［8］ HONGHTON G. Theory of bubble pulsation and cavitation［J］. J A coust Soc Amer，1963（25）：1387.

［9］ AREFINANESH A，ADVANI S G. Poly. Eng. and Sci，1995，35（3）：252.

［10］ SHULMAN Z P，LEVITSKIY S P. Special solutions of the Boussinesq - equations for free convection flows in a vertical gap［J］. Heat Mass Transfer，1996，39（3）：631.

［11］ 于光喜．模压法 PVC 结构泡沫的研制［J］．塑料工业，1984（5）：37-38.

［12］ ALDERSON K L，WEBBER R S，EVANS K E，et al. An Experimental Study of Ultrasonic Attenuation in Microporous Polyethylene［J］. Applied Acoustics，1997，50（1）：23-33.

［13］ 伊夫斯．泡沫塑料手册［M］．周南桥，彭响方，谢小莉，等译．北京：化学工业出版社，2006.

［14］ ALMANZA O，CHERNEV B，ZIPPER P，et al. Comparative study on the lamellar structure of polyethylene foams［J］. European Polymer Journal，2005，41：599-609.

［15］ 沢田庆司．塑料异型挤出与复合挤出［M］．张志华，冯兴根，闻人浩生，译．北京：轻工业出版社，1983.

［16］ OUELLET S，CRONIN D，WORSWICK W. Compressive response of polymeric foams under quasi - static，medium and high strain rate conditions［J］. Polymer Testing，2006，25：731-743.

［17］ GRECO A，MAFFEZZOLI A，MANNI O. Development of polymeric foams from recycled polyethylene and recycled gypsum［J］. Polymer Degradation and Stability，2005，90：256-263.

［18］ MACOSKO C W. Insights into Molding RIM Materials［J］. Plastics Engineering，1983（4）：21-25.

［19］ HEPBURN C. Polyurethane and Elastomers［J］. Applied Science Publishers LTD，1982（5）：150-202.

［20］ 本宁，弗里希，桑德斯．聚乙烯泡沫塑料［M］．上海塑料制品研究所编译．北京：轻工业出版社，1978.

［21］王广文．塑料配方设计［M］．北京：化学工业出版社，1998．

［22］钱知勉．塑料性能应用手册［M］．上海：上海科技出版社，1980．

［23］孙小红．功能型高分子泡沫塑料的制备及其性能研究［D］．长春：吉林大学，2002．

［24］RACHTANAPUN P，SELKE S E M，MATUANA L M. Effect of the High – Density Polyethylene Melt Index on the Microcellular Foaming of High – Density Polyethylene/Polypropylene Blends［J］. Journal of Applied Polymer Science，2004（93）：364 – 371.

［25］吕世岩．塑料橡胶助剂手册［M］．北京：轻工业出版社，1995．

［26］杨春柏．高发泡聚乙烯泡沫塑料［J］．北方塑料，1981（1）：6 – 8．

［27］孟翠省．发泡聚丙烯板材专用料的研制报告［J］．塑料科技，1998（4）：36 – 39．

［28］段予中，徐凌秀．塑料配方设计及应用900例［M］．北京：中国石化出版社，1998．

［29］郦华兴，张月影．正交设计中正交表的制定及其在塑料实验中的运用［J］．塑料科技，1989（2）：19 – 22．

［30］MASSO M Y，MILLS N J. Rapid hydrostatic compression of low – density polymeric foams［J］. Polymer Testing，2004，23：313 – 322.

［31］王慧敏．聚乙烯/废纸复合发泡材料的研究［J］．塑料科技，2002（2）：79 – 80．

［32］李冬霞．LDPE/ESI 混合制备发泡体［J］．炼油与化工，2003（14）：12 – 15．

［33］汉斯·茨魏费尔．塑料添加剂手册［M］．欧育湘，李建军，等译．北京：化学工业出版社，2005．

［34］欧育湘．阻燃剂：制造、性能及应用［M］．北京：兵器工业出版社，1997．

［35］CULLIS C F，HIRSCHLER M M，Tao Q M. Studies of the effects of phosphorus – nitrogen – bromide systems on the combustion of some thermoplastic polymers［J］. European Polymer Journal，1991，27（3）：281 – 289.

［36］吴培熙．化工百科全书［M］．北京：化学工业出版社，1995．

［37］李涛．抗静电剂在 PP 与 PE 中的应用［J］．现代塑料加工应用，2003，15（1）：35 – 37．

［38］张念泰，高晓明．抗静电 PE 膜的研制［J］．江苏石油化工学院学报，2000，12（2）：15 – 17．

［39］庞志成. 化学计量学基础教程［M］. 北京：北京理工大学出版社，
2001.

［40］MENNER A，HAIBACH K，POWELL R，et al. Tough reinforced open porous
polymer foams via concentrated emulsion templating［J］. Polymer，2006，1
（8）：1-8.

［41］欧育湘，陈宇，王筱梅. 阻燃高分子材料［M］. 北京：国防工业出版
社，2001.

［42］赵择卿，陈小力. 高分子材料导电和抗静电技术及应用［M］. 北京：中
国纺织出版社，2006.

［43］KO T H，CHANG S，FONG LIN L M. Preparation of graphite fibers from a
modified PAN precursor［J］. Mater Sci.，1992，27（6）：6071-6078.

［44］DOUNET J B，WANG T K，Jimmy C. M. Peng. Carbon Fibers［M］. New
York：Third edition revised and expanded，1998.

第 4 章

金属阻隔抑爆材料

|4.1　金属阻隔抑爆材料设计|

4.1.1　金属阻隔抑爆材料的抑爆理论

　　爆炸机理[1]中的燃烧需要同时满足三个条件，即燃料、氧气和最低温度（点火温度）。爆炸是迅速的燃烧现象，它导致温度、压力的增加。由于反应速度的差异，爆炸可分为两类：爆燃和爆轰。其中，爆燃为 $v < 330$ m/s，1 bar $< dp < 14$ bar；爆燃为 $v > 330$ m/s，$dp > 10$ bar。比表面面积对燃烧的特性有很大的影响。汽油混气比液态的汽油燃烧要剧烈得多。燃油和空（氧）气混合物的安全参数取决于以下因素：

　　（1）爆炸上、下限（Ex_o 和 Ex_u）。气体燃料和空气混合达到一定的浓度范围，点火源可以触发起火爆炸并能自动传播。爆炸反应尤其是爆炸上限 Ex_o 受初始压力和点火能影响很大。

　　（2）最大爆炸压力 p_{max}。最大爆炸压力 p_{max} 可在某个浓度值时达到。

　　（3）压力增加速率 dp/dt。随着体积的增加，压力升高速率随体积呈三次方增加。影响爆炸的一个参数是初始压力 p_v。提高初始压力 p_v 会导致最高压力和升压相应增加，依赖于具体的气体，当爆炸停止传播时，达到极限值。初始温度也对爆炸极限有所影响，温度提高会增大爆炸范围。

　　"冷焰"可以用水熄灭。当可燃液体被加热到闪点时，可燃蒸汽和空气的混合物可以被外部的点火源引燃，并在可燃液体表面燃烧。如果点火源被移走，火焰将熄灭。

当可燃液体被加热到燃点时，可燃蒸汽和空气的混合物可以被外部的点火源引燃，并在可燃液体表面燃烧，当点火源被移走，火焰继续燃烧。燃点通常高于闪点，但是闪点越低，燃点和闪点相差越小（对于矿物油，约为30 ℃）。无论如何，为了使得点火发生，点火源必须达到混合物特定的点火温度。汽油和柴油的燃烧爆炸特性如表4.1所示。

表4.1　汽油和柴油的燃烧爆炸特性

产品	闪点/℃	燃点/℃	爆炸极限/（体积分数%）
汽油	< − 20	~200	0.6 ~ 8.0
柴油	> 55	~220	0.6 ~ 6.5

铝合金抑爆材料的阻隔防爆效果[2]是抑爆材料从物理、化学两方面[3-6]共同对爆炸起到阻隔作用的体现。

1. 物理阻隔机理

（1）阻隔效应。爆炸中产生的火焰和压力在传播过程中的传播阻力决定其传播速度，因此防爆材料的装填密度和孔隙就成了传播阻力的主要影响因素。装填密度小，孔隙大，传播阻力小，导致传播速度快；装填密度大，孔隙小，增大了传播阻力，导致传播速度慢。进一步说，装填密度足够大，孔隙足够小，传播阻力无穷大时，火焰和压力的传播受到彻底地阻断，不能进行传播，因而起到防爆作用。

（2）热传导效应。金属网状结构的多孔性质比表面面积大，单位体积具有更好的导热性能。当填充了抑爆材料的容器发生气体燃烧时，多孔网状结构为材料和容器内介质创造了充分的接触表面。容器的有效表面面积瞬间增大几百倍甚至几千倍，产生的绝大部分热量会被这种金属网状结构吸收掉，并且均匀地扩散到整个介质中，局部温度会大大降低，容器内反应气体的膨胀程度也会随之减小，容器的承受的压力不会过高。因此，这种阻止容器内介质快速升温的材料具有良好的导热防爆性能，从而确保容器不会因高温、高压引发爆炸。

2. 化学防爆机理

（1）自由基吸附效应。燃爆气体预混气的燃烧爆炸是一个快速而复杂的化学反应，而爆炸就是一个自由基链式传递式的猛烈反应。爆炸过程中由于气体分子断裂产生的多种自由基会被抑爆材料的多孔网状表面吸附，吸附效应的存在大大地减少了单位体积内自由基的数量。防爆材料的比表面面积越大，自由基被吸附的机会就越多，单位体积内自由基的数量就越少，爆炸传播的速度就会减慢。随着自由基不断地与材料的表面碰撞，其数量减少到临界值，爆炸就会被彻底抑制，不再发生反应。

（2）降温效应。金属抑爆材料由于其材料的金属性质具有极好的导热性，在热量的快速散开和消失、温度的吸收和降低的两大重要环节上作出了突出贡献。爆炸燃烧产生的火焰在传播过程中很快被"吸收"和"释放"，这个过程中的"降温效应"抑制了温度的快速上升和反应速度的猛增，可燃混合气体也就无法形成爆炸。

4.1.2　金属阻隔抑爆材料的成型方法

1. 铝合金抑爆材料的原料[1]

生产铝合金抑爆材料一般采用具有特定的化学特性和机械特性的铝合金箔片来生产，能够被拉伸的厚度小于 0.2 mm 材料，如铜、黄铜和塑料等可以用来生产产品，用于特殊用途。

用于生产的铝合金箔片的物理性能如表 4.2 所示。

表 4.2　铝合金箔片的物理性能

序号	项目	指标
1	密度	2.702 t/m³
2	比热容	0.896 kJ/(kg·K)
3	熔点	660 ℃
4	熔化热	397 kJ/kg
5	热导率	220 W/(m·K)
6	延伸系数	23.8×10^{-6} K
7	比电阻	0.027 W/(mm²·m)

2. 加工设备

加工设备是对金属箔片进行处理，将原料加工成三维网状结构，设备通过在铝合金箔片上连续进行开孔、拉伸和缠绕获得三维的网状材料。箔片的传输速度为 1 m/s，切割刀具以 11 000 个/s 的速度在箔片上开小孔。特殊的切割程序保证不会产生废料。生产产量依赖于事先设定的拉伸系数（材料的宽度/原料的宽度），产量可达 1 200 L/h，设备将原料进行切割和缠绕加工成圆柱状，两个同心的滚筒构成了设备的核心，内滚筒上两个固定的刀片切割同步传送经过折叠后的网状材料。离心力使得切割下来的箔片滑向外滚筒，在此被缠绕成圆柱体，然后通过滑道甩入包装物中。生产能力约为 600 L/h（10 粒/s）。

利用设备通过在铝合金箔片上切割和拉伸，可以得到一种三维的、蜂窝状的网状材料。依赖于预先的设定，网状材料的幅宽可以被调整，从而得到不同尺寸的网状材料，网状材料的特性和所设定的加工条件存在着密切关系。随后，这种三维的网状材料按照一定规格被缠绕成卷，网状材料也可以制成其他的形状，如图 4.1 所示。

（a）　　　　　　　　　　　　　　　　（b）

图 4.1　经加工后的网状材料

（a）球状产品；（b）块状产品

利用 20 L 和 400 L 的爆炸容器进行的试验表明，当填充了网状材料后，爆炸上限可降低（依赖于填充比），直到爆炸被抑制。这是由于热量被材料所吸收，燃气被冷却到点火温度以下的结果。

当容器内部完全填充此材料后，即使容器内装有爆炸性物质，也可以对罐体安全地进行焊接，利用军用燃烧弹射击容器也不会造成爆炸。

4.2　各种元素及工艺参数对金属阻隔抑爆材料性能的影响

4.2.1　镁铝合金抑爆材料制备与性能

赵真汝[7]等进行了铝镁合金抑爆材料的制备及其性能的研究，主要内容如下。

1. 两种铝合金材料的改性

由于铝合金的热传导性好、比热容大、密度小、价格低廉，所以被广泛用来制作防火抑爆材料。目前，工业中使用的抑爆材料多由铝锰系中的3003、3A21合金制成，这两种合金的强度和硬度低，在使用过程中受到外力如震动作用时，容易发生脆断坍塌，形成的碎片会造成油路堵塞，严重影响箔带的抑爆性能。铝镁系合金的强度和硬度均高于铝锰系合金，适合用作抑爆材料。5A43、5052铝合金是铝镁系合金中应用最为广泛的两种合金。向5A43合金中加入合金元素铬（Cr）、锌（Zn）和硼（B），向5052合金中加入微量元素钛（Ti）和硼（B），通过调整各添加元素的添加量，制得成分符合公司要求的两种合金铸坯。利用光学显微镜（OM）及力学性能测试等手段，研究均匀化退火温度、保温时间对合金铸坯显微组织的影响，确定合适的均匀化退火工艺。然后将两种合金铸坯轧制成箔，研究成品退火温度、保温时间对合金箔显微组织、力学性能、热导率和电导率的影响，并与普通抑爆材料的各项性能指标作出比较。研究结果表明，A合金（5A43合金 + 0.2% Cr + 0.05% Zn + 0.1% Ti）铸坯晶粒呈等轴状分布，晶界处有块状相和骨骼状相析出。经580 ℃ × 6 h的均匀化退火后，合金中块状相和骨骼状相固溶到基体。B合金（5052合金 + 0.05% Ti + 0.05% B）铸坯的铸态组织主要由树枝状的 α – Al 相和非平衡共晶相组成，非平衡共晶相呈不规则细针状和骨骼状，经580 ℃ × 8 h的均匀化退火后，合金中不规则细针状和骨骼状第二相消失。A、B合金箔随着退火温度的升高，硬度和抗拉强度减小，伸长率增大。A合金经340 ℃ × 1 h退火后，显微硬度为52 HV，抗拉强度为138 MPa，伸长率为31%。B合金箔经340 ℃ × 1 h退火后，显微硬度为60 HV，抗拉强度为156 MPa，伸长率为27%，A、B两种合金均满足抑爆材料力学性能要求。经340 ℃ × 1 h退火后，A合金的电导率、热导率分别为47% IACS、192 W/（m·K），B合金的电导率、热导率分别为50% IACS、207 W/（m·K），A、B两种合金箔均符合抑爆材料对电导率、热导率的要求。

2. 均匀化退火温度、保温时间对合金铸坯显微组织的影响

由均匀化退火温度、保温时间对合金铸坯显微组织的影响，确定合适的均匀化退火工艺制度；以及由成品退火温度、保温时间对合金箔显微组织的影响，确定合适的成品退火工艺制度，并研究成品退火温度两种合金冷轧箔的力学性能、电导率和热导率的影响。得到的主要结论如下。

（1）A 合金的铸态组织主要由 α – Al 固溶体与晶界上低熔点非平衡共晶相组成。形状不规则的大块状、细针状和骨骼状第二相连续分布在晶界（图 4.2）。

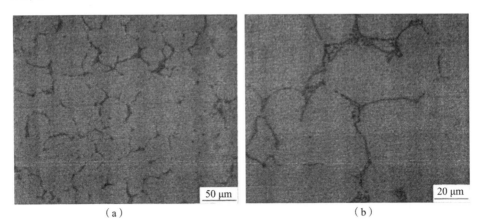

（a）　　　　　　　　　　　　　　　（b）

图 4.2　A 合金铸坯显微组织

（a）在"50 μm"时 A 合金铸坯；（b）在"20 μm"时 A 合金铸坯

A 合金铸坯均匀化工艺参数为 580 ℃ × 6 h。经 580 ℃ × 6 h 均匀化处理后，晶界处不平衡第二相固溶到基体，使基体组织变得均匀。

（2）A 合金经冷轧后的晶粒变长、破碎，这些被拉长、破碎的晶粒沿轧制方向排列。晶粒缺陷增多，晶格畸变严重，位错密度增大。冷轧态 A 合金成品退火工艺参数为 340 ℃ × 2 h。经 340 ℃ × 2 h 成品退火处理后，合金发生了再结晶（图 4.3）。

图 4.3　保温时间 2 h，退火温度为 340 ℃的 A 合金显微组织

（3）冷轧态 A 合金经 340 ℃ × 1 h 退火后，硬度值为 52 HV，抗拉强度为 138 MPa，伸长率为 31%，电导率为 47% IACS（图 4.4），热导率为 192 W/(m·K)（图 4.5），显微硬度、抗拉强度、伸长率、电导率和热导率都符合抑爆材料的要求。

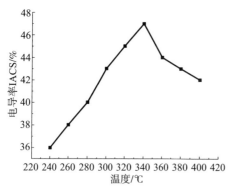

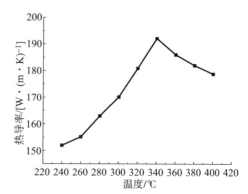

图 4.4 冷轧态 A 合金的电导率
随温度变化曲线

图 4.5 冷轧态 A 合金的热导率
随温度变化曲线

（4）B 合金的铸态组织主要由 α - Al 固溶体与低熔点共晶相组成。第二相呈不连续网状分布在晶界，割裂了晶粒之间的连续性（图 4.6）。

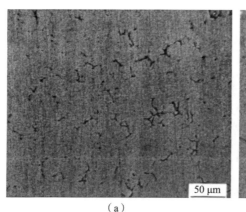

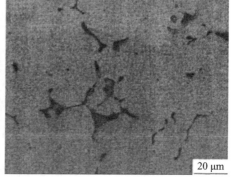

（a）

（b）

图 4.6 B 合金铸坯显微组织

（a）在 "50 μm" 时 B 合金铸坯；（b）在 "20 μm" 时 B 合金铸坯

B 合金铸坯均匀化工艺参数为 580 ℃ × 8 h。经过 580 ℃ × 8 h 均匀化处理后，晶界处不平衡第二相溶解。

（5）B 合金经冷轧后的晶粒变长、破碎，这些被拉长、破碎的晶粒沿轧制方向排列。冷轧态 B 合金成品退火工艺参数为 340 ℃ × 2 h（图 4.7）。

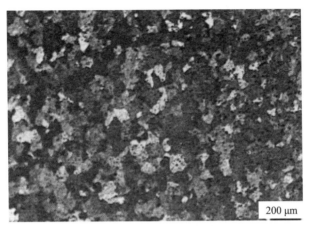

图 4.7　保温时间 1 h、退火温度为 340 ℃的 B 合金显微组织

（6）冷轧态 B 合金经 340 ℃ × 1 h 退火后，硬度值为 60 HV，抗拉强度为 156 MPa，伸长率为 27%，电导率为 50% IACS（图 4.8），热导率为 207 W/（m·K）（图 4.9），硬度、抗拉强度、伸长率、电导率和热导率都符合抑爆材料的要求。

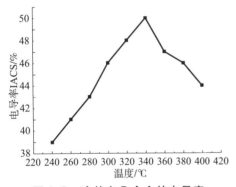

图 4.8　冷轧态 B 合金的电导率
随温度变化曲线

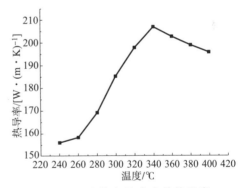

图 4.9　冷轧态 B 合金的热导率
随温度变化曲线

（7）经 340 ℃ × 1 h 退火处理后，B 合金显微硬度、抗拉强度、电导率、热导率均高于 A 合金，B 合金的伸长率略低于 A 合金。总体比较，A 合金要优于 B 合金。

目前，使用的网状铝合金抑爆材料主要由 3003、3A21 铝合金制成，经这两种合金制成的抑爆材料的强度和硬度低，在外力如震动作用下容易发生脆断坍塌，形成的碎片会造成油路堵塞，严重影响箔带的抑爆性能。5A43 和 5052 铝合金是铝镁系合金中应用最为广泛的合金，具有较高的疲劳强度，抗拉强度及硬度均优于 3003、3A21 铝合金。但是，抑爆材料需具有较高的强度、硬度和延伸率，而 5A43、5052 这两种铝合金仍然达不到抑爆材料的力学性能要求。为了使这两种合金符合抑爆材料性能指标（抗拉强度为 128 MPa，显微硬度为 36 HV，延伸率为 20%），通过向 5A43 合金中加入合金元素铬（Cr）、锌（Zn）和硼（B），向 5052 合金中加入微量元素钛（Ti）和硼（B）来改善两种合金的力学性能，并通过制定合理的退火工艺，设计出两种新型的抑爆材料。

4.2.2　合金元素对铝合金箔抑爆材料抗腐蚀性能的影响

崔振华等[8]对铝合金抑爆材料在使用过程中的抗腐蚀性进行了研究。通过添加不同种类、不同含量的合金元素，制备了四种用于铝合金抑爆材料的铝合金箔，并通过化学腐蚀试验及电化学试验，分析并研究了合金元素对四种铝合金箔抗腐蚀性能的影响，探讨了铝合金的耐腐蚀机制，得出优化后的铝合金组分，用于制备具有良好抗腐蚀性的铝合金抑爆材料。

为了制备具有良好的抗腐蚀性能的铝合金抑爆材料，合成了四种含有不同合金元素的铝合金箔，采用化学腐蚀试验研究了四种铝合金箔在盐酸溶液中的腐蚀性能，并采用扫描电子显微镜（SEM）观察了腐蚀前后的表面结构变化。通过失重法测定了铝合金箔在酸溶液中的腐蚀速率，结合极化曲线测定结果，系统分析了合金元素对铝合金抗腐蚀性能的影响。分析结果表明，在评定铝合金箔的腐蚀速率时，化学腐蚀实验和动电位极化曲线测试具有较好的一致性。过渡元素在合金中形成不同的耐蚀相，可以有效地提高铝合金箔的抗腐蚀性能。在试验结果的基础上，初步探讨了合金元素对铝合金抗腐蚀性能的影响机制。通过综合分析得到优化后的合金元素加入量（质量分数）为 1.15% Mn，0.3% Si，0.46% Fe，0.16% Cu，0.05% Zn，0.05% Ti，0.05% Cr，该组分的铝合金箔在酸性溶液中具有较好的抗腐蚀性，有望制备具有更好抗腐蚀性能的铝合金抑爆材料。

1. 铝合金箔的制备

根据所设计的合金成分，采用坩埚电阻炉熔炼，制备四种不同成分的铝合金。其中，样品 1 的各元素加入量均在工业纯铝的范围内，样品 2 中的主要合金元素为 Mn，样品 3 的主要合金元素为 Mn 和 Mg，样品 4 是以 Mg 为主要添加元素的铝合金。将纯铝在 750 ℃下熔化，升温至 900 ℃，加入 Al - 50Cu 和 Cr，保温 1 h，降温至 700 ℃，加入 Zn、Zr 和 Al－2Se，保温 30 min，然后降温至 720 ℃，加入 Mn、Fe、Mg、Al－10Sr、Al－5Ti－1 以及 Al－Si 合金，保温 30 min，保温期间每隔 10 min 用石墨棒搅拌一次，最后通 Ar 气精炼后扒渣，浇铸成型。将制备的铝合金锭在 570 ℃下均匀化退火 5 h，热轧，初轧温度为 500~520 ℃，终轧温度为 300 ℃，在 415 ℃退火，空冷后轧至 0.2 mm 厚的铝合金箔。采用 iCAP6500 DUO 型电感耦合等离子质谱仪测定样品的化学成分，如表 4.3 所示。

表 4.3　铝合金的化学成分　　（质量分数:%）

样品	Si	Fe	Mn	Cu	Zn	Mg	Ti	Cr	B	Se	Ag	Zr	Al
1	0.118 4	0.188 8	0.051 2	0.136 6	0.054 8	—	0.095 7	0.129 7	—	0.203 5	—	0.132 6	Bal.
2	0.296 4	0.463 1	1.131 3	0.163 9	0.047 0		0.048 3	0.045 6	—		0.032 3		Bal.
3	0.174 8	0.422 8	1.181 5	0.200 4	0.043 5	1.235 8	0.042 0	0.054 5	0.048 0		—		Bal.
4	0.156 1	0.334 4	0.157 0	0.079 5	0.143 0	0.840 0	0.051 2	0.109 2	0.041 7	0.051 9	—		Bal.

2. 抗腐蚀性表征与性能

为了研究四种铝合金箔在酸性条件下的抗腐蚀性能，本试验采用化学腐蚀试验及电化学试验对铝合金抗腐蚀性进行综合评价。用于化学腐蚀试验的腐蚀介质均采用浓度为 2 mol/L 的 HCl 溶液，电化学试验使用 CS310 型电化学工作站，采用线性扫描法测试动电位极化曲线。

（1）动力学曲线。图 4.10 所示的是四种铝合金在 2 mol/L 的 HCl 溶液中浸泡的腐蚀质量损失随时间变化的动力学曲线。

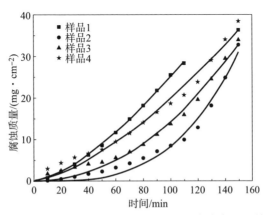

图 4.10　铝合金在 2 mol/L 的 HCl 溶液中浸泡的
腐蚀质量损失随时间变化的动力学曲线

从图 4.10 可以看出，四种铝合金在 2 mol/L 的 HCl 溶液中的总体腐蚀速率为 $v_1 > v_4 > v_3 > v_2$，腐蚀质量损失均随时间的延长而增加，并且样品 2 腐蚀质量损失随时间的变化明显小于其他铝合金箔，表明样品 2 在酸性环境中的耐蚀性优于其他铝合金箔。

（2）动电位线性扫描极化曲线。为进一步研究铝合金在酸性环境中的抗腐蚀性能，通过测量铝合金的动电位线性扫描极化曲线研究了四种铝合金的腐蚀电化学行为。四种铝合金在 pH = 1 的 HCl 溶液中的动电位线性扫描极化曲线如图 4.11 所示。经对极化曲线进行拟合，求得腐蚀电流密度 I_o，腐蚀电位 E_o，阴、阳极 Tafel 斜率 B_a、B_c，以及腐蚀速率，拟合结果列于表 4.4 中。腐蚀电位越小，表明材料腐蚀倾向性越大，越容易腐蚀；但腐蚀速度的大小取决于腐蚀电流密度，即腐蚀电流密度越大，腐蚀速度越大。由表 4.4 可以得出，$I_{o2} < I_{o3} < I_{o4} < I_{o1}$，即对应的腐蚀速率为 $v_1 > v_4 > v_3 > v_2$。在四种铝合金样品中，样品 2 的腐蚀速率最小，表现出最好的耐腐蚀性，与其在 2 mol/L 的 HCl 溶液中的抗腐蚀性能表现一致。

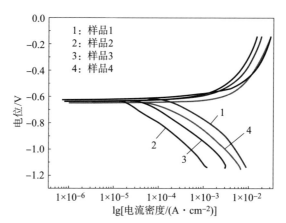

图 4.11　铝合金在酸性溶液中的动电位线性扫描极化曲线

表 4.4　铝合金在酸性溶液中的腐蚀参数

样品	B_a/mV	B_c/mV	I_o/(mA·cm^{-2})	E_o/mV	腐蚀速率/(mm·a^{-1})
1	42.94	−239.27	0.222 5	−618.88	2.430 2
2	19.12	−274.06	0.024 1	−636.87	0.263 1
3	34.99	−260.47	0.056 3	−621.38	0.614 9
4	35.18	−267.33	0.163 3	−656.12	1.784 4

添加的铝合金元素会影响氧化膜的组成和结构，从而对铝合金的耐腐蚀性

产生一定的影响，如稀土掺入铝合金后，表面氧化膜的性质得到很大改善，表现在氧化膜更加致密，连续性增加，缺陷减少，针孔变小且孔分布均匀，耐蚀性增强，黏附性提高等方面。

2. SEM 结果

铝合金材料产生腐蚀的典型现象是局部点蚀，这种腐蚀在晶界处最为显著。从电化学腐蚀的机理分析，引起局部腐蚀的重要原因是平均腐蚀微电池的形成。另外，局部腐蚀速度还与材料的腐蚀电位关系密切。同时，合金中形成的金属间化合物的形态和分布对合金抗蚀性影响很大，大量的金属间化合物如果沿晶界形成连续网状分布，就分割了基体。例如，铝合金常存杂质元素 Fe 和 Si 形成大尺寸夹杂物，在腐蚀液作用下，从表面优先产生的点腐蚀为起点，沿着金属间化合物在晶界形成的网络状腐蚀通道，按照变形纤维组织的特点，腐蚀便沿着与金属表面大致平行的方向扩展，结果形成严重的腐蚀特征。但是，当合金组织的金属间化合物晶粒越细小、越均匀时，腐蚀中形成这种微电池及腐蚀通道的机会越小。从样品 2 表面 SEM 图（图 4.12）可以看出，合金中生成的金属间化合物弥散分布于晶界和晶，晶界处不存在连续的腐蚀通道，合金组织均匀，抗蚀性能良好。合金中的微量过渡元素如 Ti、Cr 为典型的弥散相形成元素，在合金中形成尺寸微小的弥散相，抑制合金的再结晶和晶粒长大。同时，可以除去杂质或使杂质转化成电化学活性与铝相近的化合物（如 Mg_2Si），减小晶界与晶内的电极电位差，使腐蚀变得均匀，从而提高合金的抗腐蚀性能[9-10]。

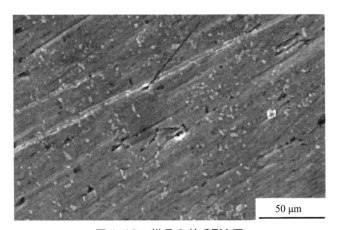

50 μm

图 4.12　样品 2 的 SEM 图

从结果来看，合金中过渡元素 Ti、Cr 具有较明显的晶粒细化作用，改善了微观组织，使铝合金获得均匀细小的金属间化合物组织。样品 2 和样品 3 中的 Ti、Cr 含量均在 0.05% 左右，而样品 1 中的 Ti、Cr 含量及样品 4 中的 Cr 含量均在 0.1% 左右，说明 Ti、Cr 含量过高，反而降低铝合金的抗腐蚀能力，合金中 Ti、Cr 含量控制在 0.05% 为最优。

为了进一步了解化学腐蚀后试样表面状态，选取样品 2 进行了 SEM 分析。图 4.13（a）所示为腐蚀进行前铝合金表面的形貌；图 4.13（b）（c）分别为在 2 mol/L 的 HCl 溶液中分别浸泡 20 mim 和 40 min 后铝合金箔表面的腐蚀状况。铝合金腐蚀前表面均匀无缺陷，如图 4.13（a）所示；经浸在 HCl 溶液中进行浸泡腐蚀后，表面有疏松、易脱落的腐蚀产物，腐蚀产物清除后可见整个铝合金表面有致密的均匀分布的小孔，整个铝合金表面被均匀腐蚀，如图 4.13（b）所示。时间再继续增加，铝合金箔表面出现明显的蚀坑，表面遭到严重破坏，如图 4.13（c）所示。铝合金的耐蚀性受铝中合金元素的影响很大，这与合金元素的组成成分和微观结构有关。铝合金的腐蚀速度主要是由于金属表面的不均匀性及有不同电化学性质的杂质相存在，影响腐蚀速度及其腐蚀发生的方式。

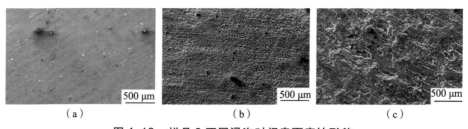

（a）　　　　　　　　　（b）　　　　　　　　　（c）

图 4.13　样品 2 不同浸泡时间表面腐蚀形貌

（a）0 min；（b）20 min；（c）40 min

4.2.3　铝合金阻隔抑爆材料制造工艺参数的研究

陈银清等[11]为了优化网状铝合金阻隔抑爆材料的制造工艺参数，以获得较高的材料延伸率，根据生产经验分析了影响材料延伸率的主要工艺参数：坯料的表面粗糙度 Ra、均匀化退火保温时间 h_1、成品退火保温时间 h_2 及铝箔的厚度 s 等。通过二次回归正交旋转组合试验，建立回归方程数学模型。结果表明，均匀化退火保温时间 h_1、成品退火保温时间 h_2 对延伸率的影响最大。其他参数次之。通过试验验证，该数学模型合理可用，为网状铝合金阻隔抑爆材料的制造工艺提供了科学的理论指导。

由于 3003 铝箔片阻隔抑爆材料延伸率的大小直接影响其使用功能，对

0.03～0.08 mm 的 3003 铝箔片的制作工艺进行了分析，在结合实际生产经验的情况下，选用二次回归正交旋转组合试验设计，重点分析了坯料的表面粗糙度、均匀化退火、保温时间、成品退火、保温时间及铝箔的厚度对延伸率的影响程度，并建立了回归方程数学模型，揭示了各参数对延伸率的影响规律并得出结论：①通过对材料延伸率的建模及各因素的效应分析，表明了均匀化退火的保温时间和成品退火的保温时间影响最大，其他参数次之。②利用响应曲面作出材料延伸率的三维表面图和等高线图，可以快速确定加工参数的分布区域。③所进行的实验研究及参数优化方法，为铝箔片阻隔抑爆材料的制作工艺提供了可靠的理论依据。

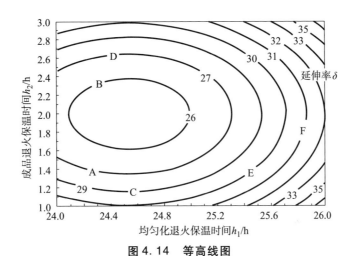

图 4.14　等高线图

根据以上试验结果，选择图 4.14 所示中的 A、B、C、D、E、F 6 个点对应的参数再做试验，得到结果对照（表 4.5）。由表 4.5 可见，试验结果与拟合模型所获得的数据基本一致，说明利用二次回归正交旋转组合试验设计、回归分析所建立的材料延伸率经验公式具有较高的可信度，表明该数学模型合理可用。

表 4.5　试验结果验证表

项目	A	B	C	D	E	F
均匀化退火保温时间 h_1/h	24.4	24.4	24.6	24.6	25.4	25.6
成品退火保温时间 h_2/h	1.7	2.3	1.38	2.5	1.65	2.0
延伸率/%	26	26	27	27	29	30
试验结果	25.8	26.1	26.62	27.22	28.5	28.8

4.2.4　不同处理工艺对铝合金抑爆材料的影响

饶丽芳等[12]以激波管试验为主要研究手段，研究了某型特种铝合金阻隔抑爆材料在环氧乙烷气体容器中的阻隔防爆能力及抗氧化能力。分别对未经氧化、经环氧乙烷气体35 ℃下氧化3个月、经60 ℃空气中氧化3个月的某型特种铝合金材料进行了力学性能及抑爆性能试验研究比较。试验结果表明，该材料对火焰速度的抑制具有很好的线性规律，同时对环氧乙烷气体具有较好的抗氧化能力，但经高温空气氧化后，抑爆性能下降。

1. 实验装置及步骤

（1）抗拉强度试验。采用电子万能试验机比较三种不同氧化态下的某型特种铝合金的抗拉强度。由于材料特殊的薄层网状结构，无法在电子万能试验机上进行有效的固定，因而自创了一种特殊的方法，即将三种氧化态的抑爆材料分别加工成同样规格的圆圈（$\phi = 40$ mm，四层，层宽为20 mm），并依靠较厚的铁钩在两端拽拉，将铁钩在试验机上固定，通过铁钩牵引材料进行拉伸试验。采用彻底拉断所用的时间这个数据比较三种不同氧化态的抑爆材料的抗拉强度差异。结果表明，未氧化的材料抗拉强度最好，其次为环氧乙烷中氧化的材料，最差的是空气中氧化的材料。这在一定程度上说明，经高温空气氧化后的材料的脆性最大，在燃爆火焰拉压作用下，发生网孔结构被破坏的程度最大。

（2）抑爆试验。为了试验研究某型特种铝合金的阻隔防爆性能，采用了如图4.15所示的试验设备。该试验装置主要包括供气系统、激波管主体、循环系统、点火系统、数据采集及分析系统。激波管是横式的，主体长2 m，内径为70 mm，管体中空的总体积为0.007 48 m³。在管体上分布有多个

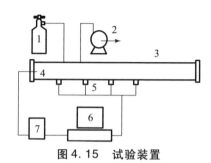

图 4.15　试验装置

1—环氧乙烷气瓶；2—真空泵；3—激波管管体；4—点火头；

5—压力传感器；6—计算机；7—点火系统

测温、测压孔，相邻孔的间距均为 0.3 m，孔上有螺纹，可与各种测试装置相连。

本试验采用 10 kV 高压，电火花持续放电 5 s，以保证充分的点火温度来使环氧乙烷/空气混合气体能够被点燃。

试验所用气体为当量浓度为 1.2 的环氧乙烷/空气混合气体。试验时管路密封，真空泵将管内空气抽出后再用压力配气法将可燃气和空气先后充入管中。充分循环混合均匀后，使其内部压力在点火前为一个大气压。实验对象为三种不同氧化程度的某型特种铝合金材料。在最佳填充密度下[13]，对三种不同氧化状态的抑爆材料分别进行不同装填方式下的试验，以研究氧化状态对抑爆压力和火焰速度的影响程度。

2. 抑爆结果分析

（1）对燃爆压力的抑制作用。用 Δp 表示装有抑爆材料时激波管内压力峰值的增加值，$\Delta p'$ 表示未装抑爆材料时激波管内压力峰值的增加值。抑爆性能以激波管内的燃爆增压作为评定指标[4]。燃爆增压按下式计算：

$$\Delta p = (p_1 + p_2 + p_3 + p_4)/4 - p_\mathrm{g}$$

式中　　Δp——燃爆增压，即抑爆压力；

p_1、p_2、p_3、p_4——激波管上测燃爆压力的各通道传感器所测的峰值压力；

p_g——燃爆前激波管内混合气的初始表压。

表 4.6、表 4.7 所列为传感器不留空、仅留空 1 号和 2 号传感器时的试验结果，表中数据均为 5 次实验后的平均值。

表 4.6　传感器全部不留空时的试验结果

抑爆性能	未氧化	环氧乙烷中氧化	空气中氧化
$\Delta p'/\mathrm{kPa}$	79	79	79
$\Delta p/\mathrm{kPa}$	7	7.4	7.7
抑爆能力 $\dfrac{\Delta p' - \Delta p}{\Delta p'} \times 100\%$	91.1	90.6	90.3

从表 4.6 的试验数据可知，填装某型特种铝合金抑爆材料前后，火焰的压力由 79 kPa 降低到 7 kPa，压力降低幅度高达 90% 以上，即该材料的抑爆能力高达 90% 以上。

表4.7 留空1号和2号传感器时的试验结果

压力通道	未氧化	环氧乙烷氧化	空气中氧化	无抑爆材料
p_1/kPa	47.7	46.4	46.6	47.8
p_2/kPa	58.2	57.4	60.6	61.5
p_3/kPa	43.9	47.6	55.3	79.2
p_4/kPa	40.2	42.3	48.2	127.5
抑爆能力/%	68.5	66.8	62.2	—

由此可见，当燃爆经历一段距离的加速发展形成稳定火焰后，抑爆材料仍然对其有明显的抑爆作用。由表4.6和表4.7中的数据可以看出，当抑爆材料距离点火端较远时（2号传感器距离点火端约65 cm），要使火焰压力降低到相同程度，其抑爆材料要装填更长。因此，在工业生产装置中运用抑爆材料进行阻隔防爆时，在同样的装填密度下，抑爆材料应尽可能放置于点火源附近，以最大限度地发挥其抑爆性能。

管道填装抑爆材料后，7 cm管径被分割成许多个由抑爆材料所构成的直径 d_0 约为1.4 mm的小通道管径，即 $d_0 = 1/50D$，散热表面面积与混合气体体积的比值为 $2\pi rh/\pi r^2 = 2/r = 4/d = 200/D$。而在没有填装抑爆材料时，受热表面面积与混合气体体积的比值为 $4/D$；在装填抑爆材料后，散热表面面积增加了50倍，即热量散失比不填充抑爆材料时要大50倍左右。另外，由于材料在填充过程中必然受到一定程度的挤压，其网孔结构也是交错分布的。因此，所形成的通道（弯曲的）长度大于激波管被填充段的实际长度，即火焰在该填充段传播时，将受到更大的阻力作用，从而使火焰加速受到很大的阻滞。

（2）抑爆材料对火焰速度的抑制作用。当激波管中不填装抑爆材料时，根据各通道压力曲线图，可计算得到各通道之间火焰平均速度为76.1 m/s（从1号到2号传感器）、101.7 m/s（从2号到3号传感器）和165.7 m/s（从3号到4号传感器）。由此可见，无抑爆材料时，火焰在90 cm的距离里明显发生了加速。采用留空1号和2号传感器的填装方式，在激波管中按照最佳密度分别填充未氧化过的、经环氧乙烷氧化过的、经空气氧化过的抑爆材料，并根据所测得的压力—时间曲线进行分析。

根据对火焰速度的定量计算结果认为，在火焰从初始很不稳定的弱火焰成长为稳定传播并持续加速的火焰之后，三种氧化状态的抑爆材料仍然对其具有很好的阻滞作用，使火焰在材料内部传播时，温度和压力的上升均受到很强的阻滞，从而使火焰的加速受到抑制，并确保抑爆材料之后的可燃混合气体不发生危险性燃爆。另外，可以用图4.16来更清晰、直观地比较不同氧化态下抑爆材料的抑爆能力差异。从图4.16所示中可以发现，三种材料对火焰速度的抑制具有很好的线性规律，相关系数均达到99.9%以上。据此提出阻燃率的概念，定义$K(\mathrm{s}^{-1})$为管道中经过单位长度抑爆材料后火焰速度的下降值，即图中火焰速度与轴向距离关系曲线斜率的绝对值。以该值来表征抑爆材料对火焰速度抑制作用的程度，若阻燃率大，则抑爆能力强。

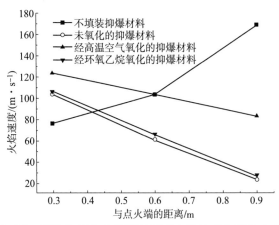

图4.16　填装各氧化态抑爆材料时火焰速度的变化曲线图

由图4.16可以看出，未氧化的抑爆材料、经环氧乙烷氧化的抑爆材料、经高温空气氧化的抑爆材料对环氧乙烷气体的阻燃率分别为138 s^{-1}、136 s^{-1}和70 s^{-1}。经环氧乙烷氧化的抑爆材料对火焰速度的影响与未经氧化的材料相比，曲线下降趋势基本一致，即该抑爆材料的抑爆性能基本不受环氧乙烷气氛的影响，而经高温空气氧化的抑爆材料的火焰速度曲线下降趋势比未氧化及经环氧乙烷氧化的要弱，阻燃率最小，这说明经高温空气氧化的抑爆材料对火焰速度的抑制能力弱于未经氧化的材料，高温空气长时间下的氧化会削弱某型特种铝合金的阻隔防爆能力。这与之前的力学性能分析及通过分析超压变化得出的关于抑爆性能的结论一致。

由某型特种铝合金对环氧乙烷气体的抑爆性能得到了以下三点结论。

（1）该材料对环氧乙烷气体具有较好的抗氧化能力，其抗拉强度强弱顺序为未氧化材料＞环氧乙烷中氧化材料＞高温空气中氧化材料，但差距很小。

（2）抑爆材料填装在爆源附近时，抑爆效果最好，抑爆能力达到90%以上。抑爆材料距离爆源越远，抑爆工效下降，但仍然对火焰传播具有阻滞作用，可以明显阻断火焰继续传播及抑制压力增长，并确保抑爆材料之后的可燃混合物不发生危险性燃爆。

（3）经环氧乙烷氧化的抑爆材料，其抑爆性能与未经氧化的材料相比，降低程度很小，可以认为某型特种铝合金抑爆材料的抑爆性能不受环氧乙烷气体氧化的影响；经高温空气氧化的抑爆材料，其抑爆性能降低比较明显。

|4.3 金属阻隔抑爆材料抑爆机理研究|

4.3.1 铝合金抑爆材料抑爆机理分析

王树有等[14]对铝合金抑爆材料抑爆机理进行了初步分析，采用测试和信号处理技术进行了铝合金抑爆材料性能对比试验研究，取得了试验数据以及数据处理和分析结果。试验中，铝合金抑爆材料可以把 1.4 MPa 的爆炸压力抑制到 0.14 MPa，表明铝合金抑爆材料有抑爆性能及抑爆能力。

试验采用两个材料、壁厚、容积均相同的空腔容器。其中，蓝色容器中装有铝合金抑爆材料。在相同的条件下，首先充丙烷使容器内压力升至 0.006 MPa；然后充入空气，使丙烷和空气的混合气体的压力达到 0.02 MPa，用测试系统测试两个容器内经点火后丙烷和空气的混合气体爆炸压力增加值，通过比较得到铝合金抑爆材料的抑爆性能及抑爆能力。

测试系统由压力传感器、电荷放大器和高速数据采集系统组成，压力传感器埋在两个容器内部底端（图 4.17），信号经电荷放大器放大，分两个通道进入数据采集系统。

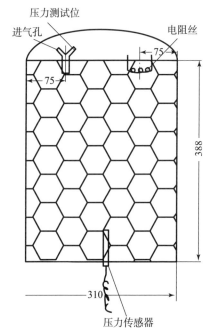

图 4.17 测试容器截面图

抑爆性能试验容器内的 3 次燃爆增压的平均值 $\overline{\Delta p}$ 作为评定指标，燃爆增压按下式计算：

$$\overline{\Delta p} = \frac{\Delta p_1 + \Delta p_2 + \Delta p_3}{3} - p_0 \tag{4.1}$$

$$\overline{\Delta p'} = \frac{\Delta p'_1 + \Delta p'_2 + \Delta p'_3}{3} - p_0$$

式中　$\overline{\Delta p}$ ——装抑爆材料容器三次燃爆增压的平均值（MPa）；

$\overline{\Delta p'}$ ——不装抑爆材料容器三次燃爆增压的平均值（MPa）；

Δp_i ——装抑爆材料容器燃爆增压值（MPa）；$i=1$，2，3；

$\Delta p'_i$ ——不装抑爆材料的容器燃爆增压值（MPa）；$i=1$，2，3；

p_0 ——容器初始压力（MPa）。

抑爆能力按下式计算：

$$\lambda = \frac{\Delta p' - \Delta p}{\Delta p'} \times 100\%$$

或

$$\lambda = \frac{\overline{\Delta p'} - \overline{\Delta p}}{\overline{\Delta p'}} \tag{4.2}$$

通过试验比较，抑爆材料可把容器的燃爆压力从 1.4% 抑制到 0.14% 以下（其平均抑爆能力达到 92%），装抑爆材料和未装抑爆材料的燃爆增压曲线如图 4.18 所示。抑爆材料以 2~28 kg/m³ 的密度装填容器时，具有优良的抑爆效果。在该密度情况下，抑爆材料占容器容积的 1.1%。

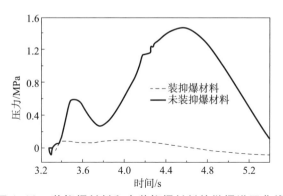

图 4.18　装抑爆材料和未装抑爆材料的燃爆增压曲线

4.3.2　网状铝合金抑爆材料抑爆性能研究

邢志祥等[15]为评价网状铝合金材料的阻隔防爆性能，基于多孔材料的阻隔防爆机理，采用抑爆材料的抑爆性能测试装置和可燃气体爆炸箱及高速摄像机，研究材料在不同填充密度、不同留空率下对液化石油气的燃爆压力的影响，以及液化石油气火焰在填充材料的爆炸箱中的传播过程。试验结果表明，填充密度为 35 kg/m³、留空率为 5% 时，材料抑爆性能最好；当抑爆材料在容器内的填充密度一定时，其燃爆压力随留空率增加而增加；与未填充材料相比，填充材料后火焰衰减；此外，得到填充密度、留空率和燃爆压力间的数学拟合公式。降低留空率、增加填充密度能够更好地提高阻隔防爆性能（图4.19、图4.20）。

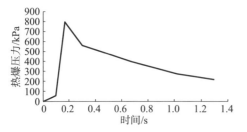

图 4.19　未填充阻隔材料时爆炸
压力—时间曲线

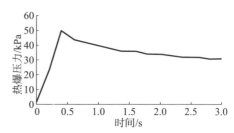

图 4.20　填充阻隔材料时爆炸
压力—时间曲线

使用 HS00188 型高速摄像机对未填充材料时与填充材料留空率为 10% 时的爆炸燃烧全过程进行的拍摄，如图 4.21、图 4.22 所示。

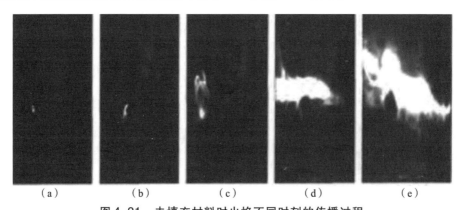

（a）　　　　（b）　　　　（c）　　　　（d）　　　　（e）

图 4.21　未填充材料时火焰不同时刻的传播过程

（a）0 s；（b）0.087 s；（c）0.174 s；（d）0.261 s；（e）0.348 s

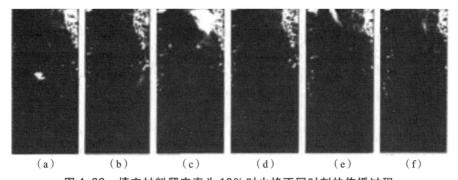

（a）　　　（b）　　　（c）　　　（d）　　　（e）　　　（f）

图 4.22　填充材料留空率为 10% 时火焰不同时刻的传播过程

（a）0 s；（b）0.167 s；（c）0.334 s；（d）0.501 s；（e）0.668 s；（f）0.825 s

|4.4　金属阻隔抑爆材料对各种物质抑爆效能的研究|

4.4.1　铝合金抑爆材料对甲烷抑爆性能的影响

宋先钊、解立峰等[16]基于网状铝合金材料的抑爆机理，自制水平激波管为主要研究设备，通过控制材料填充密度和甲烷气体浓度两个变量，开展试验探究激波管内网状铝合金材料在不同工况条件下的抑爆效果。结果表明，当甲烷浓度为最佳化学计量浓度，网状铝合金材料填充密度为 27.39 kg/m³ 时，抑爆效果最佳；随着甲烷浓度的增加，各填充密度下的燃爆压力均出现先增大后减小的趋势，即"倒 U 形"变化趋势。增加网状铝合金材料填充密度或提高压力管道的耐压能力，更有利于提高网状铝合金材料在甲烷气氛条件下的阻隔防爆性能和生产实践中的安全性[17-22]。

对网状铝合金材料在甲烷气体容器中的阻隔防爆能力研究主要通过以下三方面展开：一是阐述网状铝合金材料的抑爆机理；二是试验测量在甲烷—空混合气体的不同浓度下超压的变化规律；三是分析网状铝合金材料在实际操作中的较佳填充密度。

1. 试验步骤

试验使用两组网状铝合金材料的质量分别为 135.83 g 和 204.88 g，将网状铝合金材料层叠成长 1.9 m 的圆柱状装入水平激波管内部，通入甲烷与空气，使得管内压力为 0.1 MPa。试验留空率为 5% 保持不变，即网状铝合金材料左端距离点火位置 0.1 m。试验方案共两个：一是在不填充网状铝合金材料、填充网状铝合金材料两种不同装填密度的情况下，测试容器内燃爆压力的变化规律；二是保持装填密度不变，测试不同甲烷浓度下容器内燃爆压力的变化规律。

2. 抑爆效果分析

（1）燃爆压力与时间的关系。甲烷气体的爆炸极限为 5%～15%。容器内甲烷气体浓度介于爆炸极限之间时，遇到点火源会发生爆炸。图 4.23 所示为填充密度为 0.00、甲烷体积分数为 11% 时，传感器压力随时间变化而变化的曲线；图 4.24 所示为填充密度为 27.39 kg/m³、甲烷体积分数为 11% 时，传感器压力随时间变化而变化的曲线。对比图 4.23 和图 4.24 可知，网状铝合金材料具有良好的抑爆效果。

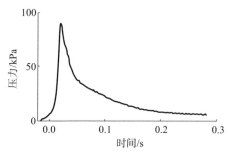

图 4.23　传感器在填充密度为 0.00、甲烷体积分数为 11% 时的压力—时间变化曲线

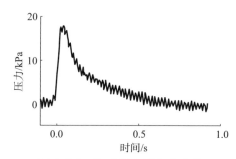

图 4.24　传感器在填充密度为 27.39 kg/m³、甲烷体积分数为 11% 时的压力—时间变化曲线

近代连锁反应理论提出，燃烧是游离基的连锁反应，随着游离基的增多，燃烧速度会变大。网状铝合金材料的抑爆机理是材料层叠时的网孔组成蜂窝状结构，把密闭容器内部分割成大量的小隔室，小隔室组成的细小管径成为游离基传播的路径，众多的小隔室使得燃烧产生的游离基撞击在网状铝合金材料上销毁的概率增大，从而降低了参与燃烧爆炸的甲烷气体浓度，使得爆炸威力减弱，甚至不能达到气体的爆炸下限，小隔室即能有效阻止火焰的传播或降低燃爆压力。再者，当网状铝合金材料组成的管径小到火焰蔓延临界直径时，火焰不能传播，可以达到防火防爆的目的。

（2）不同填充密度和甲烷气体浓度对燃爆压力的影响。不同填充密度的燃爆压力变化曲线如图 4.25 所示。由图可知，随着填充密度的增加，在不同甲烷体积分数下，燃爆压力逐渐降低。填充密度为 18.16 kg/m³ 时，相对于未填充材料时超压均值降低幅度为 78.32%；填充密度为 27.39 kg/m³

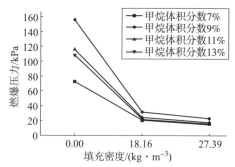

图 4.25　不同填充密度的燃爆压力变化曲线

时，相对于未填充材料时压力平均降低幅度为 83.99%。说明随着填充密度的增加，抑爆效果更佳，试验中填充密度为 27.39 kg/m³ 时抑爆效果最佳。随着填充密度的增加，形成的孔隙减小，更有利于抑制燃烧产生的游离基的活性，降低燃爆压力。

不同甲烷体积分数和填充密度的压力变化如图 4.26 所示。由图可知，装有网状铝合金材料时，激波管内压力明显低于未装填时的压力。随着甲烷体积分数的增加，各填充密度下的燃爆压力均出现先增大后减小的趋势，即"倒 U 形"变化趋势。装填密度一定时，甲烷体积分数在 9% 附近时，燃爆压力为最大值，大于或小于 9% 时的压力变化趋势较为接近。在生产实践中，为降低产生的爆炸危害，管道或压力容器中的甲烷体积分数应避免处在 9%。可在适当位置安装甲烷浓度报警器，当管道内甲烷体积分数达到 9% 时发出警报。

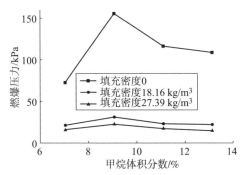

图 4.26　不同甲烷体积分数和填充密度的压力变化

采用水平激波管试验平台，通过控制甲烷体积分数和网状铝合金材料的填充密度两个变量，探究网状铝合金材料在管道内的抑爆效果。试验结果表明，随着填充密度的增加，超压值逐渐降低，说明抑爆效果较好。

随着甲烷体积分数的增加，各填充密度下的燃爆压力均出现先增大后减小的趋势，即"倒 U 形"变化趋势。

4.4.2　铝合金抑爆材料对不同物质阻隔防爆性能的影响

1. 铝合金抑爆材料对丙烷气体的抑爆作用

王乐、高建村等[23]在自主设计的可燃气体爆炸封闭试验管道中进行丙烷—空气预混气体爆炸实验，利用瞬态压力采集系统测试管道内压力变化和气相色谱对爆炸产物进行定性定量分析。研究结果表明，网状铝合金阻隔抑爆材料对丙烷—空气预混气体爆炸压力具有显著的抑制作用。同时，填充网状铝合金阻隔抑爆材料后，爆炸产物的体积分数发生了很大变化。其中，丙烷体积分数提高 5.6 倍，CO、CO_2 体积分数明显减少，部分烃类产物体积分数增多。因此，网状铝合金阻隔抑爆材料可抑制链引发阶段反应和链传递阶段反应，促进链终止阶段反应，从而抑制爆炸反应，导致爆炸压力明显降低。

2. 铝合金抑爆材料防爆技术不适用于液化气罐的分析

邢子龙、孙立权[24]的"铝合金抑爆材料能有效地防止液化石油气罐发生爆炸"这一说法，通过分析铝合金抑爆材料抑爆原理和液化气罐发生爆炸机理，论证了这一说法是缺乏科学依据的，进而得出此说法不能成立的结论，此观点仅供大家研讨和商榷。

由于铝合金抑爆材料防爆技术是通过破坏燃烧（化学反应）反应的化学条件来实现防止容器发生燃烧或爆炸的，也就是说，铝合金抑爆材料防爆技术并不具备防止罐体发生物理爆炸的技术功能；而液化石油气罐的爆炸（破）属于物理性的爆炸，因此这种技术对于液化气罐来说是无效的，但对于可能因燃烧反应引起爆炸的油罐还是非常有效的。

3. 石油化工燃爆气体铝合金抑爆材料失效和再生技术研究

孙谞[2]和高建村等对石化行业防止易燃易爆气体爆炸常用的铝合金抑爆材料的长期服役状态进行了研究。试验研究了沉积、结垢降低抑爆性能效应，开发了铝合金抑爆材料清洗、再生和抑爆性能评价技术。他们认为，对多个石化企业长期服役材料沉积结垢情况的研究包括不同储罐中材料结垢情况、同一个储罐中不同位置材料结垢情况、抑爆材料本身结垢情况三个方面。通过测试分析，揭示了材料的结垢情况和规律；对使用了 5 年以上材料表面所含污垢进行化学分析的结果表明，可溶性组分主要除烷烃以外，还含有多种含氧化合物，含磺酸根和含氮化合物等；不溶性有机组分碳元素、氢元素、氮元素、硫元素含量分别达到 15.86%、4.38%、1.64%、1.18%；热分析仪测出污垢有机物总含量达到 35.3%；污垢中含有水溶性阴离子 F^-、Cl^-、NO_3^-、SO_4^{2-}，其中，以 SO_4^{2-} 的浓度最高；污垢中含有多种金属元素，其中，Fe^{3+}、Al^{3+}、Ca^{2+} 的含量较多，对检测结果进行了讨论并分析材料污垢的成因；开发了超声波清洗材料新技术，同时针对污垢成分研发了专用清洗剂，并对其化学清洗机理进行了分析。实验室中对材料的最佳清洗频率为 25 kHz、最佳功率为 3 kW 以及清洗剂的最佳浓度使用量为 2%。清洗前后对材料拉伸强度的测试表明，抗拉强度维持在 270 MPa 左右，材料的拉伸性能没有改变；清洗前后对材料金相结构的分析结果表明，铝合金晶粒尺寸和数目基本没有改变，合金结构未遭到破坏。

他们利用高速摄像技术对多种材料抑爆性能进行分析的结果表明，洗净材料和新材料对火焰的抑制作用效果优良，明显优于使用多年后未清洗的旧材料。洗净材料和新材料都可以将甲烷/空气混合气爆炸传播速度分别降低为未清洗旧材料和未添加材料的 1/3 和 1/6；通过试验数据，分析讨论了铝合金材料的抑爆机理。

│ 参考文献 │

［1］ 田宏，顾芳，田原．防火抑爆材料 eXess Ⓡ［J］．消防技术与产品信息，2006（9）：60 – 64．

［2］ 孙谞．石油化工燃爆气体铝合金抑爆材料失效和再生技术研究［D］．北京：北京石油化工学院，2016．

［3］ 周丹，王冬，陈长江．浅析 HAN 抑爆材料的性能与应用［J］．消防技术与产品信息，2002（7）：74 – 76．

［4］ 王树有，郑应民，顾晓辉．铝合金抑爆材料性能对比试验分析［J］．爆破器材，2005，34（3）：36 – 39．

［5］ 钟若瑛．铝合金抑爆材料在飞机燃油箱上的应用研究［D］．西安：西北工业大学，2002．

［6］ 南子江，宋爱英，曹法和．铝合金抑爆材料抑爆性能研究［J］．兵器材料科学与工程，2001，24（4）：19 – 23．

［7］ 赵真汝．铝镁合金抑爆材料的制备及其性能研究［D］．郑州：郑州大学，2013．

［8］ 崔振华，张超，景燕，等．合金元素对铝合金箔抗腐蚀性能的影响［J］．稀有金属．2014，38（2）：176 – 182．

［9］ WANG H Y, AN Y Q, LI C Y, et al. The research progress of rare earth application in aluminum and aluminum alloys［J］. Chinese Rare Earths, 2012, 33（1）: 74.

［10］ YIN Z X, CHEN Y C, ZHOU H J. The study of corrosion resisting mechanisms of the RE – elements and some common elements in aluminium alloy［J］. Journal of Guizhou University of Technology（Natural Science Edition）, 2007, 36（5）: 18.

［11］ 陈银清，李凯，邱镇来．优化网状铝合金阻隔抑爆材料制造工艺参数的实验研究［J］．机械制造，2015，53（615）：75 – 79．

［12］ 饶丽芳，王静虹，解立峰．铝合金对环氧乙烷气体阻隔防爆性能研究［J］．安全工程技术，2009：493 – 496．

［13］ NAN Z J, SONG A Y, CAO F H, et al. Study on explosion suppression properties of aluminum mesh materials ［J］. Ordnance Material Science and Engineering, 2001, 24 (4): 19 – 22.

［14］ 王树有, 郑应民, 顾晓辉. 铝合金抑爆材料性能对比试验分析 ［J］. 爆破器材, 2005, 34 (3): 36 – 38.

［15］ 邢志祥, 张贻国, 马国良. 网状铝合金抑爆材料抑爆性能研究 ［J］. 中国安全科学学报, 2012, 22 (2): 75 – 79.

［16］ 宋先钊, 解立峰, 李斌, 等. 甲烷气氛条件下网状铝合金材料阻隔防爆性能研究 ［J］. 消防科学与技术, 2018, 37 (11): 1494 – 1496.

［17］ NF C23 – 579 – 20 – 1 – 2010, 易爆环境. 第20 – 1 部分: 气体和蒸汽分类用材料特性. 试验方法和数据 ［S］.

［18］ 张家山, 朱传杰, 孙豫敏, 等. 管道分岔对甲烷爆炸传播影响的试验研究 ［J］. 消防科学与技术, 2017, 36 (7): 903 – 906.

［19］ 贺洪文, 程进远. 铝合金网状材料抑爆作用的试验验证 ［J］. 电气防爆, 2005 (2): 35 – 36.

［20］ 黄永亮. 红外吸收式甲烷浓度报警器研制 ［D］. 哈尔滨: 哈尔滨理工大学, 2011.

［21］ 郑丹, 李孝斌, 郭子东, 等. 甲烷爆炸火焰传播机理实验及数值模拟 ［J］. 消防科学与技术, 2014, 33 (7): 725 – 728.

［22］ 任少云. 密闭管道内爆炸下限甲烷 – 空气混合及爆炸规律 ［J］. 消防科学与技术, 2017, 36 (12): 1642 – 1645.

［23］ 王乐, 高建村, 周尚勇, 等. 基于产物分析的网状铝合金阻隔防爆材料抑爆机理的研究 ［J］. 北京石油化工学院学报, 2019, 27 (4): 59 – 64.

［24］ 邢子龙, 孙立权. 关于铝合金抑爆材料防爆技术不适用于液化气罐的分析 ［J］. 安全科技, 2004 (3): 42 – 43.

第 5 章

各类非金属阻隔抑爆材料

|5.1 聚氨酯抑爆材料|

5.1.1 阻隔抑爆材料机理

网状聚氨酯泡沫材料是经特殊加工工艺对普通开孔聚氨酯软质泡沫进行网化而成。网化后的泡沫去除了原有的窗膜，只剩下开孔的筋络"骨架"结构。该类材料不仅具有聚氨酯软泡原有的柔顺性、可塑性，较高的抗拉和抗撕裂强度，还将材料的孔隙率提高到97%以上，使材料具有比表面面积大、流体通过阻力小等优异特点。网状聚氨酯泡沫可追溯到20世纪60年代，是由美国的斯科特纸业公司（Scott Paper）最先研制成功，并立即应用在燃油箱的防爆层。目前，网状聚氨酯泡沫已成为技术泡沫（Technical Foams）体系中极为重要的一部分，其应用领域和发展前景越来越广阔[1]。

理想的泡沫孔单元是由12个五边形组成的多面体[2]。网状聚氨酯泡沫是指将聚氨酯泡沫孔单元窗体上的所有聚合物膜都去除后所形成的完全的开放的结构[1]（见图5.1）。

抑爆材料具有独特的三维网

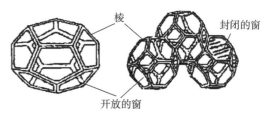

图 5.1 聚氨酯泡沫孔单元结构

络结构[1]，如图5.2所示。将可燃气体的爆炸空间分隔成无数的小室，对火焰的传播形成一道道阻隔屏障，将点火范围限制在点火源附近很小空间内，同时材料内含有大量嫁接的吸能基团，快速吸收热能并钝化燃烧反应中的自由基，降低燃烧反应速率。在这种独特网络结构和吸能基团的作用下，火焰锋的传播与压力波的能量释放被大大削弱，有效阻止了链式爆炸反应的发生，从而起到抑爆的作用。

图 5.2　网状聚氨酯抑爆
材料的三维网络结构

5.1.2　聚氨酯网泡阻隔抑爆材料的制备

田宏、王旭等[3]介绍了网状聚氨醋泡沫材料的多种制备方法、材料的主要特性及应用情况。对网状聚氨醋泡沫材料具有较高的空隙率、较小的流体流动阻力、较好的稳定性、良好的力学性能和可靠的抑制火焰及爆炸传播的能力，广泛地用作飞机等军事装备燃油箱的防火抑爆填充材料，同时还作为"骨架"材料用于生产网状陶瓷和网状金属材料。

网泡材料的制备方法分为两大类：第一类是间接制备，首先制取普通的开孔聚氨醋泡沫材料，然后进行网化处理，目前常见的网化处理方法有水解法、热爆炸法等；第二类是直接制备，通过控制化学反应过程直接生成网状泡沫材料。将这两类方法进行比较后知，间接制备网泡材料的空隙率、孔径等指标易于控制，网化彻底，但网化处理工艺需要特别的附加设备，易发生过网化现象，影响材料的性能。直接制备法所需设备简单，但在网泡的孔径、均匀性的控制上存在一定的难度，同时还存在网化不彻底的问题。现将两类方法[3]介绍如下。

1. 由普通开孔聚氨醋泡沫材料制备网泡

范丽佳[4]、张建利等认为，聚氨酯泡沫网化处理的方法有碱液处理法、蒸汽水解处理法、爆炸法和热空气处理法四种。田宏、王旭等[3]介绍了相关方法。

（1）碱液水解法。

方法一：将普通的开孔聚氨醋泡沫材料浸入浓度为8%～25%（最佳为10%）的 NaOH 溶液中，在 50 ℃的条件下浸泡 10 min，用水清洗后，就可以获得柔软度高、亲水能力强的网泡材料。

方法二：①网化处理液的配制。按苯甲醇：乙二醇：水 = 10：45：45（重量比）配制成 100 份的溶液，再加入 10 份 NaOH 使其完全溶解即成网化处理液。也可用异丙醇和丙二醇分别代替苯甲醇和乙二醇，网化效果基本相同。②网化处理。首先把上述处理液加热至 30 ℃ ~ 35 ℃，将切好的普通开孔泡沫材料浸入处理液中；然后反复挤捏泡沫约 30 s，取出后用清水冲洗，再浸入 2% 的醋酸溶液中约 3 s；最后用清水洗净，经干燥后即可制得经络清晰的网泡，经络内的面膜可全部清除。

采用碱液水解法制取网泡需严格控制处理过程，稍不注意就极易造成网化过度，使得网泡发生渗透性降解，从而影响产品的力学性能。这种方法一般不用于工业化生产。

（2）蒸气水解法。将普通的聚醚型开孔泡沫材料用水湿润后，放置于表压为 0.138 MPa 的压力容器中，以饱和水蒸气处理 2 ~ 8 h，再经干燥 3 h 后即成网泡。采用此种处理方法获得的网泡，其内部的经络及连接点要发生渗透性降解，从而影响其机械强度。此方法一般不用于工业化生产。

（3）热爆炸法。热爆炸法是利用乙炔或丙烷等爆炸性混合气体在爆炸时产生的能量及高温火焰，将普通开孔泡沫经络间的面膜去掉。采用这种方法制得的网泡材料经络加粗、发亮，机械强度高，并且不会发生渗透性降解。美国 CHEMOTRONICS 公司经销爆炸法生产网泡的设备，该套设备由混合气体燃烧爆炸室、点火装置、自动泄压装置及配气装置等组成。美国、比利时和俄罗斯都采用此法对聚酯型开孔泡沫材料进行网化。

热爆炸法工艺简单、无污染、操作方便，制备出的网状聚氨酯泡沫力学性能好，经络光滑，强度高，因此是四种方法中最优的方法[5]。其过程就是利用可燃气体如氢气、甲烷等与空气或氧气和惰性气体混合物电火花点火，使聚氨酯泡沫材料得到熔膜网化。气相热爆炸法网化聚氨酯泡沫制备，混合气体比例根据生产经验选择氢气、氧气、氮气，比例为 1:1:0.5 与 1.2:0.9:0.9，充气压力均为 1 bar。对相热爆炸法熔膜网化聚氨酯泡沫进行了电镜测试，如图 5.3 所示。由图可见，泡沫中除膜良好且筋骨未发生可见变形。

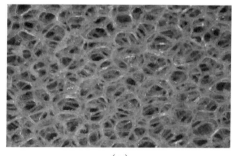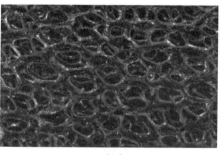

（a） （b）

图 5.3 气相热爆炸法熔膜网化聚氨酯泡沫的 SEM 图像

（a）H_2、O_2、N_2 比例为 1:1:0.5；（b）H_2、O_2、N_2 比例为 1.2:0.9:0.9

（4）热空气法。采用连续滚动的网化设备和利用热空气可对聚醚型开孔泡沫材料进行网化，热空气的温度达 400 ℃，热空气线速度达 1 m/s。这种方法对设备要求很严格，美国对聚醚型开孔泡沫材料的网化多采用此法。

2. 由化学方法直接制备网泡

聚氨酯是由异氰酸酯与多元醇反应制成的一种具有氨基甲酸酯链段重复结构单元的聚合物[5]。在聚氨酯泡沫塑料的制备过程中，泡沫体的形成和制品的网化处理关乎网状聚氨酯泡沫塑料品质。泡沫体的形成可分为发起、稳定、开孔三个阶段。首先由气体发生反应或由外发泡剂因受反应热而突然气化在液相中产生气体，该气体在溶液中达到其饱和溶解度后逐渐在溶液中逸出而形成微细气泡，此过程称为核化。当用强发起性催化剂时，可加速核化得到较多的气泡。随着反应的进行和发泡剂的不断汽化，新的气泡不断增加，新产生的气体从液相扩散到已生成的气泡中去，气体体积不断增大，致使泡沫体积增大，物料的液相变薄。随着液相变薄，气泡逐渐失去其圆球形，变成由聚合液膜所组成的几面体。在气泡体积增大的同时，链增长反应和交联反应也在进行，使得液相的黏度和弹性也在增长。

采用有机锡催化剂后，可加速物料黏度的增长，以减少气孔膜壁的减薄，同时也可加入硅油或其他表面活性剂以减少表面张力来稳定泡孔。在大量气体产生的最终阶段，气泡中气体压力在不断增长的情况下，由于膜壁黏度较大，无法流动，同时弹性较低，无法承受膜壁的拉伸，从而造成气泡破裂而使气体逸出，形成"开孔"。此时，气体发生反应早已结束，而链增长反应和交链反应也已基本结束。

美国 Scotfoam 公司的 Kelly David J. 等发明了用化学方法直接制备网泡的方法[4]。

配方一：多元醇混合物 100 份（90 份聚二乙烯己二酸醋多元醇和 10 份 Niax E488 改性聚醚多元醇），芳香族聚异氰酸酯（TDI）52 份，水 4 份，DOP 0.8 份，催化剂 1.7 份，有机硅表面活性剂 1 份，搅拌 12 s，发泡 105 s。

配方二：多元醇混合物 100 份（90 份聚己二酸一缩二乙二醇酯和 10 份 Niax E488 改性聚醚多元醇），芳香族聚异氰酸酯（TDI）52 份，水 4 份，DOP 0.8 份，催化剂 1.7 份，L6206 1 份，发泡后经过干燥即成为网泡。与其他方法相比，这类方法制成的网泡仍有少许面膜。网状聚氨酯泡沫与普通聚氨酯泡沫 SEM 形貌对比如图 5.4 所示。

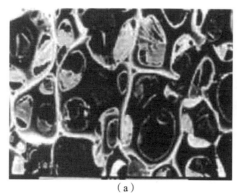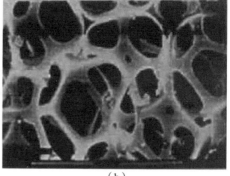

（a）　　　　　　　　　　　　（b）

图5.4　网状聚氨酯泡沫与普通聚氨酯泡沫 SEM 形貌对比

（a）普通聚氨酯泡沫；（b）网状聚氨酯泡沫

5.1.3　网状聚氨酯阻隔抑爆材料的应用

吴炅、黄成亮等[6]对共聚型网状聚氨酯抑爆材料的使用性能和抑爆功能方法进行了评价，针对车辆燃油箱的使用工况及抑爆考核要求，模拟油箱装填抑爆材料后对油箱开展加油、振动、高温储存等适用性试验，以及带油补焊、40 mm 火箭弹静爆等抑爆试验。试验结果表明，该材料具有较好的消沫功能，能降低油料中固体颗粒污染物的含量，高温储存后，0 号柴油与 -35 号柴油中的固体颗粒污染物含量分别为空白油样的 37.6%、52%，对油箱进行带油补焊试验过程中、补焊完成后的射击测试，以及 40 mm 火箭弹的静爆试验均未发生爆炸。

1. 抗振性能对比试验

采用填充抑爆材料的模拟油箱，油箱尺寸为 600 mm × 400 mm × 500 mm，内部 100% 填充抑爆材料，试验介质为 -35 号柴油。开始试验时，清洗模拟油箱，装填抑爆材料；模拟油箱内加注约 90 L 军用 -35 号柴油，静置 30 min后，从排油口取 5 L 柴油作为基准油样，然后用振动试验台对模拟油箱进行振动试验，振动试验参照 GJB 150.16A—2009《军用装备实验室环境试验方法第16 部分：振动试验》进行。试验条件：垂直振动，窄带带宽为 100 ~ 112 Hz，幅值为 1.276 4 g^2/Hz，扫描带宽为 3 Hz，连续振动 48 h。振动完成后静置30 min，取 5 L 油样送检，对振动前后取的油样测试胶质含量、固体颗粒污染物含量、色度等参数。油样的振动前后性能对比见表 5.1。

表 5.1 油样的振动前后性能对比

油样	色度	实际胶质含量 /[mg·(100 mL)$^{-1}$]	固体颗粒污染物含量 /(mg·L^{-1})
油箱振动前	1.0	3.7	1.38
油箱振动后	1.0	4.5	0.52
标准	≤3	≤10	≤10

由表 5.1 可知，抑爆材料振动前后油样的色度无变化，实际胶质含量略有增大，油箱振动后油样中的固体颗粒污染物含量大幅度降低，油样各项性能均符合军用柴油标准要求。试验结果表明，用台架振动试验模拟行车试验时，抑爆材料与燃油相容性好，振动后燃油性能符合相关标准，满足使用要求。

2. 军用柴油相容性对比试验

将抑爆材料在 70 ℃高温条件下的 0 号柴油中连续浸泡 12 周后，按上述标准检测分析燃料的色度、固体颗粒污染物含量、实际胶质含量变化情况，确定抑爆材料在高温条件下与燃油的相容性。油料相容性对比试验结果见表 5.2。

表 5.2 油料相容性对比试验结果

油样说明	色度	实际胶质含量 /[mg·(100 mL)$^{-1}$]	固体颗粒污染物含量 /(mg·L^{-1})
浸泡抑爆材料	1.0	6.5	0.4
高温平行油样（无浸泡物）	1.0	6.2	0.9
常温原始油样	1.0	6.1	0.8
标准	≤3	≤10	≤10

由表 5.2 可知，在 70 ℃高温油样中浸泡 4 周后，与常温原始油样、高温平行油样对比，油料的色度没有变化，实际胶质含量略有增加，固体颗粒污染物含量大幅度降低，油样其他性能均符合军用柴油标准要求。

上述试验结果表明，油箱内添加抑爆材料后，经过常温振动、高温长期储存，燃油的色度保持不变，实际胶质含量略有增大，但是符合标准要求；燃油中的固体颗粒污染物含量大幅度降低，－35 号柴油与 0 号柴油分别是空白油样的 37.6% 和 52.2%，这是因为抑爆材料具有的三维网状结构可吸附过滤燃油中的游离性物质，大大减少燃油中促使沉淀发生的物质，使燃油中的羟酸、铜离子、硫酮等固体颗粒污染物含量保持在较低的水平，改善燃油的储存环境，提高燃油的储存期限，抑爆材料与燃油相容性较好，满足燃油的使用要求。

3. 抑爆材料抗静电可靠性试验

抑爆材料的试样通过浸 0 号柴油 12 周、5 号航空煤油 12 周后再进行抗静电可靠性测试，检测抗静电剂在抑爆材料中的稳定性和可靠性，查看抑爆材料是否会因抗静电剂的溶出或迁移而使其抗静电性能下降。试验结果见表 5.3。该试验测试仪器为 KEITHLE – Y6517 静电计，施加电压为 500 V。

表 5.3　抗静电可靠性试验

序号	体积电阻率/($\times 10^{11}$ Ω · cm)			
	0 号柴油		5 号航空煤油	
	浸泡前	浸泡后	浸泡前	浸泡后
1	2.8	3.1	8.2	7.8
2	4.4	4.6	3.4	2.9
3	4.1	4.0	4.9	4.7
平均值	3.8	3.9	5.5	5.1

由表 5.3 可知，抑爆材料采用的独特抗静电体系具有较好的可靠性和稳定性，不会因长时间浸泡在燃油中发生溶出与迁移，抑爆材料的体积电阻率均维持在 10^{11} Ω · cm 数量级，与未进行浸泡的抑爆材料相比，抗静电性能变化不明显，材料性能均满足抗静电使用要求。

4. 40 mm 火箭弹静爆试验

静爆试验装置如图 5.5 所示，静爆试验结果如图 5.6 所示。

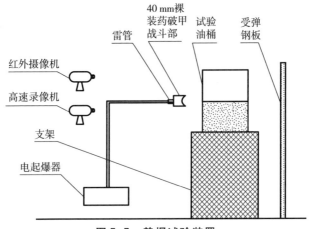

图 5.5　静爆试验装置

按 40 mm 火箭弹静爆试验的规定，分别对空白油箱与装填抑爆材料的油箱进行静爆对比试验，静爆试验结果如图 5.6 所示。由图可知，空白油箱被 40 mm 破甲弹击中 0 号柴油气—液界面位置，立刻爆炸燃烧，油箱破坏严重；而装填网状聚氨酯抑爆材料的油箱被 40 mm 破甲弹击中 0 号柴油气—液界面位置后，没有发生爆炸。由于抑爆材料吸收了大量热量与能量，油箱破坏程度相对较轻。静爆试验结果表明，网状聚氨酯抑爆材料能够抑制油箱所受破甲弹射流引起的爆炸，吸收其爆炸能量，抑爆效果显著。

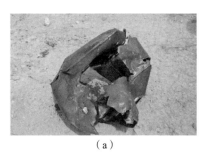 

（a）   （b）

图 5.6　静爆试验结果

（a）空白油箱；（b）抑爆油箱

5.2　聚乙烯阻隔抑爆材料性能

5.2.1　抑爆材料制备

周春波等[7]对聚乙烯基石墨烯复合多孔球形材料进行了制备以及性能表征。聚合物基石墨烯纳米复合材料是石墨烯热点研究方向之一。研究表明，添加少量的石墨烯可提高复合材料的力学、导电、导热性能及阻隔性能。目前，人们已通过熔融共混法制备石墨烯/聚氨酯（PU）[8]、石墨烯/聚丙烯（PP）[9]、石墨烯/聚对苯二甲酸乙二醇酯（PET）[10]、石墨烯/高密度聚乙烯（HDPE）[11]等一系列复合材料。邓艳丽[12]在此基础上，以石墨烯纳米片（GNF）和碳纳米管（CNT）作为导电填料，制备苯乙烯系聚合物导电复合材料。研究发现，CNT 与基体相容性稍差，相界面明显；GNF 与聚苯乙烯的相容性较好，填料与基体结合紧密，形成了良好的互穿网络结构，样品表现出较好的力学性能和热稳定性。

聚乙烯基石墨烯复合材料的制备，以聚乙烯为原材料，石墨烯为填充材料，用熔融共混法合成制备聚乙烯基石墨烯复合多孔球形材料。具体步骤有以下五步，工艺流程如图5.7所示。

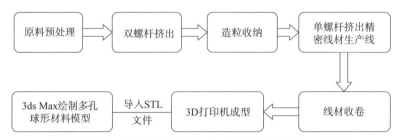

图5.7　聚乙烯基石墨烯复合多孔球形材料制备工艺流程

（1）原材料预处理阶段。制备六种不同石墨烯含量的GPEN，按配比称取石墨烯粉体若干，将其混合于无水乙醇溶液（0.1 g石墨烯∶50 mL无水乙醇）中，间歇超声处理3 h以减轻石墨烯与HDPE混合后的吸附和小尺寸效应引起的团聚。将超声处理过的石墨烯放入真空干燥烘箱中、在60 ℃负压条件下烘干，使乙醇挥发完全。乙醇超声处理后的石墨烯体积缩减明显，不会出现扬尘。

（2）将处理好的石墨烯粉末与HDPE按照石墨烯含量1%、2%、2.5%、3%、4%、5%在高速搅拌机中以2 500 r/min的速率搅拌0.5 h，使粉末充分分散，达到肉眼可见的分散均匀状态，得到黑灰色的混合粉末。

（3）将石墨烯填进预热后的双螺杆挤出机送料口，设置区域1~区域10的温度为180 ℃、185 ℃、200 ℃、215 ℃、230 ℃、235 ℃、225 ℃、216 ℃、211 ℃、193 ℃，将主机和喂料速率调至适当，本试验速率选取主机150 r/min、喂料20 r/min。风机鼓风加热80 ℃烘干1 h后，将粉末送入双螺杆挤出机。设置好区域1~区域10的温度，用纯聚乙烯粒料洗机至挤出机出口材料均匀无杂物后，在送料口添加目标混合粉末，将主机和喂料速率调至适当。将挤出的材料经碎粒机切粒后，收纳复合材料颗粒并对其进行干燥处理。

（4）将制备的GPEN颗粒填入3D打印耗材生产线[16]，80 ℃鼓风干燥3 h，设置区域1~区域10的温度为180 ℃、185 ℃、200 ℃、215 ℃、230 ℃、235 ℃、225 ℃、216 ℃、211 ℃、193 ℃，主机调速适当，配合激光测径仪和力矩电机调速器，生产出1.75 mm的3D打印耗材线条。

（5）利用3ds Max软件绘制出导电、导热和力学性能测试试样以及待应用功能材料的特殊外观结构。将绘制结构图转为STL文件导入3D打印机模型，通过3D打印将试样制备成型。圆片样品规格为ϕ34 mm、厚度为4.0 mm，满足性能测试要求。

5.2.2　性能分析

1. 微观形貌分析

图 5.8 （a）~（f）是石墨烯含量分别为 1％、2％、2.5％、3％、4％、5％
（质量分数）的 HDPE 复合材料脆断面的微观结构图。与未添加石墨烯的样品
对比得出，石墨烯紧密附着在 HDPE 表面，GPEN 结构变得越来越致密。石墨
烯与 HDPE 之间相互连接，石墨烯含量的上升提高了层状纹理的清晰度，在聚

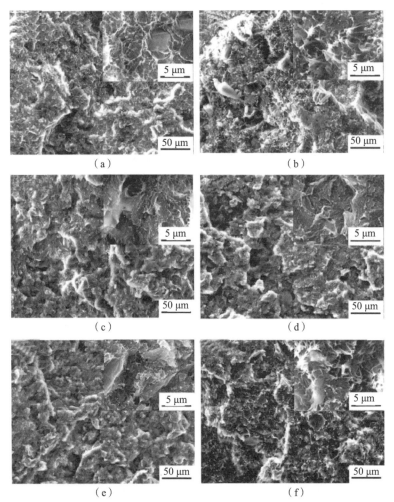

图 5.8　不同石墨烯含量的 HDPE 复合材料脆断面的微观结构

（a）1％；（b）2％；（c）2.5％；（d）3％；（e）4％；（f）5％

合物基体中形成导电通道，这也解释了复合材料导电性随着石墨烯含量增加而增大的原因。当石墨烯含量不低于3%时，可以观察到GPEN的结构越渐致密，这也是材料在石墨烯含量超过3%时导电性有了显著提升的原因。

2. 结构属性

X射线衍射仪测试样品：圆柱体 $d = 34$ mm，$h = 4$ mm；圆柱体 $d = 1.75$ mm，$h = 4$ mm；粉末。

图5.9所示为HDPE原料和不同石墨烯纳米填料添加量的石墨烯/HDPE纳米复合材料的X射线衍射谱。由图5.9可知，衍射峰位置没有偏移，说明石墨烯对聚乙烯的晶体形态基本没有影响。从图5.9中可观察到，在 2θ 为21.4°和23.7°处出现很强的衍射峰[17]，并且峰比较窄，说明该聚合物具有较高的结晶态，与之前学者们的研究结果一致。从图5.9中还可以看出，经乙醇超声处理的石墨烯在 $2\theta \approx 26°$ 的衍射峰消失，说明该预处理方法对石墨烯的剥离效果比较好，有利于消除团聚，分散较为均匀，并且随着石墨烯含量的增加，石墨烯包覆在HDPE晶体表面增强了衍射强度，致使衍射峰的峰强逐渐增大。

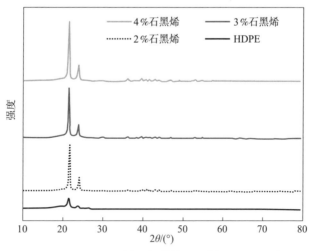

图5.9　不同石墨烯添加量的石墨烯/HDPE纳米
复合材料的X射线衍射谱

3. 力学性能

在使用过程中，由于特殊形状功能的材料需要长时间堆砌放置在液体含能材料的储罐中，考虑到放置过程中上部材料对下部的压力，本试验主要测试其压缩性能，确保在日后放置过程中材料的稳定性，使得在长时间放置的条件下材料不会发生变形，以及不影响其功能效果。试样的压缩性能测试按照《塑料　压缩性能的测定》GB/T 1041—2008 中规定的测试条件，在电子万能试验机进行试验，压缩速度为 5 mm/min。

图 5.10 所示为制备的复合材料的压缩曲线。由图 5.10 可见，未添加石墨烯的聚乙烯和添加不同比例石墨烯的复合材料，在应力约 8 400 N 的条件下材料都发生了屈服应变，说明添加石墨烯对复合材料的屈服极限影响不大，但材料发生屈服时的位移变化较为明显。当石墨烯添加量为 3%、4% 时，复合材料的屈服形变明显高于聚乙烯：石墨烯含量为 3% 时，复合材料的屈服形变为聚乙烯材料的 1.4 倍；石墨烯含量为 4% 时，复合材料的屈服形变为聚乙烯的 1.76 倍。这说明复合材料石墨烯的添加量为 3%、4% 时，其抗压能力有较大提高。GPEN 的屈服极限 $\sigma = p/A = 8\,400/(\pi \cdot 17^2)$ MPa = 9.25 MPa。当材料屈服变形时，最小需要施加 8 400 N 力才会使堆砌下方的材料挤压变形。该数据表明，材料的抗压能力足够良好，满足材料在应用中长期存放的力学要求。

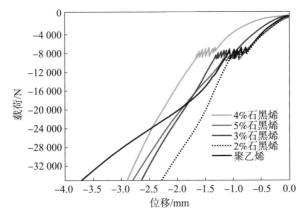

图 5.10　不同石墨烯含量复合材料的压缩曲线（附彩插）

4. 导电及导热性

四探针测试仪测量电压为 100 V，该仪器电阻率测试范围为 $10^{-4} \sim 10^{5}$ Ω·cm；电阻测试范围为 $10^{-4} \sim 10^{5}$ Ω。在测试过程中，超过仪表量程范围的情况下使用 VICTOR VC 9808 + 万用表测量试样电阻，由公式 $\rho = \dfrac{RS}{h}$ 计算出试样的体积电阻率。

石墨烯添加后对 HDPE 的导电效果提升明显。当石墨烯含量为 2% 时，万用表测试平均电阻为 24 MΩ，计算其电阻率约为 5.45×10^5 kΩ·cm；当石墨烯含量为 2.5% 时，平均电阻为 10 MΩ，平均电阻率为 2.27×10^5 kΩ·cm。绘制石墨烯/HDPE 复合材料体积电阻率和石墨烯质量分数关系曲线如图 5.11 所示，拟合得出渗流阈值约为 2.75%。当石墨烯添加量小于 2% 时，对复合材料体积电阻率改变不大；当添加量不低于 3% 时，体积电阻率呈现数量级突变，表明基体中石墨烯与 HDPE 相互搭接，形成了导电网络，与 SEM 图结论一致；石墨烯添加量超过 4% 以后，复合材料体积电阻率变化不明显。一般材料的体积电阻率不大于 1.0×10^{12} Ω·cm 就不会引起静电积累，石墨烯含量最低即 2% 时，复合材料电阻率为 10^6 Ω·cm，仍远小于 10^8 Ω·cm，故制备的复合材料在使用时不会产生静电累积。并且由试验数据表明，当石墨烯含量超过 3% 时，电阻率在 10^4 Ω·cm 数量级，说明复合材料已经具备了较好的导电性能。

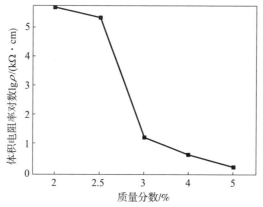

图 5.11　石墨烯/HDPE 复合材料体积电阻率和
石墨烯质量分数的关系

样品热导率测试结果见表 5.4。由于 HDPE 相对分子量很大，具有多分散性，分子链以无规则缠结方式存在，难以完全结晶，再加上分子链的振动对声子有分散作用，使聚合物材料的热导率很小。对未添加石墨烯的样品进行热导率测试，在 20 ℃ 时，热导率平均值为 0.305 8 W/(m·K)。通过数据表明，石墨烯添加后对复合材料热导率提升明显，当其添加量为 5% 时，热导率提升63%。这是由于随着石墨烯含量的增加，复合材料体系内出现网状致密结构，热流可以沿着网链传导，使材料的热导率明显提升的结果。

表 5.4　不同石墨烯含量 GPEN 的热导率

石墨烯含量	HDPE	2%	3%	4%	5%
热导率/[W·(m·K)$^{-1}$]	0.31	0.36	0.36	0.43	0.49

通过分步法制备的聚乙烯基石墨烯复合球形多孔材料，去除打印材料辅材后，样品满足实际成型的外观要求，通过以上的性能测试，满足阻隔抑爆材料在导电、导热及力学性能的指标，可以作为测试件用于后期的阻隔防爆性能测试研究。

5. 结论

（1）当石墨烯添加量不超过 3% 时，制备的复合材料导电性能良好。通过拟合得出材料的渗流曲线，其渗流阈值为 2.75%，复合材料在将来使用过程中不会有静电积聚。

（2）通过力学性能测试得出材料的屈服极限，材料的承压能力好，可承受 8 400 N 压力而不发生变形，故使用过程中不会因为储罐中的内力而引起变形、塌陷等现象。

（3）通过分步法 3D 打印制备的阻隔防爆球形试样，材料微观形貌均匀，有较高的结晶态，并且实际打印效果良好。这为进一步开展其阻隔防爆性能测试试验提供了物质基础。

5.2.3　网状聚氨酯阻隔抑爆材料的应用

薄雪峰、鲁长波等[13]对高密度聚乙烯阻隔抑爆材料与 M85 甲醇汽油的相容性进行了研究，通过 M85 甲醇汽油和高密度聚乙烯阻隔抑爆材料在 50 ℃下进行模拟储存试验，对比实验前后油品和材料相关性能的变化情况。结果表明，浸泡过材料的油样与平行储存的油样相比，外观色度保持不变，M85 甲醇汽油的酸度和实际胶质等指标变化极小，不会影响甲醇汽油品质。

聚乙烯阻隔抑爆材料的复杂结构是将油箱或罐体内部空间划分成众多个"小空间"，降低油气分子的混合速率，去膜"骨架"结构对火焰前锋进行物理干扰，同时降低燃烧反应产生的压力。聚乙烯阻隔抑爆材料还具有很大的比表面面积，发生爆炸反应时，爆炸通道壁与反应自由基发生碰撞，吸收大量活化自由基，当反应的自由基减少到一定程度时爆炸反应即终止，从而起到阻燃抑爆的作用。

导电剂的混入增加了材料的导电导热能力，降低运输过程中介质与阻隔抑爆材料、罐体摩擦产生的电荷积累，对静电有排导作用，间接降低燃爆事故发生的概率。聚乙烯的氧指数较低，仅有 17.4，极易燃烧。因此，为了使阻隔抑爆材料具有阻燃的特性，需要对聚乙烯材料进行改性。在聚乙烯中添加阻燃剂是一种简单、有效且常见的方法。阻燃体系可分为卤系、无机、膨胀型、纳米、硅系等，需要根据接触介质不同进行筛选[14-16]。

1. M85 甲醇汽油外观和色度的变化情况

外观和色度是判断 M85 甲醇汽油合格与否的最简单、最直观的指标[7]。根据《石油产品颜色测定法》GB 6540—1986 分别对原始油样、模拟储存油样和浸泡阻隔抑爆材料后的油样外观和色度进行比较，如表 5.5 所示。

表 5.5　M85 甲醇汽油外观的变化

油样	外观	色度
原始油样	淡黄色透明液体，不分层，无可见杂质	< 0.5
模拟储存油样	淡黄色透明液体，不分层，无可见杂质	< 0.5
浸泡材料后的油样	淡黄色透明液体，不分层，无可见杂质	< 0.5

从表 5.5 不难发现，在储存前后，M85 甲醇汽油的外观没有发生明显的变化，都是淡黄色透明液体，静置数小时后并没有出现分层现象，油样中没有悬浮杂质，油样底部无沉降杂质。试验前后色度也没有发生明显的改变，由色度值较小可以粗略推断试验前后产生的杂质量较少。说明甲醇汽油未发生氧化衰变或氧化程度不高并未足以引起颜色发生变化。HDPE 阻隔抑爆材料与 M85 甲醇汽油长时间共存基本不会改变甲醇汽油的外貌。

2. M85 甲醇汽油酸度的变化情况

酸度是表征油品酸性物质的指标，为有机酸和无机酸的总和。由于在大多数情况下，油品中没有无机酸存在，因此本研究测定的酸度增加几乎代表长期储存过程中因氧化生成的酸性产物，数值的变化也说明了试验前后油品的质量衰变程度[8]。油品中虽然酸性物质含量较少，但是危害性极强。一般来讲，酸度越高，油品中所含的酸性物质愈多。根据酸度的大小，可以判断油品对金属材料的腐蚀性，也可以判断油品储存过程中的变质程度[9]。因此酸度值大小直接影响到 M85 甲醇汽油的实际使用效果，所以测定 M85 甲醇汽油的酸度至关重要。根据《轻质石油产品酸度测定法》GB/T 258—2016，用滴定法对原始油样、模拟储存油样以及浸泡材料后的油样酸度进行测量，试验测定的 M85 甲醇汽油酸度值见表 5.6。

表 5.6　M85 甲醇汽油酸度的变化

油样	试验测定的酸度值 /(mgKOH · 100 mL⁻¹)	再现性误差 /(mgKOH · 100 mL⁻¹)
原始油样	0.70	0.3
模拟储存油样	1.22	0.3
浸泡材料后的油样	1.51	0.3

由表 5.6 可知，在模拟储存过程中，M85 甲醇汽油的酸性增加了 58%，说明长期储存的 M85 甲醇汽油自身发生变质，产生了一些酸性物质，该酸性物质可能是甲酸，可能由以下反应生成：

$$CH_3OH + O_2 \longrightarrow HCOOH + H_2O$$

浸泡材料后的油样比模拟储存油样酸度虽然略有增加，但其数值在再现性误差范围内。说明该种材料与 M85 甲醇汽油相容性较好，不会对 M85 甲醇汽油的品质造成影响，填充该种阻隔抑爆材料不影响 M85 甲醇汽油的实际使用。

3. HDPE 阻隔抑爆材料表面形貌的变化情况

借助 SEM 在不同放大倍数下对试验前后 HDPE 阻隔抑爆材料表面形貌进行观察，结果如图 5.12 所示。

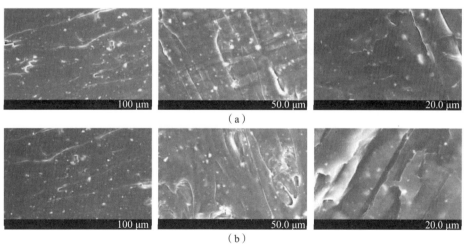

图 5.12　不同放大倍数的高密度聚乙烯阻隔抑爆材料表面形貌 SEM 图
(a) 试验前高密度聚乙烯表面形貌；(b) 试验后高密度聚乙烯表面形貌

由图 5.12 可知，试验前后高密度聚乙烯抑爆材料表面结构和表面粗糙度没有发生变化，纹理清晰、完整，也表明在加速老化试验过程中，甲醇汽油不会对 HDPE 阻隔抑爆材料表面产生不利影响，不会引起阻隔抑爆材料在 M85 甲醇汽油中析出。

通过储存试验后对 M85 甲醇汽油的多个性能指标进行测试发现，储存过阻隔抑爆材料的 M85 甲醇汽油的外观、酸度和实际胶质变化都在再现性误差范围之内，都不会对 M85 甲醇汽油的油品品质造成影响，即不会影响 M85 甲醇汽油的实际使用。

| 5.3 聚丙烯阻隔抑爆材料性能 |

5.3.1 抑爆材料制备

张新、张鑫等[17]对聚丙烯阻隔抑爆材料的制备与阻燃性能进行了研究，以十溴二苯乙烷为阻燃剂，采用熔融挤出喷丝技术将聚丙烯阻隔抑爆材料母粒加工成具有多孔形状的聚丙烯阻隔抑爆材料，对比分析了聚丙烯阻隔抑爆材料和多孔铝合金阻隔抑爆材料在相同试验条件下的阻燃性能。结果表明，随着材料填充密度的增加，聚丙烯阻隔抑爆材料对火焰的遏制效果越来越明显，但燃烧的时间越来越长；当材料填充密度达到 50 kg/m^3 时，聚丙烯阻隔抑爆材料不易被点燃，且燃烧过程中火焰高度最低；当材料填充密度达到一定程度时，聚丙烯阻隔抑爆材料的阻燃性能优异，不亚于不燃的多孔铝合金阻隔抑爆材料。此外，添加的十溴二苯乙烷阻燃剂克服了传统复合阻燃剂 $Mg(OH)_2/Al(OH)_3$ 的不足。

1. 试验材料的制备

聚丙烯阻隔抑爆材料的制备过程主要包括以下步骤。

（1）原材料除水处理。聚丙烯属于一种常见的水敏感性工程树脂，将其置于普通存放环境中极易吸收空气中的水分。在工程塑料成型加工过程中，水分会产生一些不利影响，包括制品难以加工成型、力学性能差、测试拉伸强度数据不准确等问题。为了避免水分对材料成型加工产生的不利影响，确保材料的性能不受水分影响，本次试验前对所有原材料进行了干燥除水处理，即将聚丙烯、炭黑母粒、阻燃母粒等原材料分装后放置于 70 ℃ 的真空烘箱中连续干燥 24 h，待用。

（2）材料制备与加工。按照试验设定的配比，首先将干燥后的聚丙烯和各类添加剂混合均匀后加入双螺杆挤出机中，将挤出材料牵引成丝，材料的加工温度设置为一段 190 ℃、二段 195 ℃、三段 200 ℃、四段 200 ℃、五段 200 ℃、机头 205 ℃，双螺杆转速设置为 250 r/min；然后将挤出的材料经流动水冷却后直接用造粒机制成母粒材料，并在 70 ℃的真空烘箱中持续干燥 24 h；最后采用熔融挤出喷丝的方式将阻隔抑爆材料母粒加工成具有多孔形状的聚丙烯阻隔抑爆材料。

2. 阻燃剂含量对聚丙烯阻隔抑爆材料阻燃性能的影响

为了提高聚丙烯阻隔抑爆材料的阻燃性能，在其加工过程中添加了一定含量的十溴二苯乙烷阻燃剂以及其他功能助剂。表 5.7 所示为添加不同含量的阻燃剂对聚丙烯阻隔抑爆材料阻燃性能的影响。

表 5.7　添加不同含量的阻燃剂对聚丙烯阻隔抑爆材料阻燃性能的影响

阻燃剂含量/%	LOI/%	UL－94
0	18.0	—
3	20.5	—
5	23.0	V－2
10	25.0	V－1
15	26.5	V－1

由表 5.7 所示可知，随着阻燃剂含量的增加，聚丙烯阻隔抑爆材料的阻燃性能随之增强，当阻燃剂添加量为 15% 时，其极限氧指数（LOI）能达到 26.5%，垂直燃烧等级（UL－94）能达到 V－1 级；但添加的阻燃剂总量超过 15% 时，阻燃剂易堵住喷丝口，使得聚丙烯阻隔抑爆材料的喷丝阶段比较困难，因而不利于聚丙烯阻隔抑爆材料的制备。

3. 不同材质阻隔抑爆材料的表面结构分析

在制备聚丙烯阻隔抑爆材料时，首先按照一定比例将聚丙烯与阻燃剂、抗静电剂等功能助剂混合均匀，在挤出机中制备成聚丙烯阻隔抑爆材料母粒，如图 5.13（a）所示；然后将聚丙烯阻隔抑爆材料母粒加入带有喷丝头的挤出机中熔融挤出，挤出物在冷却池中冷却，并在导引轮的牵引下，缓慢地在捆束机中捆束成型，形成蓬松均匀的聚丙烯阻隔抑爆材料，如图 5.13（b）所示。图 5.13（c）所示为传统的多孔铝合金阻隔抑爆材料。

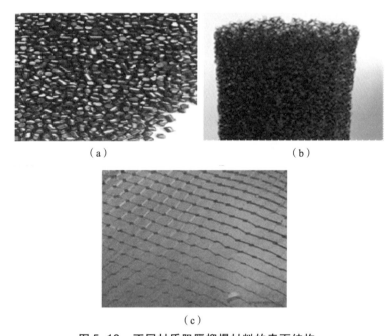

（a）   （b）

（c）

图 5.13 不同材质阻隔抑爆材料的表面结构

（a）聚丙烯阻隔抑爆材料母粒；（b）聚丙烯阻隔抑爆材料；

（c）多孔铝合金阻隔抑爆材料

5.3.2 聚丙烯阻隔抑爆材料燃烧的烟气成分分析

聚丙烯这类阻隔抑爆材料在燃烧的过程中会生成一氧化氮（NO）和二氧化硫（SO_2）等各种烟气。本试验采用烟气分析仪收集并分析了聚丙烯阻隔抑爆材料燃烧过程中烟气成分和氧气（O_2）的变化，得到不同填充密度下聚丙烯阻隔抑爆材料燃烧过程中 O_2、NO 和 SO_2 浓度的变化情况，如图 5.14～图 5.16 所示。

由图 5.14 可知，随着燃烧时间的增加，烟气中的 O_2 浓度始终维持在 20.6%～21.0%，说明烟气中的 O_2 浓度足以支持聚丙烯阻隔抑爆材料完全燃烧；随着聚丙烯阻隔抑爆材料填充密度的增加，材料燃烧需要的 O_2 越来越多。

由图 5.15 可知，随着聚丙烯阻隔抑爆材料填充密度的增加，烟气中的 NO 的生成量逐渐增加；300 s 之前，聚丙烯阻隔抑爆材料的填充密度对烟气中 NO 含量的影响不明显，这是因为烟气中 NO 含量的变化主要与汽油燃烧相关，随着燃烧的持续，会释放出大量的 NO；在聚丙烯阻隔抑爆材料填充密度为 20 kg/m³ 的油罐中 NO 浓度的变化最小，从最初的 0 mg/m³ 增加为 13 mg/m³；

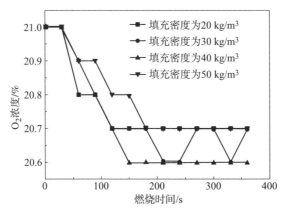

图 5.14　聚丙烯阻隔抑爆材料在燃烧过程中 O_2 浓度的变化情况

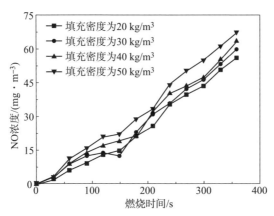

图 5.15　聚丙烯阻隔抑爆材料在燃烧过程中 NO 浓度的变化情况

而在聚丙烯阻隔抑爆材料填充密度分别为 30 kg/m³、40 kg/m³ 和 50 kg/m³ 的油罐中，NO 浓度的变化都比较明显。

由图 5.16 可知，随着燃烧时间的增加，烟气中 SO_2 浓度呈现先上升后下降的趋势，且随着填充密度的增加，其变化越来越明显，其中在聚丙烯阻隔抑爆材料填充密度为 50 kg/m³ 的油罐中，SO_2 浓度从 0 先增加到 43.9 mg/m³ 再减少至 15.6 mg/m³，这是因为 SO_2 浓度的变化主要与汽油燃烧相关，由于汽油中含有 S 元素，燃烧过程中会释放出 SO_2，且 SO_2 浓度随着汽油的减少而逐渐减少；为保证燃烧过程中 O_2 含量的充足和避免发生不完全燃烧，整个试验是在敞开环境下完成的，因此烟气中 SO_2 浓度呈现先增加后减少的变化趋势。

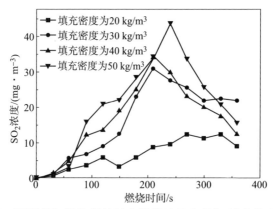

图 5.16　聚丙烯阻隔抑爆材料在燃烧过程中 SO_2 浓度的变化情况

燃烧烟气中，各类气体的成分来源包括材料燃烧和汽油燃烧两部分，且随着燃烧时间的增加，气体成分整体均呈现增加趋势，且随着材料填充密度的增加，其上升趋势越来越明显；而 SO_2 浓度之所以会呈现先升后降的变化趋势，主要是因为这部分 SO_2 可能来自汽油燃烧，当填充聚丙烯阻隔抑爆材料的油罐内的汽油完全燃烧后，油罐内的 SO_2 也不再增加。

5.3.3　聚丙烯阻隔抑爆材料的应用

1. 不同材质阻隔抑爆材料燃烧温度的红外热成像图谱分析

聚丙烯阻隔抑爆材料在不同填充密度下试验油罐中燃烧温度的红外热成像图谱如图 5.17 所示。

由图 5.18 可知，随着聚丙烯阻隔抑爆材料填充密度的逐渐增加，火焰达到同一燃烧状态所用的时间逐渐延长，与 20 kg/m³ 的填充密度相比，在同一时刻，填充密度为 30 kg/m³ 的油罐中聚丙烯阻隔抑爆材料燃烧时火焰高度降低，燃烧时间延长，火焰在 300 s 以后才完全熄灭；燃烧时火焰半径较大，燃烧过程中试验油罐内外都保持较高的温度，由于热量的传递，火焰熄灭以后，周围空气的温度依旧很高；随着聚丙烯阻隔抑爆材料填充密度的增加，其对火焰的遏制效果越来越明显，但燃烧的时间越来越长；当填充密度达到 50 kg/m³ 时，聚丙烯阻隔抑爆材料不易被点燃，同时燃烧过程中火焰高度最低。这说明火焰在罐体内的传播受到了一定的阻碍，表明这种新型多孔聚丙烯阻隔抑爆材料具有一定的阻火效果。

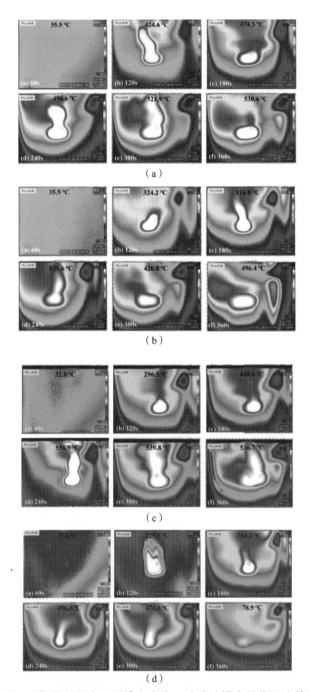

图 5.17　聚丙烯阻隔抑爆材料在不同填充密度下试验油罐中燃烧温度的红外热成像图谱

（a）填充密度为 20 kg/m³；（b）填充密度为 30 kg/m³；（c）填充密度为 40 kg/m³；

（d）填充密度为 50 kg/m³

2. 聚丙烯阻隔抑爆材料的填充密度对火焰燃烧行为的影响

要实现储油罐的本质安全，不仅要求所填充的阻隔抑爆材料本身具有良好的阻燃性能，可以实现在油品中长时间储存后仍具有阻燃效果，而且不同材质阻隔抑爆材料的填充方式也非常重要。目前，经过实践论证，燃油箱阻隔抑爆材料的填充方式有两种：完全填充和部分填充。其中，前者具有较大的防护作用，但增加的材料重量和吸附的燃油量也较大；后者减少了材料的使用量和燃油吸附量，但其防护作用也有所下降。因此，一般采用部分填充方式。

试验依据《汽车加油（气）站、轻质燃油和液化石油气　汽车罐车用阻隔防爆储罐技术要求》AQ 3001—2005，按照不同的填充密度对试验油罐填充聚丙烯阻隔抑爆材料，确保留空率小于8%，置换率小于1.1%。按照要求完成阻隔抑爆材料填充后，点燃油罐中的汽油，观察聚丙烯阻隔抑爆材料在不同填充密度下试验油罐中火焰的燃烧情况，其试验结果如图5.18所示。

由图5.18可知，在不同的填充密度下，聚丙烯阻隔抑爆材料均发生了完全燃烧。聚丙烯阻隔抑爆材料在填充密度为20 kg/m³时，火焰持续时间为293 s；填充密度为30 kg/m³时，火焰持续时间为328 s；填充密度为40 kg/m³时，火焰持续时间为296 s；填充密度为50 kg/m³时，火焰持续时为344 s，同时油罐内汽油没有完全燃烧。由此可见，随着填充密度的增加，聚丙烯阻隔抑爆材料对火焰的遏制效果越来越明显，但燃烧的时间越来越长；且当填充密度达到50 kg/m³时，聚丙烯阻隔抑爆材料不易被点燃，同时燃烧过程中火焰高度最低；但随着填充密度的增加，聚丙烯阻隔抑爆材料完全燃烧的时间也在增加。

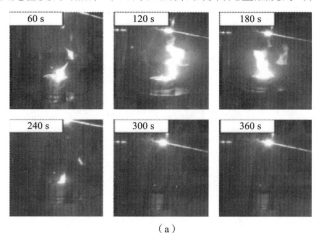

（a）

图5.18　聚丙烯阻隔抑爆材料在不同填充密度下试验油罐中火焰的燃烧情况

（a）填充密度为20 kg/m³

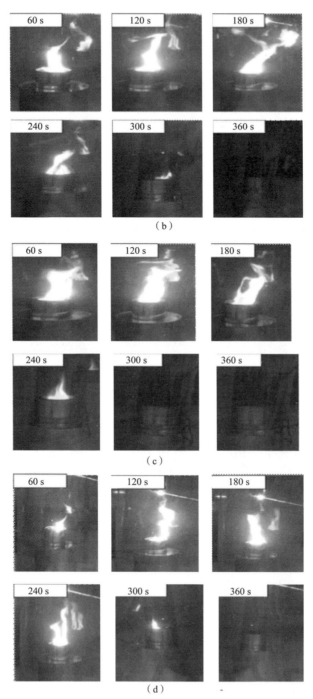

图 5.18　聚丙烯阻隔抑爆材料在不同填充密度下试验油罐中火焰的燃烧情况 （续）
（b）填充密度为 30 kg/m³；（c）填充密度为 40 kg/m³；（d）填充密度为 50 kg/m³

参考文献

[1] 王松，陈朝辉．网状聚氨酯泡沫应用进展［J］．材料科学与工程学报，2003，21（2）：298－301.

[2] 韩国斌，吴金添，徐晓明．二维泡沫稳定性与拓扑学性质的关系研究［J］．高等学校化学学报，2001（7）：1177－1180.

[3] 田宏，王旭，高永庭．网状聚氨酯泡沫材料的制备性能及应用［J］．沈阳航空工业学院学报，1998，15（2）：43－46.

[4] 范丽佳．气相爆轰法熔膜网化聚氨酯泡沫的实验与机理研究［D］．哈尔滨：哈尔滨工业大学，2015.

[5] 杨晓华，刘英华，田宝勇．网状聚氨酯泡沫材料的制备、性能特点及表征［J］．河北省科学院学报，2007，24（3）：59－61.

[6] 吴炅，黄成亮，于名讯．共聚型网状聚氨酯抑爆材料的应用［J］．包装工程，2017，38（23）：16－20.

[7] 周春波，张有智，张岳，等．聚乙烯基石墨烯复合多孔球形材料的制备及性能表征［J］．材料导报，2019（33）：453－456.

[8] 周醒，夏元梦，蔺海兰，等．纳米 SiO_2 功能化改性石墨烯/热塑性聚氨酯复合材料的制备与性能［J］．复合材料学报，2017，34（4）：471－479.

[9] 郝艳萍．氧化石墨烯/聚合物复合材料的制备与性能［D］．上海：东华大学，2017.

[10] 赵晓凤．石墨烯/PET 复合材料的制备及性能研究［D］．杭州：浙江理工大学，2017.

[11] 于方波．石墨烯与聚烯烃的复合方法及其对聚烯烃改性效果的研究［D］．厦门：华侨大学，2016.

[12] 邓艳丽．苯乙烯系聚合物导电复合材料的制备与性能研究［D］．合肥：安徽大学，2017.

[13] 薄雪峰，鲁长波，朱祥东．高密度聚乙烯阻隔防爆材料与 M85 甲醇汽油的相容性研究［J］．石油化工安全环保技术，2016，33（4）：39－41.

[14] 冯博，冷金华，陈弦，等．高密度聚乙烯/石墨/碳纤维导热复合材料性能的研究［J］．塑料工业，2013，41（6）：78－82.

[15] 李佳，贾二伟，许神超，等．碳纤维/低密度聚乙烯材料的制备与性能

研究［J］. 化学与粘合，2014，36（1）：38－42.

［16］楼熹辰. 碳纤维/高分子复合材料导热性能研究［D］. 北京：清华大学，2013.

［17］张新，张鑫，吴洁. 聚丙烯阻隔抑爆材料的制备与阻燃性能研究［J］. 安全与环境工程，2018，25（6）：132－138.

［18］国家安全生产监督管理总局. 汽车加油（气）站、轻质燃油和液化石油气　汽车罐车用阻隔防爆储罐技术要求　AQ 3001—2005［S］. 北京：煤炭工业出版社，2005.

［19］邢志祥，杜贞，欧红香，等. 多孔非金属材料在阻隔防爆方面的研究进展［J］. 安全与环境工程，2015，22（2）：112－116.

［20］田原，顾伟芳，田宏. 新型网状铝合金防火抑爆材料的性能及应用［J］. 工业安全与环保，2007，33（3）：38－40.

第 6 章

聚酰胺导电阻燃阻隔抑爆材料

针对传统阻隔抑爆材料存在着诸多技术缺陷，如金属铝合金阻隔抑爆材料相容稳定性差，阻隔抑爆材料受到腐蚀的同时，对油料的品质也造成影响；聚氨酯泡沫类阻隔抑爆材料易水解，使用寿命较短，阻燃性能较低。同时这两种类型的阻隔抑爆材料经过长时间储存使用后，由于受腐蚀后易发生塌陷等问题，增大了安全隐患。因此，进一步提高阻隔抑爆材料的耐腐蚀性和力学性能成为新型阻隔抑爆材料的发展方向。编者团队所指导的研究生朱祥东等在北京理工大学学习研究期间进行了聚酰胺导电阻燃阻隔抑爆材料的研究，通过选择具有优异化学稳定性和高耐油性的聚酰胺为基体材料，采用添加具有导电、导热功能体并复配无卤阻燃剂，制备具有阻燃、导热、导电多功能复合材料，并以此为基体材料，通过借鉴现存的金属铝合金阻隔抑爆材料及泡沫阻隔抑爆材料的结构特点，并考虑材料的填装对象等因素，设计出具有球形结构的空心栅格状球形填充体，制备非金属阻燃阻隔抑爆材料，通过注塑成型方式制备工业化产品，具有较高的生产效率，适合工业化生产[1]。

|6.1　非金属阻隔抑爆材料抑爆机理|

新型非金属阻隔抑爆材料的阻隔火焰传播与破坏燃烧介质及爆炸条件等抑爆机理主要包括以下四方面。

（1）器壁效应：当火焰通过多孔材料微细通道时，由于器壁效应导致参加燃烧的自由基与器壁接触，器壁上的基团起到捕捉燃烧自由基的功效，使燃烧自由基数量急剧减少，终止燃烧连锁反应进程。

（2）火焰受阻效应：火焰传播与流体流动很相似，影响火焰传播速度的因素是传播的阻力，当火焰通过格栅状或蜂窝状材料时，遇到大量孔壁使火焰传播受阻，从而降低火焰传播速度。

（3）热传导效应：当火焰进入阻火结构的细小通道时被细分成若干细小的火焰，使火焰的热量尽可能多地传给金属元件，使火焰温度快速降到淬熄温度以下发生淬熄，阻止火焰的传播。

（4）淬灭效应：孔壁产生的热交换效应使爆炸的热量经多孔体的孔壁及毗邻结构而散失，从而使火焰温度快速降到淬熄温度以下发生淬熄，阻止火焰的传播。

为此，非金属阻隔抑爆材料应具备导电、导热、阻燃功能，同时结构设计为空心栅格状球形填充体，使非金属阻隔抑爆材料具有优良的阻隔抑爆能力。

6.1.1　非金属阻隔抑爆材料导电机理

试验证明，当导电填料在复合体系中的含量增加到一个临界值时，复合体系的电导率急剧增加，随着导电填料含量的增加，电导率的变化曲线上出现一个狭窄的突变区。在此区域，导电填料含量的细微变化便会导致复合体系表面电阻率的显著改变，此现象称为"渗滤"现象[2,3]，如图6.1所示。

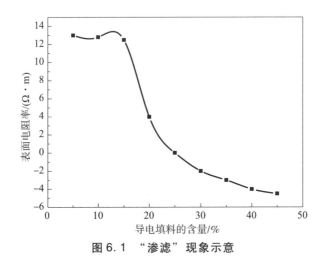

图6.1　"渗滤"现象示意

导电填料的临界含量称为渗滤阈值[4,5]。在此区域之后，复合体系的电阻率随导电填料含量的变化急剧降低后又恢复平缓。科学界提出了许多理论来解释这一现象，主要分为两大类，即导电通路形成机理和室温导电机理。

1. 导电通路形成机理

导电通路形成机理主要是研究导电功能体如何达到电接触，从而在整体上自发形成导电通路这一宏观自组织过程。导电通路机理有以下四种模型，分别从不同角度描述了导电复合材料导电通道的形成[6]。

（1）统计渗滤模型。将基体视为二维或三维点（或键）的有限规则数组，将导电功能体视为点（或键）在数组上随机分布，当点（或键）的占有概率达到某值时，相邻点（或键）簇将扩散至整个数组，呈现出相关性。复合材料中形成导电网络的概率取决于每个导电粒子与周围粒子接触的统计平均数 n 和每个颗粒的空间容许最大接触数 Z。当 $n>1$ 时，开始形成断续的导电网络；当 $1.3 \leqslant n \leqslant 1.5$ 时，形成连续导电网络，材料的电阻率急剧下降；当 $n>2$ 时，导电网络完全形成，电阻率不再随导电粒子的增多而降低[7]。

（2）热力学模型。热力学模型是基于平衡热力学原理，强调了功能体和基体接口相互作用对导电通路形成的重要性，并且认为"渗滤"现象实际上是一种相变过程。在复合体系的制备过程中，导电粒子的自由表面变成湿润的界面，形成聚合物 – 导电填料接口层，体系存在接口能过剩，随着导电填料含量的增加，复合体系间的接口能过剩增大，导电填料的"渗滤阈值"是一个与体系接口能过剩有关的参数。当体系接口能过剩达到一个与聚合物种类无关的普适常数后，导电粒子间开始形成导电网络，在宏观上表现为体系的电阻率突变。

（3）有效介质模型。有效介质模型由 Bruggeman 提出，该理论是应用自洽条件处理球形颗粒组成的多相复合体系各组元的平均场理论。

（4）微结构模型。微结构模型的建立主要是为了达到两个目的：描述各种不同结构复合材料的导电性；通过对材料结构的研究手段来设计聚合物基导电复合材料。

2. 室温导电机理

室温导电机理主要是研究导电通路形成后载流子迁移的微观过程，主要有三种理论。

（1）通道导电理论。该理论将导电微粒看作彼此独立的颗粒，而且规则、均匀地分布于聚合物基体中。当导电微粒直接接触或间隙很小（小于 1 nm）时，在外电场作用下即可形成通道电流。该理论可以解释导电功能体临界填充率处的"渗滤现象"，但导电微粒在复合材料中分布与该理论假设条件并不相符，所以不能独立地解释聚合物基导电复合材料的导电现象。

（2）隧道效应理论。该理论认为，聚合物基复合材料中一部分导电微粒相互接触而形成链状导电网络；另一部分则以孤立粒子或小聚集体形式分布于绝缘的聚合物基体中。当孤立粒子或小聚集体之间相距很近，只被很薄的聚合物薄层（10 nm 左右）隔开时，热振动启动的电子就能越过聚合物薄层跃迁到邻近导电微粒上形成隧道电流。

（3）电场发射理论。电场发射理论认为，一部分聚合物基导电复合材料导电机理除通道导电外；另一部分电流来自内部电场对隧道作用的结果。当电压增加到一定值时，导电粒子绝缘层间的强电场促使电子越过势垒而产生场致发射电流。实际上电场发射理论也是一种隧道效应，激发源为电场。

导电复合材料的导电性能由这三种理论单独或综合构成[8,9]。在低导电填料含量、低外加电压时，导电粒子的间距较大，形成链状导电通道的几率较小，隧道效应机理起主要作用；在低导电填料、高外加电压时，场致发射机理变得显著；在高导电填料含量，导电粒子间的间距小，形成链状导电通路的概率大，导电通路机理作用更明显。一部分导电颗粒完全连续，相互接触形成电流通路，相当于电流流过一个电阻；另一部分导电颗粒不完全连续接触，以孤立的粒子或小聚集体的形式分布在绝缘的树脂基体中，导电颗粒之间由于隧道效应而形成电流通路，相当于一个电阻与一个电容并联后再与电阻串联的情况；一部分导电粒子完全不连续，由于导电粒子间的内部电场，使相邻很近的导电粒子的电子由于热振动被启动后，有很大的概率飞跃树脂界面层势垒，越过中间很薄的树脂层，跃迁到相邻导电粒子上，产生场致发射电流，从而形成较大的隧道电流，此时的树脂接口层相当于内部分布电容，导电颗粒间的聚合物隔离层较厚，是电的绝缘层，相当于电容器的效应。这种现象在量子力学上称为隧道效应。

6.1.2　非金属阻隔抑爆材料导热机理

导热复合材料是将导热填料填充于聚合物基体中形成的。其中，树脂基体和填料的综合作用决定了导热能力的高低。在固体中，热能的荷载者包括自由电子、声子（点阵波）和光子（电磁辐射）。因此，固体的导热包括电子导热、声子导热和光子导热。在纯金属中，电子导热是主要机制；在合金中，声子导热的作用增强；在非金属中，导热主要依靠声子。非金属材料的热扩散速率主要取决于临近原子或基团的振动[10]，将振动的能量进行量子化，即为声子。复合材料由基体和填料经过机械混合制成，因此热量在其内部的传递不仅受到基体和填料固有的热性能影响，而且还受两者之间相互关系的影响。

关于导热的基本定律是由傅里叶于 1822 年总结得到，他根据物体中的均匀各向同性的材料中发生稳态导热的现象对物体内的温度场和热流密度间建立了如下关系式，又称为傅里叶定律：

$$q = - K \frac{\partial t}{\partial n} = - K \, \text{grad} \, t \tag{6-1}$$

式中　q——热流密度，即单位导热面上的热流通量（W/m²）；

　　　$\partial t / \partial n$——温度场中间面法线方向的温度变化速率；

　　　$\text{grad} \, t$——温度梯度；

　　　K——热导率（W/mK）。

聚合物基导热复合材料的导热性能与高分子材料的自身因素有着较大的关系[11]。由于高分子材料具有黏弹性，所以其热量传导的响应落后于热刺激；同时由其具有不同结晶度等原因，聚合物基导热复合材料比金属和陶瓷材料相对复杂。此外，复合材料的导热还受到温度、压力、取向和交联度等因素的影响。

目前，有关聚合物导热复合材料的导热机理主要有渗滤理论和界面传热理论。

（1）渗滤理论。Y. Agari[12]、E. H. Weber[13]等在对 Nielsen 等[14]的导热预测模型进行分析时，发现在体积填充分数较少时，能够较好地预测复合材料的热导率；但当体积填充分数高于 20% 时，这些模型的预测值大多相对偏小。Agari 等在研究导热复合材料的逾渗现象时发现，在导热填料的填充分数比较高时，导热填料粒子在聚合物基体中会形成导热链，进而产生类似于导电复合材料的逾渗现象。

（2）界面传热理论。如果填料和基体树脂之间存在物理间隙或者振动频率不匹配的现象，会对热流的传递产生附加阻力，形成界面接触热阻。导热复合材料的渗滤现象与导电的渗滤现象并不完全相同。D. M. Bigg[15]研究发现，随着导热填料的填充分数的逐渐增加，导热复合材料体系的热导率并没有出现类似于导电复合材料导电率的快速增加现象。Privalko 和 Novikov[16]使用逐步平均法（SSA）来计算热传递，假设界面相有固定的热导率，发现界面相的热导率对导热复合材料体系的导热性能有决定性的作用。因此，提高聚合物和填料之间界面相的导热性能，将极大地改善聚合物导热复合材料的导热性能。

综上所述，无论是为了增强聚合物复合材料的导电性能还是导热性能，如何采用有效手段增加体系中的填料在基体中的分散性和界面相容性，从而在最大程度上形成有效的传导网络是传导性的聚合物复合材料首要考虑的关键因素。

6.1.3　非金属阻隔抑爆材料阻燃机理

聚酰胺具有优良的综合性能，是目前世界上产量最大，应用范围最广的工程塑料。按照 ASTM 标准，聚酰胺属于自熄型聚合物，同时达到了 UL94 V – 2 级别，具有一定的阻燃性能[17]。由于聚酰胺的广泛应用背景，早在 20 世纪 70 年代起，世界各国就对聚酰胺的阻燃性能进行了广泛的研究。

阻燃性是指能抑制材料的燃烧、延缓材料燃烧或者能减少材料燃烧时发出的烟雾。可燃、易燃材料的阻燃功能的实现，一般依靠添加阻燃剂，或者将难燃性材料与可燃性材料共聚，进而降低材料的可燃程度。

目前，塑料的阻燃改性方法有两种：一种是合成自熄性塑料，在合成高聚物的分子中引入 F、Cl、Br、P、N 等杂元素，这些元素具有良好的阻燃效果；

另一种是添加阻燃剂，阻止或减缓聚合物的燃烧。添加阻燃剂的阻燃机理[18-20]一般为捕捉燃烧时产生的自由基即抑制效应，聚合物燃烧的快慢与燃烧过程中产生的自由基多少有关。由于在燃烧过程中首先是低温下的氧化分解，在聚合链上产生氢过氧化物，氢过氧化物进一步分解生成活性极大的游离基 HO· ，继而引发连锁反应生成大量的活性游离基 H· 、RCH$_2$· 、·O· 等，而阻燃剂的目的就是要捕捉这些自由基，从而达到阻燃的效果。塑料燃烧的连锁反应如下：

$$RH（塑料）\longrightarrow R· +H·$$

$$H·(来自塑料裂解) + O_2 \longrightarrow HO· +O·$$

$$CO（塑料裂解）+ HO· \longrightarrow CO_2· +H·$$

（连锁反应）

6.2 抑爆材料导电导热填料与表面功能化

为充分发挥各种填料间的协同作用，得到适合应用于阻隔抑爆材料用的基体材料，选择以碳基填料即碳纤维联合碳纳米管和石墨烯作为功能填料来改善聚合物聚酰胺树脂传导性能的填料体系。将碳纤维（CF）和多壁碳纳米管（MWNTs）、碳纤维和石墨烯作为两种类型的混合填料添加到聚酰胺树脂中。在三种填料中，碳纤维具有最佳的性价比，目前在工业、航天领域中应用比较广泛，但是单独在树脂中加入碳纤维作为传导性填料效果并不理想[21]；碳纤维属于无定型石墨结构，导电性和导热性均低于石墨化程度高的碳纳米管和石墨烯材料[22-24]。碳纳米管和石墨烯均属于纳米级材料，具有优良的传导能力和力学性能，但是在聚合物基体中的相容性和分散性较差。碳纳米管和石墨烯的工业应用范围仍然比较有限，大部分仍主要集中在实验室内研究使用。

表面改性是改善填料与树脂之间相容性和分散性的重要手段，通过化学方式处理后使填料表面接枝一些官能团，使其表面达到某些特质的要求（亲水性、相容性等）。碳纳米管经常采用表面改性的方法进行碳纳米管的表面修饰。化学改性是在碳纳米管表面功能化改性中最常用同时也是最有效的方式之一[25,26]。碳纳米管可以通过表面接枝与树脂分子相似的官能团增强碳纳米管与基体之间的相互作用，同时因为官能团的介入，碳纳米管的分散性同时会随之提高。然而，许多科技工作者关于碳纳米管的表面改性主要集中在提高碳纳米管树脂基复合材料的某一物理性能，缺乏对界面设计的复合材料综合性能的影响研究。考虑到聚酰胺树脂中含有大量的胺基和羧基，为了增强碳纳米管和聚酰胺树脂基体之间的界面相容性，本章选择含有胺基活性基团的活性分子作为碳纳米管的表面改性剂。硅烷偶联剂一般具有较低的分子量，不会显著增加碳纳米管和聚酰胺树脂间的界面位阻，同时硅烷偶联剂一般为液体，分子链较为柔软，可以在碳纳米管和基体间有效传递载荷，改善复合材料的力学性能。碳纤维作为一种性价比高的高传导性、高强度的填料，应用于弥补碳纳米管在应用上的不足。碳纤维与聚合物基体之间也存在界面结合差的问题。本章采用与碳纳米管处理方式相似的表面改性方法对碳纤维进行表面修饰，增强碳纤维与基体间的相容性。

石墨烯作为一种新兴的碳基材料被广泛的研究。但是，目前市售石墨烯的销售价格可达碳纳米管价格的上百倍左右，如何降低石墨烯的使用量并保持石墨烯复合材料优异性能是目前热塑性复合材料领域的难点。许多科技工作者是将石墨烯采取与碳纳米管相似的处理手段，即在石墨烯的表面接枝官能团，但这种方法的有效性并不高，会导致石墨烯添加量的增加[27]。因此，如何最大限度地将石墨烯分散在聚合物基体中，一直是石墨烯/树脂基复合材料领域研究的热点。本章在碳纤维与碳纳米管复配的基础上，同时考虑实际生产应用，将石墨烯负载在碳纤维的表面，从而通过碳纤维在基体中形成的传导网络达到将石墨烯均匀分散的目的。

因此，可以通过两种填料复配的方式制备具有导电与导热功能的聚酰胺复合材料：①碳纤维/碳纳米管/聚酰胺复合材料；②碳纤维 – 石墨烯复合结构/聚酰胺复合材料。

6.2.1　抑爆材料中碳纤维表面功能化

多壁碳纳米管具有较大的长径比，利于碳纳米管在自身之间和碳纤维之间形成有效连接，与碳纤维的直径相同，利于对碳纤维表面进行有效覆盖。

市售的碳纤维表面包覆一层胶质层，这种胶质层非常薄，使碳纤维表面非常光滑，多数是以环氧树脂为上浆剂进行碳纤维的包覆，这种胶质层在实际使用中对碳纤维的传导性能和树脂基体的界面性能产生影响。因此，需要将碳纤维表面的胶质层除去，才可以有效地对其表面进行后续功能化处理。

（1）将适量的碳纤维（CF）采用丙酮回流 48 h，除去 CF 表面的胶质层，在 70 ℃真空干燥箱中干燥备用，最终产品标记为原始碳纤维（raw – CF）[28]。

（2）将除去表面胶质层的 CF 采用浓硝酸浸泡，超声条件下 60℃处理 4 h，采用超纯水洗涤，抽滤至中性，干燥，最终产品标记为酸化碳纤维（O－CF）。

（3）将适量的 KH－550 采用丙酮溶液（丙酮：水 = 5:1）稀释，并将酸化处理的 CF 加入其中，超声处理直至丙酮全部挥发，干燥后得到偶联处理的碳纤维，最终产品标记为偶联碳纤维（K－CF）。

KH－550 对碳纤维表面覆盖的最高用量参考涂料中分散剂的处理方式，每平方米颗粒表面使用的偶联剂为 1～2 mg，KH－550 以单分子层的形式覆盖在碳纤维表面。本章中使用的碳纤维的比表面面积约为 0.35 m²/g，偶联剂用量按照 1.5 mg/m² 的用量计算，那么 KH－550 的用量大约是碳纤维质量的 0.06%。

6.2.2 抑爆材料中多壁碳纳米管表面功能化

在将硅烷偶联剂 KH－550 接枝到多壁碳纳米管表面前，首先对碳纳米管表面进行酸化氧化处理。为了研究不同酸化氧化体系的有效性，采用以下三种方法研究多壁碳纳米管的酸化处理。

方法 1：将 1 g 多壁碳纳米管放入，采用 150 mL 的浓硫酸和浓硝酸的混酸中（$V_{浓硫酸} : V_{浓硝酸} = 3:1$），在 70 ℃下超声振荡 4 h 进行酸化氧化反应；反应结束后，使用 150 mL 的超纯水稀释此溶液，然后进行抽滤；采用 0.1mol/L 的 HCl 溶液洗涤滤出的碳纳米管，以除去少量残留的 SO_4^-、NO_3^- 等杂质离子；然后采用超纯水对其反复洗涤、抽滤，直至滤液为中性；70℃真空干燥 8 h 以上备用，得到多壁碳纳米管样品，标记为 a_1－MWNTs。

方法 2：将 1 g 多壁碳纳米管放入 150 mL 的浓硫酸和浓硝酸的混酸中（$V_{浓硫酸} : V_{浓硝酸} = 1:1$），在 70 ℃下超声振荡 4 h 进行酸化氧化反应；反应结束后的清洗、过滤和干燥等过程与方法 1 中的相同，将所得的样品标记为 a_2－MWNTs。

方法 3：将 1 g 多壁碳纳米管放入 150 mL 的浓硝酸中，在 70 ℃下超声振荡 4 h 进行酸化氧化反应；反应结束后的清洗、过滤和干燥等过程与方法 1 中的相同，将所得的样品标记为 a_3－MWNTs。

碳纳米管的偶联处理与碳纤维处理过程相似，碳纳米管的比表面面积较碳纤维的大很多，使用的碳纳米管的比表面面积约为 100 m²/g，因此 KH－550 的用量约为碳纳米管的 15%（质量分数）。后续的试验操作过程与碳纤维偶联处理过程相同。

图 6.2 所示的是碳纤维或碳纳米管的硅烷偶联剂表面功能化处理过程。

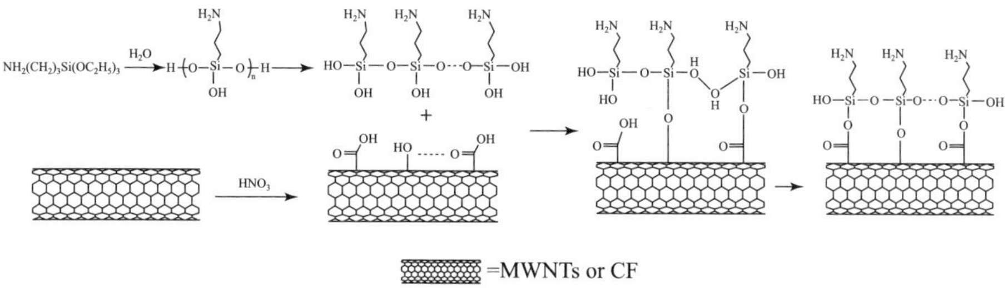

图 6.2　表面功能化处理碳纳米管或碳纤维过程示意

6.2.3　抑爆材料中石墨烯与石墨烯包覆碳纤维复合结构的制备

1. 氧化石墨（GO）的制备

采用 Hummer – offeman 方法：首先将 5 g 石墨、5 g NaNO$_3$ 和 200 mL 浓硫酸置于烧杯中，在冰浴下（温度不超过 5 ℃）机械搅拌 15 min。其次将称取 20 g 的 KMnO$_4$ 缓慢地加入该溶液中，控制加入速度，保证混合液的温度不超过 20 ℃，待加入完毕，继续搅拌 5 min 后将混合溶液移至 30 ℃ 的水浴锅中继续搅拌 30 min，完成后混合液变成深褐色的黏稠液体。然后加大机械搅拌的速度，将 200 mL 的超纯水逐滴、缓慢地加入烧杯中，控制整个过程的温度不超过 98 ℃；加入完成后继续搅拌 15 min 后，再加入 700 mL 的超纯水和 60 mL 的 30% 的 H$_2$O$_2$ 溶液，溶液变为亮黄色。最后将该溶液过滤并用 0.1 mol/L 的稀盐酸反复清洗多次；将滤出物溶于超纯水后采用离心的方式不断反复离心清洗，直至上清液的 pH 接近 6，取出离心固体，60 ℃ 下真空干燥 8 h 以上，即得干燥的氧化石墨。

2. 石墨烯的制备

采用光热还原剥离氧化石墨的一步法直接制备高传导性能的石墨烯材料[29]。具体试验过程如下。

采用直径为 100 mm 的凸透镜将太阳光聚集后形成明亮的光点，测试光点的温度在 250 ℃ ~ 300 ℃ 即可使用。首先将约 300 mg 的氧化石墨粉末放置于干净的表面皿中；然后用另外一个直径略大的表面皿盖上压紧。高强度的光点辐射于氧化石墨上反复均匀移动，大约 5 min 后，至无烟雾产生，淡棕黄色的氧化石墨被完全还原为石墨烯，颜色变为深黑色，与氧化石墨相比，还原得到的石墨烯体积约增长 10 倍，得到的石墨烯材料标记为 SG（Solar Graphene）。主要试验现象及过程如图 6.3 所示。

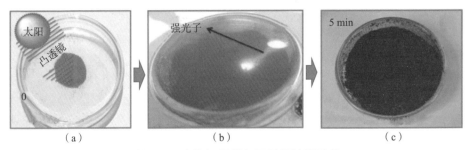

图 6.3　光热还原制备石墨烯过程示意

（a）氧化石墨；（b）太阳能剥离过程中；（c）太阳能剥离后

3. 聚二烯丙基二甲基氯化铵修饰石墨烯

聚二烯丙基二甲基氯化铵（PDDA）是较强的阴阳离子聚电解质，可以电离出 Cl^{-1} 后将正电荷部分均匀统一地覆盖在石墨烯表面，这样既可以使石墨烯加入正电荷，又不会破坏石墨烯的固有结构。具体试验过程如下。

首先将 200 mg 的石墨烯超声分散在 800 mL 的 0.5% PDDA 的超纯水溶液中，超声分散大约 30 min 后，在该溶液中缓慢地加入 NaCl 至其浓度达到 0.5%；NaCl 可以显著地影响聚合物电解质的分子结构，并促进功能化的过程；然后将该溶液反复抽滤、洗涤，以除去未反应的 PDDA，在 70 ℃下干燥 24 h，备用，得到 PDDA 修饰的石墨烯材料，标记为 P – SG。

4. 抑爆材料中石墨烯包覆碳纤维复合结构的制备

碳纤维 – 石墨烯复合结构是通过溶液混合酸化处理碳纤维和 PDDA 修饰石墨烯得到的。首先称取适量的 PDDA 修饰的石墨烯超声分散在超纯水中；然后取一定量的酸化碳纤维（石墨烯∶碳纤维 = 1∶100）放入石墨烯的水溶液中，机械搅拌 12 h，并用大量超纯水清洗最终的产物即碳纤维 – 石墨烯复合结构材料，标记为 C – SG。主要试验过程如图 6.4 所示。

6.2.4　复合材料的制备与性能表征

在使用聚酰胺颗粒前，将其在 90 ℃下鼓风干燥箱中烘干 12 h，以除去聚酰胺中微量的水分。按照试验设定的配比，将聚酰胺和不同填料高速预混 2 min 后加入双螺杆挤出机中熔融挤出。双螺杆的加工温度为一区 215 ℃，二区 230 ℃，三区 235 ℃，四区 235 ℃，五区 238 ℃，机头 225 ℃。螺杆转速为 300 r/min，最后挤出造粒，并在真空干燥箱中干燥后备用。

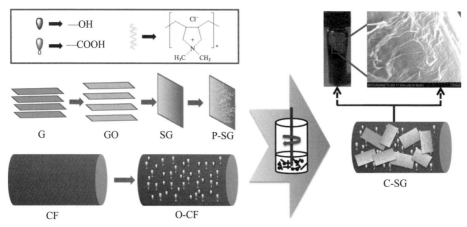

图 6.4 碳纤维 – 石墨烯复合结构材料制备过程示意

将得到的不同母粒采用注塑机进行注塑相关测试样条，分别进行力学、导电、导热相关试验。注塑机器温度控制为 240 ℃。

（1）拉曼光谱分析（Raman）。取不同酸化处理的多壁碳纳米管放置于载玻片上，用 Renishaw RM3000 拉曼光谱仪进行分析。氩激光器的激光波长为 514.5 nm，观察多壁碳纳米管的特征峰：D 峰和 G 峰，通过峰强度的变化选择酸化处理多壁碳纳米管的时间。

（2）傅里叶红外分析（FTIR）。不同材料的特征基团采用 IFS 66V/S FTIR 光谱仪（Bruker，Germany）进行光谱扫描。采用 KBr 压片方法制备测试样品，扫描范围为 750 ~ 4 000 cm^{-1}。

（3）微观结构及形貌测试。使用 X 射线衍射仪（XRD，Dmax – 3A，Japan）分析制备石墨烯过程中石墨的形态变化，测试条件为室温，Cu Kα 为放射源，电压为 40 kV，电流为 40 mA。扫描电子显微镜（SEM）对不同的多壁碳纳米管、碳纤维、石墨等及复合材料内部进行微观结构分析。对于复合材料，首先采用液氮脆断后进行断面喷金；然后用导电胶固定在铝桩上，观察断层的显微结构。光学显微镜（OM）采用 X 射线原始 203 型（上海长方光学仪器厂）观察复合材料中填料的分散情况，将复合材料热压形成厚度约为 100 μm 的材料，通过计算机摄像装置（CCD）采集图像。将少量的石墨烯样品超声分散在乙醇中，采用 JEOL JEM – 2100 型透射电子显微镜（TEM）分析不同形态的石墨烯结构。

（4）热失重分析。对于不同的碳纳米管、碳纤维和石墨烯样品进行热分析（TGA），试验在 Netzsch TG209F1 热失重分析仪上进行；测试气氛为 N$_2$，升温速率为 20 ℃/min，升温范围为室温到 800 ℃。

（5）体积电阻率测试。参照《导电、防静电塑料体积电阻率测试方法》GB/T 15662—1995 标准，采用四电极法，样品的长 l、宽 w、厚 t 分别为 100 mm、10 mm 和 4 mm。在温度为（23±3）℃、湿度为（50±5）% 的条件下放置 48 h 后测试，取平均值。四电极法以欧姆定律为基础，ρ 用欧姆定律表示：

$$\rho = \frac{Vwt}{Il} \tag{6-2}$$

式中　V——电压；

　　　I——电流；

　　　w 和 t——样品的宽度和厚度；

　　　l——两金属电极间的距离。

（6）导热性能测试。将不同类型复合材料采用 Zetzsch 激光散射法热导率测量仪（LFA447）测量材料的热扩散系数 α（单位为 mm^2/s），并采用 Zetzsch 差示扫描量热分析仪（200 F3）测量复合材料的比热容 c_p（单位为 J/(g·K)）。热导率可由下式得到：

$$\lambda = \alpha \cdot c_p \cdot \rho \tag{6-3}$$

6.3　碳纳米管/碳纤维/聚合物抑爆材料

6.3.1　表面功能化碳纤维/聚合物复合材料

商业的碳纤维产品是成束供应，为了保持纤维产品规整，一般在碳纤维表面进行挂胶处理，使其表面均匀覆盖一层有机黏结剂，保证碳纤维在加工运输过程中表面不会黏附杂质和灰尘；但是，由于这层有机黏结剂的存在，使得碳纤维表面非常光滑，呈憎液性，从而在制备碳纤维树脂基复合材料时与树脂的界面结合性较差。针对上述问题，在使用碳纤维之前需要除去碳纤维表面的胶质层。

1. 碳纤维表面用丙酮回流除去表面的胶质层[30]

表 6.1 所示的是在 70 ℃下经过不同时间丙酮回流处理后碳纤维的失重率和体积电阻率。可以发现，碳纤维在 70 ℃下回流 48 h 后质量变化不明显，且随着时间的增加，体积电阻率不再发生明显变化，这说明碳纤维表面的胶质层

已经基本清理干净。采用丙酮回流不会对碳纤维的本质性能产生影响。综合上述实验结果可知，碳纤维表面胶质层的清理的最佳条件是 70 ℃回流 48 h（见表 6.1）。

表 6.1　在 70 ℃下经过不同时间丙酮回流处理后碳纤维的失重率和体积电阻率

时间	24 h	36 h	48 h	60 h	72 h
最初质量	20.385	20.521	20.435	19.892	20.505
最终质量	20.143	19.894	19.154	18.619	19.083
失重率/%	1.18	3.06	6.27	6.48	6.93
体积电阻率/(Ω·cm)	1.6	0.9	0.3	0.3	0.2

经过处理后的碳纤维的表面形貌变化如图 6.5 所示。从图中可以发现，碳纤维表面的粗糙度增加，从而碳纤维的比表面面积增大。表面除胶后的碳纤维更容易发生化学反应，有利于碳纤维的进一步表面处理。

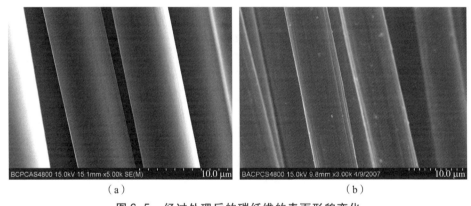

图 6.5　经过处理后的碳纤维的表面形貌变化

（a）原始碳纤维；（b）70 ℃，48 h 回流处理碳纤维

2. 碳纤维的酸化氧化和偶联处理

（1）红外光谱分析。图 6.6 所示的是原始碳纤维、酸化碳纤维和偶联处理碳纤维的红外光谱图。从图中可以看出，原始碳纤维基本没有特别的基团的吸收峰，在 3 430 cm^{-1} 处的吸收峰是杂质水的吸收峰；酸化处理后的碳纤维在 1 718 cm^{-1} 处出现 C=O 的特征吸收峰；在 1 380 cm^{-1} 处的吸收峰为 O—H 的伸缩振动吸收峰；在 1 049 cm^{-1} 处的为 C—O 的伸缩振动吸收峰，这表明在酸化碳纤维表面存在着—COOH、—OH 官能团；在 3 369 cm^{-1} 处出现 N—H 的伸缩振动吸收峰；在 1 562 cm^{-1} 处未出现 N—H 的剪切吸收峰；1 119 cm^{-1} 处的

吸收峰为 KH - 550 上的 C—N 键的特征吸收峰；1 051 cm^{-1}和 920 cm^{-1}处为羟基化的 KH - 550 在碳纤维的表面沉积后的 Si—O—Si 键的特征吸收峰。这些表明 KH - 550 成功连接在酸化处理的碳纤维表面。

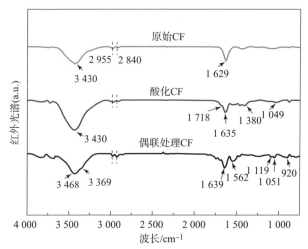

图 6.6　原始碳纤维、酸化碳纤维和偶联处理碳纤维的红外光谱（附彩插）

（2）微观形貌分析。图 6.7 所示为丙酮回流除胶、碳纤维经硝酸酸化氧化和 KH - 550 偶联处理后的扫描电镜图，其中图（a）为除胶后的碳纤维，图（b）为硝酸氧化碳纤维，图（c）、图（d）为偶联处理碳纤维。

从图 6.7 中可以看出，经过硝酸酸化处理后，碳纤维的表面变得较为粗糙干净，这样有助于碳纤维和尼龙基体界面的"锚固效应"，可以提高纤维与树脂之间的机械啮合强度。同时，在经过硝酸酸化氧化处理后，碳纤维表面的弱介质层被除去，增加了不饱和碳原子的存在，从而可以达到改善碳纤维和树脂的界面结合性。经过偶联处理的碳纤维表层出现一层 KH - 550 的软薄层，形成一种核—壳结构形式的结构体，这种具有复合结构的碳纤维将会有效改善碳纤维与聚合物树脂的相容性，对尼龙基体的导电、导热改性具有积极的作用。

（3）热失重分析。图 6.8 所示的是原始碳纤维、酸化碳纤维和偶联处理碳纤维的热失重曲线。原始碳纤维的热稳定最高，只有约 0.5t%（质量分数）失重量，这可能是由碳纤维表面上的杂质、无定形碳颗粒和微量的水分造成的。酸化处理碳纤维的热稳定低于原始碳纤维，约有 1.1t%（质量分数）的失重量，这表明酸化处理的碳纤维表面产生大于 0.6t%（质量分数）的含氧官能团；偶联处理后的碳纤维，在 300 ℃以后出现明显失重，分解速度加快，

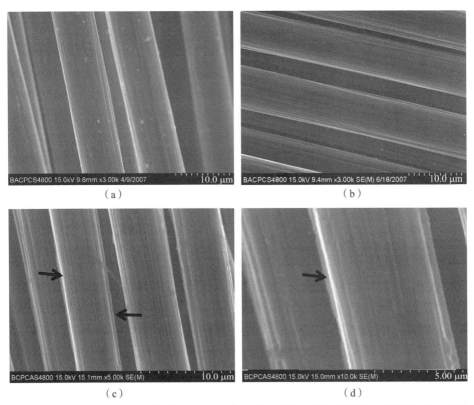

图 6.7　丙酮回流除胶、碳纤维经硝酸酸化氧化和 KH－550 偶联处理后的扫描电镜图

（a）除胶碳纤维；（b）硝酸处理碳纤维；（c）偶联处理碳纤维；

（d）放大 10 000 倍后的偶联处理碳纤维

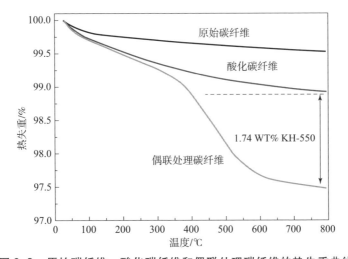

图 6.8　原始碳纤维、酸化碳纤维和偶联处理碳纤维的热失重曲线

这是由碳纤维表面接枝的 KH – 550 分解造成的，到 800 ℃时产生约 1.74t%（质量分数）的失重量。热失重分析表明，硅烷偶联剂成功接枝在碳纤维表面，覆盖在碳纤维表面 KH – 550 的失重量约为 1.74t%（质量分数）。

3. 不同类型碳纤维/PA6 复合材料的分散及界面性能分析

图 6.9 所示的是碳纤维体积分数为 10% 时的原始碳纤维/PA6、酸化碳纤维/PA6 和偶联碳纤维/PA6 复合材料断面的扫描电镜（SEM）图像。从图（a）（b）可知，没有经过表面处理的原始碳纤维的表面比较光滑，基本上没有聚酰胺树脂的黏附，并且从图（a）可看到，在复合材料的断面上，有许多碳纤维从聚酰胺基体中脱落，说明原始碳纤维和树脂基体的界面结合性较差。从图（c）（d）中可以看到，酸化碳纤维表面黏附了一定量的聚酰胺树脂，酸化碳纤维从基体中脱落的数量比原始碳纤维相比明显减少，说明酸化处理后碳纤维表面官能团的变化起到了改善界面的作用，增强了碳纤维和聚酰胺基体的界面结合性。但是，酸化处理的碳纤维表面官能团为羧基或者羟基，链状结构较短，聚酰胺分子链受到的空间位阻较大。因此，酸化处理后的碳纤维与树脂间的界面性能改善并不理想。偶联处理后的碳纤维表面较酸化碳纤维粗糙，在断面上脱落的偶联处理碳纤维的数量较酸化碳纤维少，碳纤维和聚酰胺的界面相容性较好。此外，对比图（a）和（e），原始碳纤维在聚酰胺中呈同向分布，而偶联处理碳纤维在聚酰胺中基本上呈不规则三维分散，这样的分散有助于碳纤维间相互搭连而形成传导网络。经过偶联改性后，碳纤维在树脂基体中既有良好的分散性，又具有良好的界面分散性，有利于改善复合材料的传导性能和力学性能。

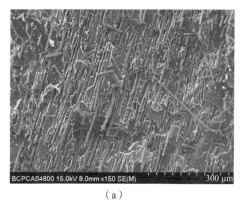　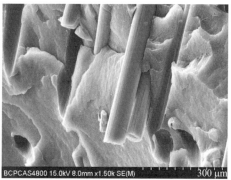

（a）　　　　　　　　　　　　　　　　（b）

图 6.9　复合材料的 SEM 图像

（a）（b）原始碳纤维/PA6

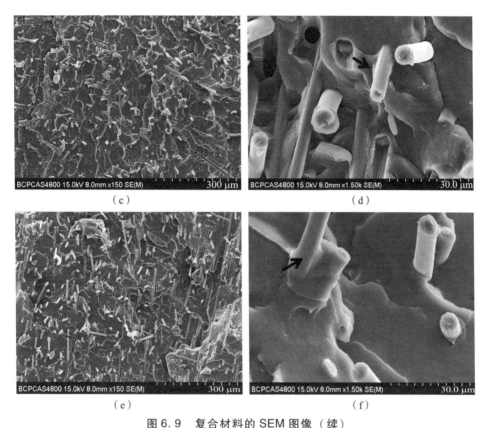

图6.9 复合材料的 SEM 图像（续）

（c）（d）酸化碳纤维/PA6；（e）（f）偶联处理碳纤维/PA6（$\varphi_{CF}=10\%$）

6.3.2 表面功能化多壁碳纳米管/聚合物复合材料

1. 不同酸化方法的有效性分析

（1）拉曼光谱分析

拉曼光谱可以用来鉴定碳纳米管在功能处理过程中结晶程度和结构的微小变化，灵敏地测定碳纳米管中碳晶体结构的相对含量。因此，本书采用拉曼光谱来判定三种酸化碳纳米管的有效性，测试结果如图6.10所示。拉曼光谱中出现的两个主要的特征峰分别为 D 峰（1 354 cm^{-1}）和 G 峰（1 580 cm^{-1}）。其中，D 峰是非晶型碳的无定型石墨结构的特征峰，代表了 sp^3 价态的碳原子；G 峰是石墨片层中晶型碳 C—C 键伸缩振动产生的特征峰；通过 D 峰和 G 峰的强度可以判断多壁碳纳米管（MWNTs）中晶态和非晶态的含量，因此通过 D 峰 I_D 和 G 峰 I_G 的强度比 $I_D:I_G$ 来判定不同类型 MWNTs 上可供嫁接的位置的相对数量，提供 MWNTs 的微观结构的一些量化信息。$I_D:I_G$ 的数值越小，表明碳纳米管的结构越完善，石墨化的程度越高。具体结果如表 6.2 所示。

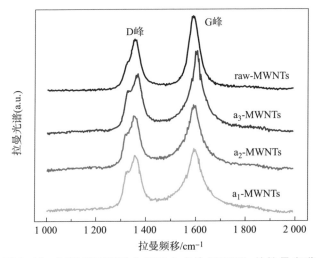

图 6.10　原始及不同酸化处理方式的 MWNTs 的拉曼光谱

raw – MWNTs—原始碳纳米管；a₁ – MWNTs ~ a₃ – MWNTs—酸化碳纳米管

表 6.2　原始及不同酸化处理方式的 MWNTs 的拉曼光谱分析结果

样品名称	raw – MWNTs	a₁ – MWNTs	a₂ – MWNTs	a₃ – MWNTs
I_D	137	138	133	135
I_G	219	146	172	224
$I_D:I_G$	0.62	0.94	0.77	0.60

结果表明，经过硝酸处理的 MWNTs 的 $I_D:I_G$ 数值最小，而混酸处理的碳纳米管的 $I_D:I_G$ 数值逐渐变大。这是因为硝酸的氧化能力有限，可以消除 MWNTs 表面的催化剂和无定型的杂质及碳粒子，但不能有效地在碳纳米管表面产生一些必要的缺陷——引入含氧基团，如—COOH、—OH 等。相对于原始碳纳米管，经硝酸处理后的 MWNTs 变得更加纯净，$I_D:I_G$ 值变小；经过浓硫酸和浓硝酸 1∶1 混酸后，MWNTs 的 $I_D:I_G$ 数值开始变大，大于原始碳纳米管，这说明 MWNTs 的表面产生了一些缺陷，引入的含氧官能团含量增加。但是，$I_D:I_G$ 的值相比原始碳纳米管变化不大，这表明 MWNTs 的氧化程度比较低；当浓硫酸和浓硝酸比例为 3∶1 时，MWNTs 的 $I_D:I_G$ 数值最大，表明 MWNTs 的表面出现

的缺陷位置最多，可以引入的羧基等官能团最多。尽管经过 3∶1 比例的混酸处理的碳纳米管的缺陷引入最多，但是拉曼光谱的 D 峰和 G 峰的形状没有显著变化，表明经过这种酸处理方法不会对碳纳米管的基本结构产生破坏。因此，从处理效率和试验后续处理的要求上看，6.2.2 中的方法一能够较好地满足 MWNTs 的功能化处理。

（2）红外光谱分析

为了考查 MWNTs 在不同处理过程中的官能团变化，下面对不同类型的 MWNTs 进行了傅里叶红外光谱的分析测试。图 6.11 所示的是原始碳纳米管、酸处理碳纳米管和偶联处理碳纳米管的红外光谱图。

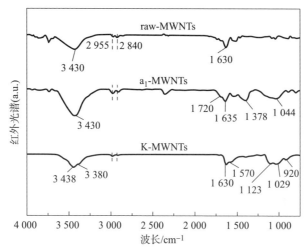

图 6.11 raw – MWNTs、a$_1$ – MWNTs 和 K – MWNTs 的红外光谱图

raw – MWNTs—原始碳纳米管；a$_1$ – MWNTs—酸处理碳纳米管；K – MWNTs—偶联处理碳纳米管

从图 6.11 中可以看出，原始碳纳米管上没有特别官能团的吸收峰，在 3 430 cm^{-1} 处的峰是由空气中微量的水分造成的，在 1 630 cm^{-1} 左右的峰属于 C=C 的伸缩振动峰，比较尖锐。经过酸化处理后，碳纳米管上的 3 430 cm^{-1} 的吸引峰峰型变得又宽又强，这是由酸化后碳纳米管上出现了一定量的 —COOH、—OH 等基团造成的；同时，在 1 720 cm^{-1} 处出现吸收峰，归因于碳纳米管上 C=O 的伸缩振动峰，C—OH 的 O—H 键的面内弯曲振动吸收峰在 1 378 cm^{-1} 处出现，羧基上的 C—O 的伸缩振动在 1 044 cm^{-1} 出现微弱的吸收峰。经过酸处理后的碳纳米管红外光谱变化表明碳纳米管的表面产生了含氧官能团。

经过硅烷偶联剂 KH – 550 处理的碳纳米管在 3 380 cm^{-1} 左右出现的吸收峰

是由伯胺—NH_2的伸缩振动产生引起的；在 1 570 cm^{-1}处的吸收峰是由 N—H 的剪切振动造成的，在 1 123 cm^{-1}处的为 KH – 550 上的 C—N 键的吸收峰，这表明 KH – 550 已经成功接枝到碳纳米管的表面；此外，在 1 029 cm^{-1}和 920 cm^{-1}处出现的峰为 Si—O—Si 键特征吸收峰。综上所述，KH – 550 成功地接枝在碳纳米管表面上，并在碳纳米管表面进行了有效水解和聚合。

（3）热失重分析

热失重分析是用来测定不同类型物质或官能团分解温度的重要手段。图 6.12 所示的是原始碳纳米管、酸化处理碳纳米管和偶联处理碳纳米管的热失重曲线。从图中可以看出，从室温至 800℃，原始碳纳米管的热失重分数只有 1.25% 左右是由碳纳米管上微量的杂质和水分造成的，说明碳纳米管有非常良好的热稳定性；经过混酸酸化处理后的碳纳米管的热失重分为两个阶段。在室温至 180℃ 左右，碳纳米管出现 2.5%（质量分数）的失重量，应该是由碳纳米管上不稳定的官能团和杂质造成的；在从 230 ℃ 开始，碳纳米管表面存在的羧基、羟基和环氧基等含氧基团开始发生分解，致使碳纳米管出现了约为 4.8%（质量分数）的失重量；在 500 ℃ 以后，热失重曲线趋于平稳，说明含氧基团高温分解完成后，碳纳米管的结构依然完整，没有发生分解，表明酸化处理没有对碳纳米管的基本结构造成破坏。KH – 550 偶联处理的碳纳米管的热失重曲线大体可以分为三个阶段。从室温至 180 ℃ 左右，产生约 2.6%（质量分数）的失重量，这与酸化处理碳纳米管的情况基本相同，应该是由碳纳米管上不稳定的官能团和杂质引起的；从 210 ℃ 开始至 380 ℃，约有 7.2%

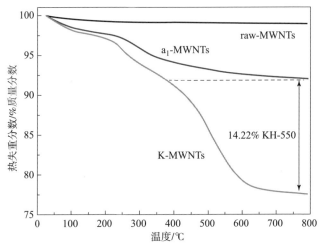

图 6.12　raw – MWNTs、a_1 – MWNTs 和 K – MWNTs 的热失重曲线

（质量分数）的热失重，除了部分是因为碳纳米管表面未参与反应的含氧基团引起的外，大部分原因是物理作用吸附在碳纳米管表面的 KH－550 的升华造成的。因此，相对于酸化处理碳纳米管，偶联碳纳米管的热分解在这一阶段的分解速率加快；当温度从 380 ℃ 开始，由于在碳纳米管表面的 KH－550 的热分解使碳纳米管的热分解出现约 14.22%（质量分数）的失重量；由于酸化处理对碳纳米管的结构未造成损伤，因此，碳纳米管在高温区没有出现进一步的分解，热失重曲线趋于平稳。

综合以上结论可以看出，本小节的碳纳米管表面功能化方法不仅可以在碳纳米管表面接枝上必要的官能团，并能保持碳纳米管本身的晶体结构，这有利于保持多壁碳纳米管自身的优异性能。

2. 不同类型碳纳米管分散及界面性能分析

下面对不同类型碳纳米管微观形貌和界面性能进行分析。

图 6.13 所示的是原始碳纳米管、酸化处理碳纳米管和偶联处理碳纳米管的扫描电镜图像。从图中可以看出，原始碳纳米管呈现无规则的缠绕，堆积较为松散，管与管之间间隔较大；经过混酸处理后的多壁碳纳米管出现许多较大的团聚体，管与管之间严重缠结在一起，用玛瑙研钵研磨非常困难，不容易将酸化碳纳米管分散开，说明碳纳米管之间的相互吸引力比较大。这是因为经过酸处理的多壁碳纳米管表面出现大量的羧基和羟基基团，这些含氧基团具有较强的极性，使碳纳米管之间形成较强的氢键，造成管与管之间的间隙变小，形成了较大的团聚。经过偶联处理的碳纳米管重新变成松散状态，管与管之间的间隙变大，堆积形态与原始碳纳米管相似。当 KH－550 分子接枝到碳纳米管表面后，碳纳米管的直径变大，同时碳纳米管表面的极性作用力转变为非极性作用力，从而使得碳纳米管重新变得蓬松。

图 6.14 所示的是不同类型碳纳米管/聚酰胺复合材料断面的扫描电镜图。原始碳纳米管在聚酰胺基体中界面结合性非常差，由于原始碳纳米管表面缺少相应的有效官能团，无法在碳纳米管和聚酰胺之间形成有效连接，从而造成许多碳纳米管从树脂基体中脱落；酸化处理的 MWNTs 在聚酰胺基体中的界面结合性得到了较大的改善，这是因为酸化碳纳米管的表面含有很多含氧基团，尤其是—COOH 的存在，可以与聚酰胺中—NH_2 在 200 ℃ 以上发生反应，生成—CONH—（酰胺键），使碳纳米管与尼龙的界面结合性得到很大改善；酸化碳纳米管之间容易形成团聚体，即使在双螺杆的高速搅拌下也不容易分散开。因此，酸化处理的 MWNTs 在聚酰胺基体中依然出现较多的团聚体（如图 6.14所示中黑色的圆圈标注），不利于碳纳米管的分散；经过偶联处理的 MWNTs

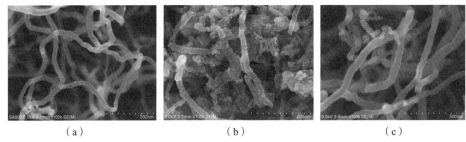

（a）　　　　　　　（b）　　　　　　　（c）

图 6.13　raw – MWNTs、a1 – MWNTs 和 K – MWNTs 的扫描电镜图

（a）raw – MWNTs；（b）a₁ – MWNTs；（c）K – MWNTs

在聚酰胺基体中的分散性较好，未出现团聚体，并且偶联处理后的碳纳米管与尼龙的界面结合性也非常好，分析认为，这是因为偶联处理的 MWNTs 表面出现大量的—NH₂，可以与聚酰胺的分子链端部的—COOH 在双螺杆中发生反应，形成酰胺键，因此偶联处理的多壁碳纳米管与聚酰胺的界面性能得到改善。

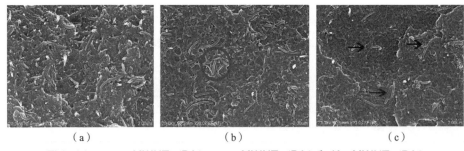

（a）　　　　　　　（b）　　　　　　　（c）

图 6.14　raw – MWNTs/PA6、a₁ – MWNTs/PA6 和 K – MWNTs/PA6

复合材料的扫描电镜图

（a）7% raw – MWNTs/PA6；（b）7% a₁ – MWNTs/PA6；（c）7% K – MWNTs/PA6

优异的界面性能有利于降低碳纳米管与聚合物之间的界面热阻，有利于促进热传导在两种不同物质间的声子耦合；此外，通过偶联处理后可以提高碳纳米管在树脂基体中的分散程度，有利于形成碳纳米管传导网络的形成。最终促进碳纳米管/聚酰胺复合材料的传导性能的提高。

6.3.3　碳纳米管/碳纤维/聚合物抑爆材料导电性能

1. 碳纤维/聚酰胺复合材料的导电性能

图 6.15 所示的是原始 CF/PA6、酸化 CF/PA6、偶联 CF/PA6 的体积电阻

率随 CF 体积分数的变化图。由图可知，三种复合材料均出现典型的渗滤现象，渗滤阈值分别为 5.5%、5.5% 和 5%，复合材料导电性由大到小依次为偶联 CF/PA6 > 酸化 CF/PA6 > 原始 CF/PA6。复合体系的导电性取决于导电粒子本身的导电能力、填料在基体中的分散以及填料和基体的界面融合性三个因素。从 SEM 图像（图 6.9）中可以看到，在经过表面处理后，CF 表面变得粗糙和干净，几乎没有杂质，有助于 CF 和 PA6 基体的界面结合，并有助于 CF/PA6 中电子的传导。

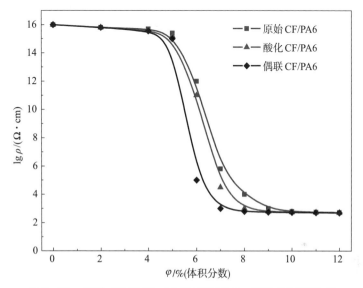

图 6.15　原始 CF/PA6、酸化 CF/PA6、偶联 CF/PA6 的
体积电阻率随 CF 体积分数变化而变化的曲线

导电高分子复合材料的导电性能取决于导电粒子自身的导电能力，形成良好分散体系的能力和界面相容性的优良程度。导电网络形成与填料的分散程度密切相关，分散性越好，导电粒子在低含量下就能够形成有效的导电网络。碳纳米管导电高分子复合材料的导电网络可以用 Kirkptrick 经典统计渗滤理论进行分析[31]，Kirkptrick 根据导电复合材料的渗滤现象，研究了导电功能体如何在体系中达到电接触，并且在整体上自发形成的导电通路这一宏观自组织过程，将复合体系中的导电粒子作为点阵的随机分布点，提出了一个统计学公式，当填料的含量在渗滤阈值以上时，复合材料的电导率具有以下关系：

$$\sigma = \sigma_0 (\varphi - \varphi_c)^t \qquad (6-4)$$

式中　σ——复合材料的电导率；

φ——填料的体积分数；

φ_c——复合材料的"渗流阈值"；

σ_0——可调节参数；

t——临界指数。

临界指数反映了复合材料的维度，由于碳纤维是一维材料，碳纤维在树脂中形成三维棒状刚性网络，临界指数的理论值 t 为 2.0[32]。填料在基体中分散越好，t 越接近 2.0，从而可以由 t 偏离 2.0 的大小来判断填料在基体中分散的好坏[33]。

图 6.16 所示的是原始 CF/PA6、酸化 CF/PA6、偶联 CF/PA6 复合材料的 $\lg\sigma \sim \lg(\varphi-\varphi_c)$ 关系图。通过计算，将复合材料的临界指数列于表 6.3 中；由表可知，酸化 CF/PA6 和偶联 CF/PA6 复合材料的临界指数 t 均接近理论值 2，相对于酸化 CF/PA6，偶联 CF/PA6 复合材料的临界指数 t 更为接近。这是因为 KH-550 发挥了作用，酸化后碳纤维表面的—COOH 增多使 KH-550 的偶联效果增强，这一点可从表 6.3 中证明。较长分子链的 KH-550 分子由于空间优势从而更容易结合 PA6 分子链端的—COOH 基团，有利于增强界面相容性。试验结果表明，偶联 CF/PA6 复合材料中碳纤维分布最接近三维立体刚性棒状结构，在复合材料中更容易通过相互接触导电。因此，偶联 CF/PA6 复合材料的导电性最好。

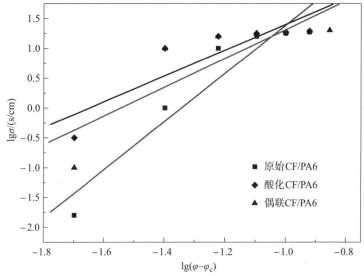

图 6.16 原始 CF/PA6、酸化 CF/PA6、偶联 CF/PA6
复合材料的 $\lg\sigma \sim \lg(\varphi-\varphi_c)$ 关系

表 6.3 复合材料的渗滤阈值 φ_c、临界指数 t 和相关因子 R

复合材料	φ_c	t	R
原始 CF/PA6	5.5%	4.03	0.952
酸化 CF/PA6	5.5%	3.35	0.955
偶联 CF/PA6	5%	3.24	0.967

2. 碳纳米管/聚酰胺复合材料的导电性能

图 6.17 表示原始碳纳米管、酸化碳纳米管和偶联处理后的碳纳米管在聚酰胺基体中经过熔融共混后得到复合材料体积电阻率的变化情况。从图中可以看出，酸化处理后的碳纳米管并没有降低碳纳米管在基体中的渗滤阈值（8%），这是由酸化碳纳米管在基体中形成团聚体造成的。而经过酸化处理后，酸化碳纳米管体系中的电导率相比原始碳纳米管体系的电导率增加了约 1 个数量级。这表明酸化处理有利于增强复合材料的导电能力。经过偶联处理碳纳米管制备的聚酰胺复合材料具有最低的体积电阻率，这归功于偶联处理后碳纳米管的良好分散性和界面结合性。

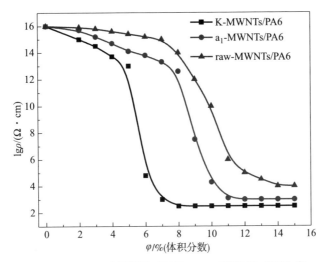

图 6.17 raw－MWNTs/PA6、a_1－MWNTs/PA6 和
K－MWNTs/PA6 的体积电阻率变化曲线

将 MWNTs/PA6 复合材料的 $\lg\sigma \sim \lg(\varphi - \varphi_c)$ 作图，结果如图 6.18 所示，拟合后得到的直线斜率即为临界指数 t；表 6.4 所示的是三种复合材料体系的 t 和 φ_c。

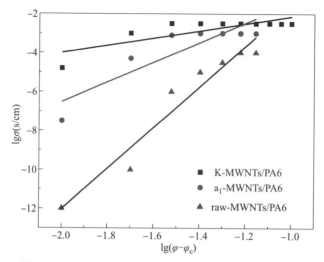

图 6.18　MWNTs/PA6 复合材料的 $\lg\sigma \sim \lg(\varphi-\varphi_c)$

表 6.4　MWNTs 酸处理前后的渗滤阈值 φ_c、临界指数 t 和相关系数 R

复合材料	φ_c	t	R
K – MWNTs/PA6	5%	1.658 7	0.970
a_1 – MWNTs/PA6	8%	5.052 6	0.990
raw – MWNTs/PA6	8%	10.446 3	0.993

由表 6.4 可知，未处理的原始碳纳米管的临界指数 t 值严重偏离了理论值。临界指数 t 偏离 t_0 的原因很复杂，如导电粒子间的相互吸引[34]，纳米粒子的隧穿导电机理[35]，在 $\lg\sigma$ 的计算中，导电粒子的浓度变化范围太宽[36,37]，接触导电和隧穿导电同时存在，以及 MWNTs 在高分子树脂中的团聚等，而且常常是几种因素共同作用的结果。经过混酸化处理后，复合材料的导电能力增强，可能是因为碳纳米管的端帽被打开，内腔贯通，从而降低了 MWNTs 的电子逸出能。同时，酸刻蚀后的碳纳米管比表面面积增加，提高了其电容量；对于同种类型的纳米粒子，由于较大的表面能，MWNTs 在 PA6 中的分散性和相容性是造成临界指数 t 偏离的主要原因。通过临界指数 t 和 SEM 图像可知，经过偶联处理的碳纳米管在树脂基体中形成的三维导电网络结构最为完善。

3. 碳纤维/碳纳米管/聚酰胺复合材料的导电性能

CF/PA6 复合材料的体电阻率随 CF 体积分数的增加出现渗滤现象，"渗滤阈值"为 5%。在导电的渗滤曲线存在三个区域：平台区、渗滤区和稳定区。平台区是指在此区域中填料体积分数的增加对体系导电性能的提高没有明显的改善作用；渗滤区是指在此区域中填料体积分数的微小增加会引起体系电阻率的明显降低；稳定区是指在此区域中负荷材料的体电阻率随填料体积分数的增加不再提高。为了全面分析碳纳米管与碳纤维构成的复合填料的导电性能，针对 CF/PA6 渗滤导电体系的这三个区域，选取三个点。其中，CF 的体积分数分别为 2%、5% 和 7%，分别向这三个体系中加入相同体积分数的 CF 和 MWNTs 来研究两种不同长径比填料之间的协同导电效应。

图 6.19 所示的是分别向 2% CF/PA6、5% CF/PA6、7% CF/PA6 复合材料体系中加入碳纳米管后复合材料的体积电阻率的变化情况，分析碳纤维和碳纳米管在不同区域是否有无协同导电效应。

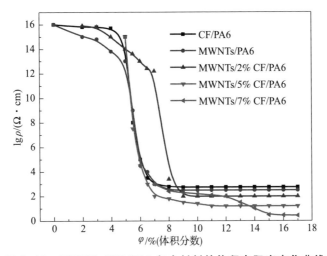

图 6.19　MWNTs/CF/PA6 复合材料的体积电阻率变化曲线

（1）平台区：向 2% 碳纤维填料体系中加入碳纳米管时，在填料的总体积分数高于 8.7% 后，MWNTs/2% CF/PA6 复合材料的导电性能略优于单一填料的复合材料，出现微弱的协同导电效应。MWNTs/2% CF/PA6 复合材料的渗滤阈值为 7.5%，大于单一填料体系的复合材料（5%）。而且通过比较 MWNTs/PA6 和 MWNTs/2% CF/PA6 两种复合材料的体积电阻率变化规律，可以发现两种材料的导电渗流曲线变化趋势接近，平台区曲线变化较陡，说明在 CF/PA6 复合材料渗流曲线的平台区加入碳纳米管，随着碳纳米管含量的增加，碳纳米管的导电行为对该体系影响较大。

（2）渗滤区：向 5% 碳纤维填料体系中加入碳纳米管时，碳纳米管使 CF/PA6 体系的体电阻率降低的速度大于加入相同体积分数的碳纤维，且随着碳纳米管体积分数越高，复合材料的体电阻率降低程度越大。相比于 MWNTs/2%

CF/PA6 复合材料，MWNTs/5% CF/PA6 复合体系导电性的改善幅度进一步增大，同样体积分数的碳纳米管和碳纤维的加入，混合填料复合材料的体积电阻率下降更加快速，表明在 CF/PA6 复合材料的渗滤区，碳纳米管的加入能够快速完善碳纤维的导电网络，碳纤维和碳纳米管之间的协同导电作用在这一区域逐渐增强。

（3）稳定区：当向 7% CF/PA6 复合材料中加入碳纳米管时，当碳纳米管的体积分数达到 5% 时（总体积分数为 12%），混合填料体系复合材料的体积电阻率出现了较小幅度的渗滤现象，这里称为"二次渗滤"。"二次渗滤"使混合填料体系复合材料的体积电阻率相比于单一填料体系复合材料降低了两个数量级，表明碳纳米管的加入改善了 7% CF/PA6 复合材料的导电性能。"二次渗滤"现象说明碳纤维和碳纳米管之间存在着协同导电作用，而"二次渗滤"在 CF/PA6 复合材料的稳定区出现，是因为在平台区时，碳纤维的导电网络体系已经基本完善，继续加入碳纤维不会增加复合材料的导电性能，而碳纳米管的导电性高于碳纤维，且尺寸属于纳米级，可分散在碳纤维构成的网络体系之间，形成更加完善的导电网络。

由此可知，当碳纤维体积分数小于 CF/PA6 复合材料的"渗滤阈值"时，混合填料在一定配比时才存在协同效应，而当碳纤维的体积分数达到"渗滤阈值"以后，混合填料存在较明显的协同导电效应；当碳纤维构成的导电网络完全形成时，碳纳米管的加入使复合材料的导电出现"二次渗滤"，体系的导电性有较大提高。

为了研究复合协同导电体系的导电机理，用经典统计学"渗滤理论"公式（6-4）对 MWNTs/7% CF/PA6 "二次渗滤"体系碳纳米管的分散性进行了分析。将 $\lg\sigma \sim \lg(\varphi-\varphi_c)$ 作图，如图 6.20 所示，φ_c、t 和相关度 R 数值列于表 6.5 中。

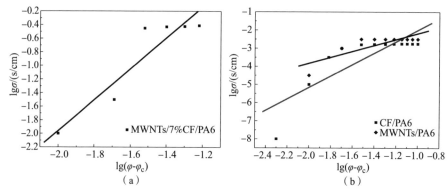

图 6.20　MWNTs/7% CF/PA6、CF/PA6 和 MWNTs/PA6 复合材料的 $\lg\sigma - \lg(\varphi-\varphi_c)$

表 6.5　渗滤阈值 φ_c、临界指数 t 和相关因子 R

复合材料	φ_c	t	R
MWNTs/PA6	5%	1.65	0.990
CF/PA6	5%	3.24	0.967
MWNTs/7% CF/PA6	5% MWNTs	2.28	0.953

由表 6.5 可知，CF/PA6、MWNTs/PA6 和 MWNTs/7% CF/PA6 复合材料的临界指数 t 分别为 3.24、1.65 和 2.28，相对于单一填料体系 CF/PA6 和 MWNTs/PA6 复合材料，处于"二次渗滤"体系的 MWNTs/7% CF/PA6 的 t 更接近 3D 刚性棒状导电网络理论值，说明混合填料体系中的填料分散性最佳。

4. 填料的分布状态与导电机理

图 6.21 所示的是不同类型填料的复合材料光学透射显微镜（OM）图像。从图中可以发现，原始碳纳米管在树脂基体中出现较大的团聚体，同时在较大面积中存在很少或没有碳纳米管的区域，而经过偶联处理后的碳纳米管/聚酰胺复合材料中的碳纳米管出现的团聚体较小且分散均匀，整体呈现为不透明的灰色，这表明偶联处理后的碳纳米管更容易分散在聚酰胺中，这与扫描显微镜的结论一致。尽管偶联处理并没有使碳纳米管达到单分散状态，但相比于原始碳纳米管已经非常明显地改善了碳纳米管在基体中的分散能力。碳纤维/聚酰胺复合材料也出现了类似于碳纳米管/聚酰胺复合材料的分散性，在原始碳纤维/聚酰胺复合材料中，碳纤维出现了部分较为相对平行的分散状态，不利于导电网络的形成。将碳纤维和碳纳米管作为混合填料加入聚酰胺基体后，发现碳纳米管分散在碳纤维构成的网络结构中，碳纳米管分散在碳纤维构成的网络之间，形成相互连接的结构，完善了对方的导电网络，从而形成互补的导电网络体系。

图 6.22 所示的是混合填料体系复合材料的断面扫描电镜图像。从图中可以看出，碳纳米管分散在碳纤维构成的网络体系之间，形成连接碳纤维与相邻碳纤维的通道，是两种填料出现协同作用的主要原因。

综合以上的结论，为具体分析混合填料体系复合材料的协同导电作用的原因，根据 MWNTs/CF/PA6 复合材料的体积电阻率在不同情况下的变化规律，结合 SEM 图像和 OM 图像，可将 CF/MWNT 混合填料体系复合材料的导电网络设计为如图 6.23 所示的假想图。

聚合物的导电性能与填料自身的导电能力和它的基体中的分散状态密切相关。由于微米级的碳纤维和纳米级的碳纳米管具有不同的结构和粒径，因此在

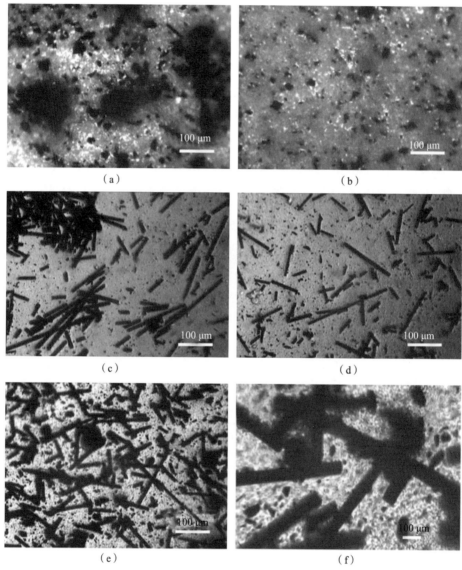

图6.21　不同类型填料的复合材料光学透射显微镜图像

（a）（b）原始 MWNTs/PA6 和偶联 MWNTs/PA6；

（c）（d）原始 CF/PA6 和偶联 CF/PA6；（e）（f）MWNTs/CF/PA6

混合填料体系后，两者可以形成各自导电网络的同时，纳米级的碳纳米管可以分散在由碳纤维构成的微米级的导电网络之间，从而形成连接碳纤维的通路，这样出现的导电网络的形式由单一填料的 CF – CF 和 MWNT – MWNTs 转变为

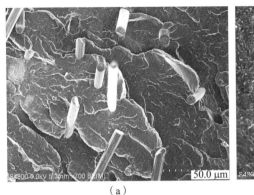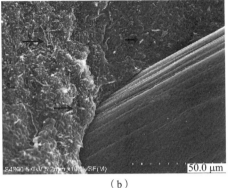

图 6.22　混合填料体系复合材料的断面 SEM 图像

注：图（a）为图（b）的局部放大图像。

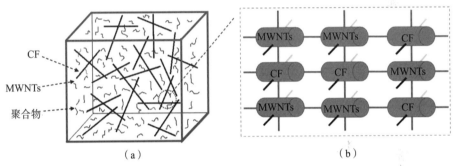

图 6.23　混合填料体系复合材料的导电网络假想图

混合填料体系的三种形式：CF - CF、MWNT - MWNTs、CF - MWNT - CF（MWNT - CF - MWNTs）。碳纳米管具有场致导电性，能使自由电子通过隧道效应传递，它的加入使单位体积的复合材料内部有更多场发射点，这些场发射点在一定的场强下可以发射电子；碳纳米管的螺旋管状结构可以在交变电场下进行电容导电。此外，碳纳米管的纳米粒径使其比表面大，并由于碳晶面与内部结构不同，在碳纳米管的表面，微观粒子的周期排列、长程有序、电位周期性均被截断，形成表面能级层，电子的授收大部分发生在表面能基层，这相当于在相互接触的两个表面间"插进"一个薄金属板。碳纳米管的表面能级层的存在，使其对周围自由电子的吸引力增大，碳纤维上的自由电子受到碳纳米管表面层的吸引而流动，碳纳米管像"桥"一样使电流在没有接触的碳纤维之间传递，提高了传导效率。使单位体积内的导电通路增加，复合材料的导电性能出现"二次渗滤"。

综上所述，分布于树脂基体中的导电体粒子的电子传输问题尤为重要，在不同阶段，混合填料体系的导电通路中载流子迁移的微观过程主要有三种方式[8,38]：①通道导电（接触导电）：当导电微粒直接接触或间隙很小（小于 1 nm）时，在外电场作用下即可形成通道电流；②隧道导电：当导电粒子在聚合物基体中的含量很高时，微粒间直接接触而导电，可用通道导电理论解释，但另一部分则以孤立粒子或小聚集体形式分布于绝缘的聚合物基体中，当孤立粒子或小聚集体之间只被很薄的聚合物薄层（10 nm 左右）隔开时，由热振动激活的电子就能越过聚合物薄层跃迁到邻近导电微粒上形成隧道电流；③电场发射导电（电容导电）：当电压增加到一定值时，导电粒子绝缘层间的强电场促使电子越过势垒而产生场致发射电流，这种是在高电压的情况下的击穿导电性能。等效电路图如图 6.24 所示。

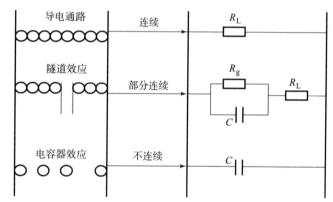

图 6.24 导电复合材料的通道导电、隧道导电和电容导电的等效电路模型

当碳纤维的体积分数小于 5%（平台区），复合材料中的碳纤维还未形成完整的导电网络，碳纤维的导电形式属于电场发射导电，即电容导电形式；随着碳纳米管的加入，碳纳米管形成的导电网络依次出现了电容器导电形式、隧道导电形式和接触导电，由于碳纤维的含量较少，碳纳米管连接碳纤维后形成的导电网络体系中，碳纳米管占据主导作用，此时只出现了较小幅度的体积电阻率下降，产生微弱的协同导电效应。整个过程导电形式的变化如图 6.25 所示。

当碳纤维的体积分数处于渗滤区（5% < φ_{CF} < 7%）时，碳纤维构成的导电网络体系处于隧道导电形式阶段，导电网络即将完备。在这一区域内，微量的含量变化会引起导电性能的急剧变化；碳纳米管的加入将连通即将完备的碳纤维导电网络体系，由于碳纳米管的特殊导电机制，导致混合填料体系在渗滤区体积电阻率的下降速率比单一碳纤维的渗滤区域速率更高；当混合填料体系

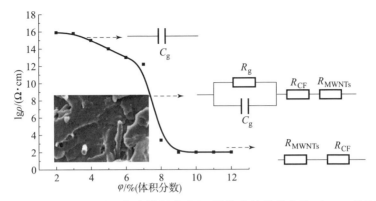

图 6.25　MWNTs/CF 复合填料在 PA6 基体中的等效电路（$\varphi_{CF} < 5\%$）

的体积电阻率达到稳定区后，碳纤维和碳纳米管之间出现较为显著的协同导电效应，复合材料的导电性进一步增加。整个过程导电形式的变化如图 6.26 所示。

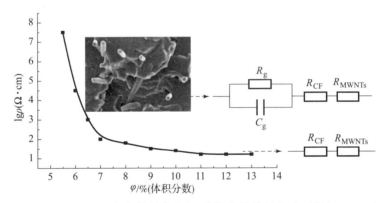

图 6.26　MWNTs/CF 复合填料在 PA6 基体中的等效电路（$5\% < \varphi_{CF} < 7\%$）

当碳纤维导电网络体系达到稳定区（$\varphi_{CF} > 7\%$）时，碳纤维的导电网络已经完善，碳纤维体积分数的增加不会对复合材料的导电性能产生作用；而碳纳米管加入后将分布在已经完善的碳纤维的三维网络中，由于碳纳米管的特殊导电机制和高于碳纤维的电导率，导致载流子的运动速率更快，出现"二次渗滤"现象；但是"二次渗滤"对复合体系导电性的提高主要源于碳纳米管的渗滤导电行为，增加的电流通过 MWNTs 辅助导电通路传导，而由于碳纳米管只能分散在有限的碳纤维主体构架间隙中，受到间隙的体积和相对导电性较差的碳纤维网络结构的限制，使得导电性较强的碳纳米管的辅助导电通路中电子的传导能力较弱。因此，此时碳纤维的存在阻碍了碳纳米管导电网络导电性能的充分发挥，使"二次渗滤"的现象并不明显，相对于单一碳纤维导电网络体系的体积电阻率只降低了两个数量级，如图 6.27 所示。

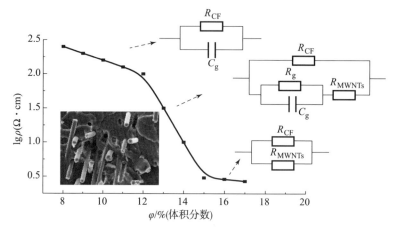

图 6.27 MWNTs/CF 复合填料在 PA6 基体中的等效电路（$\varphi_{CF} > 7\%$）

6.3.4 碳纳米管/碳纤维/聚酰胺抑爆材料热传导性能

1. 单一填料/聚酰胺复合材料的导热性能

图 6.28 所示的是不同类型碳纳米管或碳纤维/聚酰胺复合材料的热导率。从图中可以看出，在相同的体积分数条件下，经过偶联处理的多壁碳纳米管或

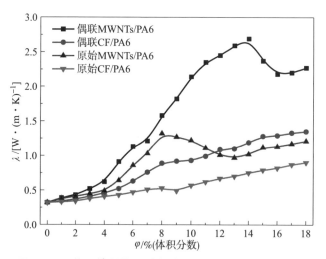

图 6.28 单一填料聚酰胺复合材料的热导率变化曲线

碳纤维/聚酰胺复合材料的热导率高于原始碳纳米管或碳纤维/聚酰胺复合材料的热导率。这是因为，经过表面功能化后，碳纳米管和碳纤维可以与聚酰胺树脂之间建立共价键结合，经处理后的填料与树脂之间的界面结合较好，形成了声子的散射中心，有效降低了界面热阻；此外，经过偶联处理后的碳纳米管或碳纤维在树脂基体中具有良好的分散性，更加容易形成导热网络结构体系。

　　碳纳米管或碳纤维导热机制主要是声子导热，其频率范围比较宽，因此它们的热导率比较高。在聚合物基体中，碳纳米管或碳纤维之间的导热被树脂基体隔开，如果两者之间没有共价结合，由于它们之间在刚性上的差异，那么碳纳米管或碳纤维和树脂之间的导热只能通过少量低频声子的耦合来实现[39]。也就是说，碳纳米管或碳纤维在高频区的声子包含的热量必须通过声子耦合的方式转换为聚酰胺树脂基体的低频声子模式后才能进行热量的交换和传递，这也是造成复合材料中填料与基体之间高界面热阻的原因。经过表面功能化后，KH-550 可以实现在碳纳米管或碳纤维与聚酰胺树脂基体中建立起共价连接，从而降低声子耦合对热量传递过程中的阻碍能力，使树脂与填料之间的界面热阻降低。

　　原始和偶联处理的碳纳米管在体积分数分别在 4% ~ 8% 和 4% ~ 14% 时，复合材料的热导率表现出类似于复合材料导电性能的渗滤现象，而原始碳纤维和偶联处理碳纤维的复合材料中没有出现渗滤现象，是因为在复合材料中碳纳米管形成的传导网络的热传导能力较高于碳纤维形成的传导网络，同时粒径较小的碳纳米管在树脂基体中形成的导热网络更加严密[40]。由于在复合材料中热量的传递并不像电子等载流子的传递速度那么快，所以碳纳米管/聚酰胺复合材料的导热渗滤现象并不明显。

　　原始碳纳米管/聚酰胺复合材料和偶联处理的碳纳米管/聚酰胺复合材料，当碳纳米管的体积分数分别超过 8% 和 14% 后，复合材料的热导率呈现先降低后增加的趋势。因为当碳纳米管的含量增加到一定程度后，复合材料的黏度较高，使其流动性降低，造成碳纳米管在基体中的分散性变差，出现团聚体，引起了碳纳米管形成的导热网络与树脂基体间的界面热阻增加，使界面总热阻不断上升，从而制约了复合材料导热性能的提高[41]。随着碳纳米管体积分数的不断增加，碳纳米管的网络体系不断完善，从而复合材料的热导率又再一次升高。经过偶联处理的碳纳米管在基体中具有良好的分散性和界面性能，致使先降后升的趋势范围较原始碳纳米管/聚酰胺复合材料窄。

2. 碳纤维/碳纳米管/聚酰胺复合材料的导热性能

　　为了优化聚酰胺复合材料的导热性能，根据上述的研究结果，经过偶联处理后的碳纳米管制备的复合材料出现较为明显的渗滤现象。因此，根据复合材料的导电行为研究方法在不同碳纳米管/聚酰胺复合材料的平台区、渗滤区和稳定区分别选取三个点，分别为 3%、8% 和 14%，固定碳纳米管的含量后加入碳纤维，观察复合材料在混合填料下的热导率变化。为了证明混合型填料比单一的填料更有利于聚酰胺复合材料导热改性更加有效，对比研究了不同类型填料制备的聚酰胺复合材料的导热性能。图 6.29 所示为混合填料聚酰胺复合材料的热导率变化曲线。

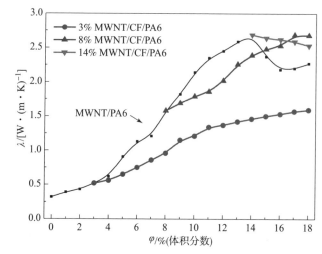

图 6.29　混合填料聚酰胺复合材料的热导率变化曲线

在向 3% 碳纳米管/聚酰胺复合材料中添加碳纤维后，复合材料的热导率没有显著增加，热导率变化趋势与单独添加碳纤维复合材料的热导率变化趋势基本相同，出现了微弱的协同导热效应。说明，在平台区，碳纤维是影响聚酰胺复合材料导热性能的主要因素。

在向 8% 碳纳米管/聚酰胺复合材料中添加碳纤维后，复合材料的热导率出现急剧增加，而且当混合填料的总体积分数超过 14% 后，复合材料的热导率继续增加，未出现单独添加碳纳米管时复合材料热导率下降的现象。这表明在渗滤区域添加碳纤维后，有助于进一步增加复合材料的导热性能。造成这种现象的主要原因为处于渗滤区域的碳纳米管的团聚较小，导热网络处于即将完善的范围，碳纤维的加入可以充分完善碳纳米管的导热网络，将没有完善的碳纳米管的网络中没有接触的碳纳米管相互连接。此时导热网络出现了三种形式：MWNT－MWNT、MWNT－CF、CF－CF，如图 6.30 所示。同时，碳纤维由于属于刚性棒状结构，随着碳纤维的加入，会改善碳纳米管的分散状态。因此，在渗滤区域的碳纳米管与碳纤维产生了明显的协同效应，从而复合材料的热导率不断增加。

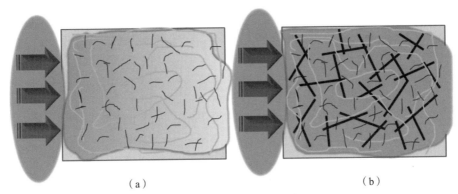

(a)　　　　　　　　　　　　　　　　(b)

图 6.30　热量传递模型

(a) 单一填料尼龙 6 复合材料；(b) 混合填料尼龙 6 复合材料

⌇⌇⌇ 表示尼龙6树脂；　╱ 表示碳纤维；　⌃ 表示碳纳米管；　▇ 表示热流

　　在向 14% 碳纳米管/聚酰胺复合材料中添加碳纤维后，复合材料的热导率呈现缓慢下降的趋势。分析认为，当碳纳米管的体积分数为 14% 时，碳纳米管的导热网络已经完成；而加入碳纤维后，由于碳纤维网络的导热性能远低于碳纳米管，碳纤维在碳纳米管之间形成了阻碍，减少了碳纳米管之间的接触点，造成碳纳米管构成的导热链的长度降低，从而引起了复合材料热导率的下降，如图 6.31 所示。此外，我们发现，当总填料的体积分数达到 17% 后，8% 碳纳米管/碳纤维/聚酰胺复合材料的热导率出现了略微下降，这同样是因为碳纤维的含量达到一定程度后，碳纤维破坏了碳纳米管的导热网络，造成复合材料热导率的降低。

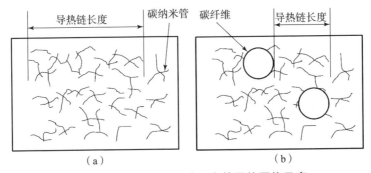

(a)　　　　　　　　　　　　(b)

图 6.31　碳纤维阻断碳纳米管导热网络示意

　　综上所述，在碳纳米管/聚酰胺复合材料导热的渗滤区加入碳纤维将产生明显的协同导热作用，此时复合材料表现出最优的导热性能。

6.4 石墨烯/碳纤维/聚合物抑爆材料

石墨烯作为一种新型的二维碳系材料,具有出众的物理性质和化学性质,但是,对于在石墨烯/聚合物复合材料的制备过程中的最主要的难题是石墨烯在聚合物中的分散性。许多关于石墨烯在聚合物基体中的分散的报道是通过表面功能化修饰处理,接枝相应的有机官能团促进石墨烯与聚合物基体间的界面相容性;这种方法虽然直接有效地改善了石墨烯的分散程度和界面相容性,但是由于表面功能化过程会对石墨烯的本质特性造成损害,不利于石墨烯材料的有效利用。

熔融共混方法是聚合物加工的重要方法,具有较高的生产效率和可操作性,是本文要求的非金属阻隔抑爆材料的生产途径。但是,通过单一的石墨烯材料添加入熔融状态的聚合物基体中,是无法满足石墨烯的分散性要求的;虽然通过增加石墨烯的含量可以达到较高的传导特性,但是石墨烯的成本限制了这种单一填料的使用。

基于此采用聚合物阳离子化合物将石墨烯通过静电引力吸附在碳纤维形成一种石墨烯—碳纤维复合结构填料,聚合物阳离子化合物可以减小石墨烯片材的共轭结构产生的聚集能力,促进石墨烯的分散,并通过碳纤维的分散,可以极大地降低石墨烯的用量,同时碳纤维的引入,也有助于改进复合材料的力学性能。

6.4.1 石墨烯及碳纤维—石墨烯复合结构填料的分析与表征

1. 拉曼光谱分析

图 6.32 所示的是石墨、氧化石墨和光热还原石墨烯的拉曼光谱图。拉曼光谱是一种快速、完整和高分辨进行表征碳材料的方法。拉曼光谱中的 D 峰和 G 峰分别与碳材料的石墨化程度相关。D 峰的存在是由于石墨烯中的缺陷及孤立双键引起的。碳材料的石墨化程度越高,D 峰强度越小,而 G 峰强度越高。从图中可以看出,石墨的 D 峰不明显,而在 1 604 cm^{-1} 处的 G 峰强度高,峰型尖锐,表明石墨具有非常规整的 SP^2 类型的规整结构。氧化石墨的拉曼光谱中 D 峰的强度显著增强,峰位为 1 337 cm^{-1},宽而强,说明在石墨被氧化后,一些碳原子由原来的 SP^2 状态转变成了 SP^3 状态;G 峰变宽,并且强度变

弱，这说明石墨被氧化为氧化石墨，通过 D 峰和 G 峰的强度比可以在一定程度上表明石墨的氧化程度。经过光热还原得到的石墨烯的 D 峰和 G 峰的强度比值小于氧化石墨，这表明氧化石墨得到了还原。

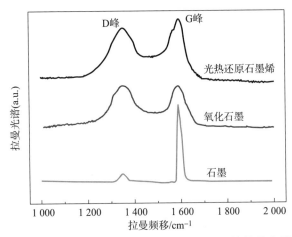

图 6.32　石墨、氧化石墨和光热还原石墨烯的拉曼光谱图

2. 石墨烯的微观形貌

通过扫描电镜可以观察石墨烯样品的褶皱及透光情况，可以间接地判断石墨烯的质量。图 6.33 所示的是采用光热还原法制备石墨烯的表面形貌及不同特征区域的扫描电镜图像。图 6.33（a）所示的是放大两万倍后石墨烯的扫描电镜图。由图可以看出，石墨烯的主要构成呈现蓬松、透明的薄纱状，并呈现波浪形式的褶皱；将主要的薄纱状的石墨烯进一步放大，如图 6.33（b）所示，石墨烯在二维方向上展现出良好的延展性，这是由于高温还原过程中气体排出时速率不同而造成的。此外，还可以发现石墨烯的样品透明性比较高，从上层的石墨烯样品可以看到下层样品。根据报道，单层石墨烯的透光率达 98%，双层石墨烯的透光率达 90%，三层石墨烯的透光率也可达到 80%。因此，从我们得到的石墨烯样品透光性观察，可以定性实验得到的石墨烯样品的层数较少。

此外，光热还原得到的石墨烯样品还有少量的部分团聚形式［图 6.33（c）］和蜂窝形式［图 6.33（d）］。这两种形式是由于受热过程中受热不完全而产生的热力学不稳定体系，引起氧化石墨烯未被完全剥离。但是这种不稳定体系含量非常少，基本不会影响石墨烯的使用。

图 6.34 所示的是光热还原石墨烯样品在不同分辨率下的透射电镜照片。

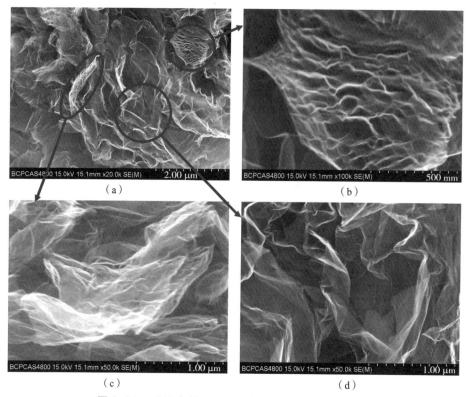

图 6.33　采用光热还原法制备石墨烯的扫描电镜图

（a）放大两万倍后石墨烯的扫描电镜图；（b）放大 10 万倍后石墨烯的扫描电镜图；

（c）（d）放大 5 万倍后石墨烯的扫描电镜图

从图 6.34（a）中可以看出，石墨烯呈现为透明褶皱的薄纱状，大部分区域较为平坦，起伏不明显，部分区域出现由于样品堆叠产生的条纹。这表明经过光热还原制备得到的石墨烯基本以少层的形式存在。另外，从图 6.34（b）也可以看出，石墨烯的厚度约为 1.3 nm，石墨烯片之间的距离比较小，可能是由于石墨烯的相互堆叠造成的。总体来说，试验中所获得的石墨烯样品的质量比较好。

图 6.35 所示的经过 PDDA 修饰石墨烯的扫描电镜和透射电镜图像。从图中可以看出，聚合物阳离子的修饰未对石墨烯的形态、结构及完整度造成影响，这是因为在 PDDA 的修饰过程中石墨烯未发生酸化反应，非共价的物理修饰保持了石墨烯的原始结构，这对于保持石墨烯的优良传导性能是非常有利的。

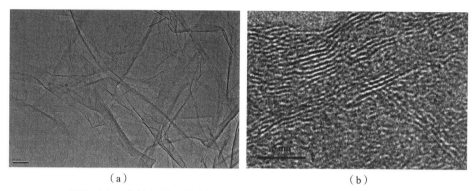

（a）　　　　　　　　　　　　　（b）

图 6.34　光热还原石墨烯样品在不同分辨率下的透射电镜照片

（a）在 50 nm 时的光热还原石墨烯；（b）在 5 nm 时的光热还原石墨烯

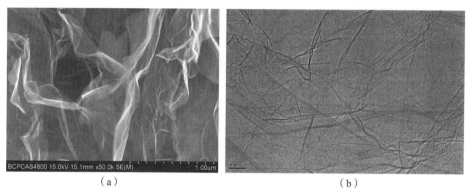

（a）　　　　　　　　　　　　　（b）

图 6.35　PDDA 修饰石墨烯的 SEM 图像和 TEM 图像

（a）SEM 图像；（b）TEM 图像

3. 碳纤维—石墨烯复合结构的微观形貌

（1）不同配比对碳纤维—石墨烯（C‒SG）复合结构的影响。将 PDDA 修饰的石墨烯与酸化碳纤维复合制备复合结构的共同体，两者之间的配比和结合时间是控制两者结合形态的重要因素。因此，我们将这两种因素分别作为讨论点，采用扫描电镜观察复合结构的形貌形态判定最优试验条件。

图 6.36 所示的是不同配比时在搅拌 12 h 后的表面形貌的扫描电镜图像。当碳纤维与石墨烯的配比为 20∶1 时，可以观察到大量的石墨烯沉积在碳纤维的表面，在碳纤维表面形成大量不规则堆积，石墨烯的有效利用率并不高；当配比为 50∶1 时，碳纤维表面依然出现大量的石墨烯堆积，这种包覆容易产生脱落；当配比为 100∶1 时，可以发现碳纤维表面基本上均匀地包覆上石墨烯

薄片，碳纤维产生的沟壑虽然能够观察到，但是不再清晰，这表明碳纤维表面吸附的石墨烯层数较少，石墨烯的利用率较高，如图 6.37 所示。当配比为 200∶1 时，石墨烯可以吸附在碳纤维表面，虽然在碳纤维表面不会产生明显团聚，但是由于石墨烯的含量比较少，造成碳纤维的包覆不完全，部分碳纤维的表面裸露出来。因此，宜选用 100∶1 的配比进行碳纤维—石墨烯复合结构的制备。

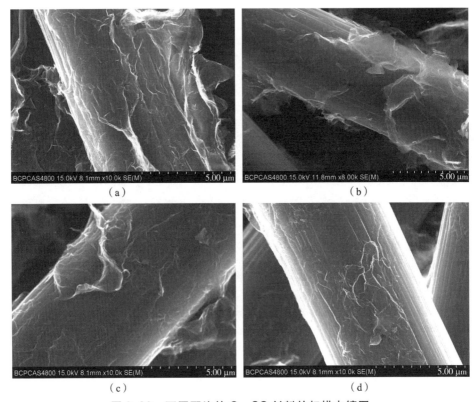

图 6.36 不同配比的 C – SG 材料的扫描电镜图
（a）20∶1；（b）50∶1；（c）100∶1；（d）200∶1

2. 不同搅拌时间对石墨烯—碳纤维复合结构的影响

图 6.38 所示的是搅拌不同时间时碳纤维—石墨烯复合结构的扫描电镜图像。搅拌 4 h 时，虽然石墨烯部分黏附在碳纤维表面，但大部分石墨烯较易脱离，形成了一些团聚体；搅拌 8 h 时，石墨烯的团聚程度明显降低。但是，由于时间结合相对较短，碳纤维的表面被石墨烯包覆的程度依然较低；当搅拌

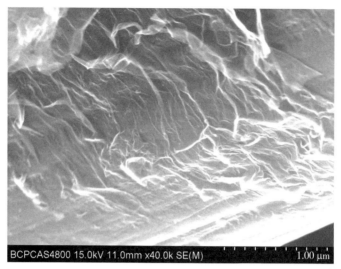

图 6.37　当碳纤维与石墨烯配比为 200∶1 时 C–SG 放大 4 万倍的扫描电镜图

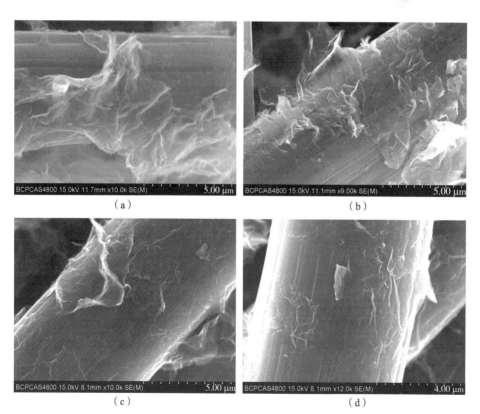

图 6.38　不同搅拌时间的 C–SG 的扫描电镜图

（a）4 h；（b）8 h；（c）12 h；（d）24 h

时间达到 12 h 时，石墨烯比较均匀地包覆在石墨烯的表面；随着搅拌时间的进一步增加，石墨烯在碳纤维表面的沉积更加均匀，但一些碳纤维的表面不能完全被石墨烯包覆，从实际应用和效率上看，选择搅拌 12 h 作为最终的实验条件。

4. 红外光谱分析

图 6.39 所示的是碳纤维—石墨烯复合结构制备过程中的不同类型材料的红外光谱图。图 6.39（a）和图 6.39（b）是原始碳纤维和酸化碳纤维两种材料的红外光谱曲线，这两条光谱曲线放在此处是为了与石墨烯—碳纤维材料进行对比。从图 6.39（c）中可以看出，石墨烯材料表面的吸收峰很少，在 1 630 cm^{-1} 处的吸收峰为 C $=$C 键的伸缩振动峰，在 3 400 cm^{-1} 处的吸收峰比较宽，但峰强度不高，这有可能是因为红外测试采用的溴化钾含有微量的水分造成的。经过 PDDA 修饰石墨烯出现了 1 492 cm^{-1} 和 852 cm^{-1} 两个吸收峰，这属于 PDDA 中 C—N 键的弯曲振动，表明 PDDA 已经被顺利吸附在石墨烯的表面。碳纤维—石墨烯复合结构的红外光谱出现了 C $=$O（1 718 cm^{-1}）、C—OH（1 380 cm^{-1}）、C—O（1 050 cm^{-1}）、C—O—C（1 240 cm^{-1}）等特征吸收峰，这是酸化处理后碳纤维的表面含有的羧基、羟基和环氧基等环氧基团引起的；同样，碳纤维—石墨烯复合结构出现了 PDDA 的吸收峰。虽然红外光谱不能直接证明石墨烯已经成功包覆在了碳纤维表面，但是它提供了各个材料表面含有的官能团变化，可以间接地证明各个步骤处理碳纤维和石墨烯的有效性。

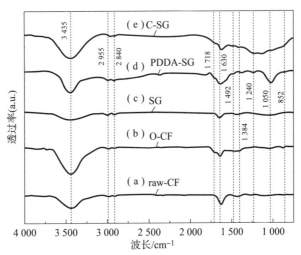

图 6.39 C‐SG 制备过程中的不同材料的红外光谱图

5. 热失重分析

图 6.40 所示的是氧化石墨烯、还原石墨烯和 PDDA 修饰石墨烯的热失重曲线。从图中可以看出，氧化石墨烯的热稳定性最差，从室温至 120 ℃ 左右产生了约 5% 的失重率，这部分失重是由氧化石墨烯吸收的少量的水分和一些不稳定的含氧基团及杂质粒子的挥发与分解；在 150 ~ 200 ℃ 时，氧化石墨烯发生剧烈的分解，这是由于氧化石墨烯上含氧基团的分解，如—COOH、—OH等，失重率达到了 55%，这说明氧化程度比较高，利于进一步制备石墨烯；经过光热还原制备的石墨烯在热失重曲线上没有出现快速的失重反应，并且从室温至 800 ℃ 的总失重量只有 18% 左右，这说明经过光热还原制备的石墨烯的热稳定较高，氧化石墨基本被还原为具有完整结构的石墨烯；经过 PDDA 修饰石墨烯的热稳定略低于石墨烯，这是因为从 200 ℃ 左右开始，PDDA 开始沸腾挥发。到 280 ℃，PDDA 开始分解，分解过程分为两个阶段：从 280 ~ 500 ℃，PDDA 上不稳定的 N—CH$_3$ 键分解；从 500 ℃ 开始，PDDA 的环形结构开始分解；因为 PDDA 上的环状结构的质量较大，因此 PDDA 在 500 ℃ 以后的热失重率较大，从最终的质量百分比可以推断在石墨烯表面吸附的 PDDA 含量约为 30%（质量分数）。

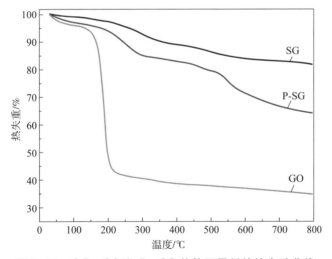

图 6.40　GO、SG 和 P–SG 修饰石墨烯的热失重曲线

图 6.41 所示的是原始碳纤维、酸化碳纤维和碳纤维—石墨烯复合结构的热失重曲线。从图中可以看出，碳纤维—石墨烯复合结构的热失重曲线基本与酸化碳纤维的曲线相似，但也存在着明显的不同。从 280 ℃ 开始，碳纤维—石

墨烯复合结构的热失重曲线分为两个阶段的失重，这与 PDDA 修饰的石墨烯的热失重相似，这是由碳纤维—石墨烯复合结构中吸附在石墨烯表面的 PDDA 造成的。从最终失重曲线上推断，碳纤维—石墨烯复合结构中的 PDDA 含量约为 0. 26%（质量分数），推断出在复合结构中石墨烯上的 PDDA 含量约为 28%（质量分数），这与前一部分热失重测试得到的结果［30%（质量分数）］基本接近。这说明，PDDA 修饰的石墨烯基本吸附在酸化碳纤维的表面。

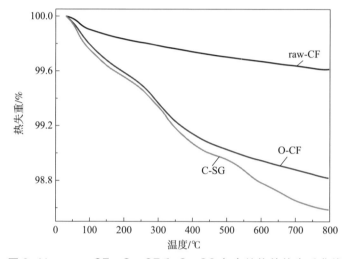

图 6.41　raw–CF、O–CF 和 C–SG 复合结构的热失重曲线

6. XRD 分析

图 6.42 所示的是不同类型的石墨、石墨烯及碳纤维—石墨复合结构的 X 射线衍射图谱（XRD）。在原始的石墨中可以发现，在 26. 54°处有一个非常尖锐且高强度的峰。但是，在氧化石墨中，这个峰在 XRD 的谱图中消失了，出现了 10. 52°～14. 34°的强峰和 20. 06°～24. 54°的弱峰，这两个峰表明在石墨烯的层间存在着含氧的基团，这是由于石墨受到氧化后产生的。由于含氧基团的出现，使得石墨片层之间的距离增大，从原来的 0. 334 nm（26. 54°）增加到 0. 762 nm（12. 42°）。经过过热还原后得到的石墨烯的主峰位大约回到了石墨（26. 54°）的峰位，为 24. 56°，这表明氧化石墨基本已被还原。但是，这个峰的范围从 15°～31°左右，呈现为典型的馒头峰的形状，这是由于石墨片层之间的间距较大导致的，同时也表明石墨烯之间的片层较少。我们发现原始碳纤维在 18. 14°～29. 33°间出现一个较宽的峰，这是因为碳纤维本质是一种乱层石墨结构，属于无定型状。因此，它的 XRD 图谱与石墨烯相似，但峰宽

低于采用光热还原法制备的石墨烯。将石墨烯吸附到碳纤维的表面后，其 XRD 的图谱与原始碳纤维之间的变化不大，但是 002 峰（16.89°～30.32°）的峰宽略宽于原始碳纤维。这是由碳纤维表面黏附的少量石墨引起的，石墨烯的乱层石墨间距大于碳纤维的乱层石墨结构，因此造成了 002 峰的变宽。

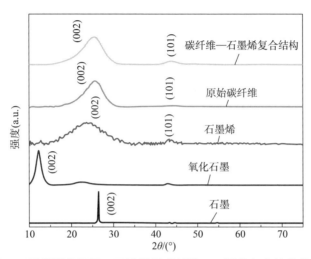

图 6.42　不同类型的石墨、石墨烯及碳纤维—石墨烯复合结构的 XRD 图

7. 分散性及界面性能研究

图 6.43 所示的是 1% 石墨烯/聚酰胺复合材料断面扫描电镜（EDS）图。从图中可以看出，通过熔融挤出得到复合材料中石墨烯的团聚情况比较严重，形成较大的石墨烯的团聚体，分散性较差；而且石墨烯的团聚中出现一定量的空隙结构，造成其与树脂间的浸润性较差，阻止尼龙基体进入其中，这些团聚和空隙将形成缺陷点，这将对复合材料的力学性能造成损伤。这表明石墨烯与聚酰胺之间的分散性和界面相容性较差。因此，进一步改善石墨烯分散状态，不仅可以降低石墨烯的用量，而且对于复合材料的成本控制也是非常有利的。

将石墨烯吸附在碳纤维表面后，石墨烯可以随着碳纤维的分散而分散。碳纤维—石墨烯复合结构在聚酰胺树脂基体中的分布情况如图 6.44 所示。我们发现，碳纤维—石墨烯复合结构在聚酰胺树脂基体中的分布呈现为三维立体的分散状态，并且纤维从聚酰胺树脂基体中脱落的数量相对于原始碳纤维非常少；裸露出来的石墨烯包覆的碳纤维的表面都包裹了一层聚酰胺树脂，这表明 PDDA 处理的石墨烯不仅能够改善碳纤维本身的传导性能，同时可以改善碳纤维与树脂基体间的界面相容性。PDDA 修饰的石墨烯起到类似于双面胶的作

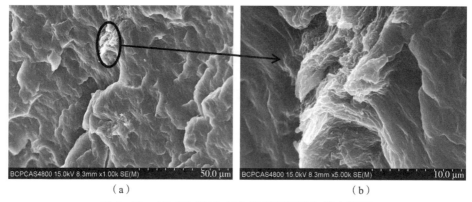

（a）　　　　　　　　　　　　　（b）

图 6.43　1% SG/PA6 复合材料断面的扫描电镜图

用，一面黏结住碳纤维，另一面黏结住聚酰胺树脂，从而起到改善碳纤维与树脂基体相容性的作用，如图 6.45 所示。

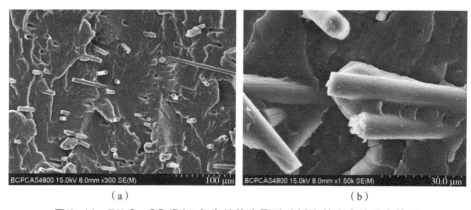

（a）　　　　　　　　　　　　　（b）

图 6.44　7% C – SG/PA6 复合结构在聚酰胺树脂基本中的分布情况

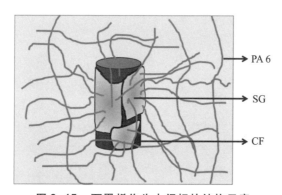

图 6.45　石墨烯作为中间相的结构示意

8. 碳纤维—石墨烯复合结构对复合材料导电性能的影响

图 6.46 所示的是石墨烯/聚酰胺、碳纤维/聚酰胺和石墨烯包覆碳纤维/聚酰胺复合材料的体积电阻率与填料的体积分数的关系曲线。从图中可以看出，原始碳纤维/聚酰胺复合材料的导电性能最差，并且其渗滤阈值在体积分数为 5.5%，最低的体积电阻率为 $7.6 \times 10^3 \ \Omega \cdot cm$。相对于碳纤维/聚酰胺复合材料，石墨烯/聚酰胺复合材料具有相对较好的导电性能。其渗滤阈值在石墨烯的体积分数为 1.0%，并且在三种复合材料中拥有最低的渗滤阈值（1%），最低的体积电阻率约为 26 $\Omega \cdot cm$。然而，要达到最低的体积电阻率，石墨烯/聚酰胺复合材料需要较高含量的石墨烯。但是，石墨烯的价格昂贵，因此这对于石墨烯的应用是十分不利的。高含量的石墨烯在树脂基体中出现非常严重的团聚，从而石墨烯/聚酰胺复合材料的渗滤区域的变化范围较宽（1.0% ~ 6.0%）。

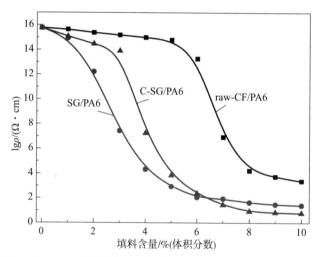

图 6.46　raw – CF/PA6、SG/PA6 和 C – SG/PA6 复合材料体积电阻率变化关系曲线

从图 6.46 所示中发现，在三种复合材料中，碳纤维—石墨烯复合结构/聚酰胺复合材料具有最低的体积电阻率。我们发现，碳纤维—石墨烯复合结构/聚酰胺复合材料的渗滤阈值处于石墨烯/聚酰胺复合材料和碳纤维/聚酰胺复合材料之间。当碳纤维—石墨烯复合结构的体积分数达到 8% 时，复合材料的体积电阻率为 6 $\Omega \cdot cm$。由于复合结构中碳纤维与石墨烯的比例为 100∶1。因此，当复合结构填料使用约为 8% 时，石墨烯的用量只有 0.08%，使用量极低。这些现象说明，碳纤维—石墨烯复合结构在改善复合材料的导电性能上具有较大的优越性，并且石墨烯的用量较少，极大地降低了石墨烯的使用成本。具体原因：经过 PDDA 修饰的石墨烯没有破坏其自身的导电能力，并且通过静电吸附的方式铺展在碳纤维的表面，载流子在经过碳纤维构成的三维网络结构时，优先选择电阻率低的石墨烯通过，因此石墨烯借助碳纤维的网络结构实现了良好的三维空间的铺展和连接。同时，经过 PDDA 在石墨烯的表面改善了碳纤维与聚酰胺树脂的界面相容性。综上所述，碳纤维—石墨烯复合结构中碳纤维和石墨烯具有明显的协同效应，提高了复合材料的导电性能。

6.4.2 碳纤维—石墨烯/聚合物抑爆材料的导热性能

图 6.47 所示的是石墨烯、碳纤维和碳纤维—石墨烯复合结构/聚酰胺复合材料的热导率随填料体积分数的变化关系曲线。从图中可以发现，碳纤维对复合材料热导率的增加贡献最小，这是由碳纤维较低的热导率决定的。虽然石墨烯具有较高的热导率，但是石墨烯在基体中极易团聚，因此在较低的体积分数下不易形成导热网络。当石墨烯的含量较高时（超过 14% 后），较高的石墨烯含量开始克服团聚带来的障碍，使得复合材料的热导率开始较快地增加。但是，由于石墨烯具有较高的成本，使这种高含量的石墨烯应用并不实际，不能作为实际开发的产品。碳纤维—石墨烯复合结构/聚酰胺复合材料的热导率增加最为显著，当复合结构填料的体积分数达到 18% 时，复合材料的热导率为 6.21 W/(m·K)，几乎达到了标准钢的 1/2（14 W/(m·K)），而此时石墨烯的含量仅为 0.18%，非常利于石墨烯在复合材料改性中应用。

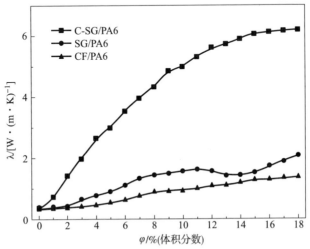

图 6.47　CF/PA6、SG/PA6、C–SG/PA6 复合材料的热导率
随填料体积分数的变化关系曲线

通过考查一定范围内碳纤维—石墨烯复合结构/聚酰胺复合材料的热导率，我们发现，复合材料的热导率与碳纤维—石墨烯复合结构的含量之间具有较高的线性关系，如图 6.48 所示。从图中可以发现，当碳纤维—石墨烯复合结构的体积分数为 1% ~ 9% 时，我们对复合材料的热导率做线性拟合，得到拟合的直线方程为 $y = 57.846 V_C + 0.374\ 35$（相关度 $R = 0.990\ 76$，y 为复合材料的热导率，V_C 为碳纤维—石墨烯复合结构的体积分数）。因此，在考查的体积分数范围内，复合材料的热导率计算预测可以运用混合法则[41]。碳纤维—石墨烯复合结构在聚酰胺树脂基体中的导热网络是复合材料导热性能的主要影响因素。具体复合材料的热导率的计算方法为

$$y_{\text{comp}} = y_h V_C + (1 - V_C) y_n \qquad (6-5)$$

式中　y_{comp}——复合材料的热导率；

　　　y_h——碳纤维—石墨烯复合结构构成的导热网络的热导率；

　　　y_n——聚酰胺基体的热导率。

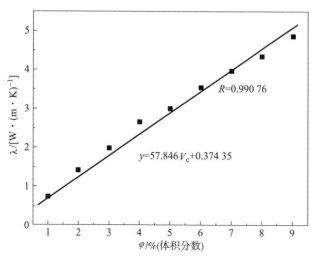

图 6.48　1% ~ 9% C - SG/PA6 复合材料热导率的线性拟合曲线

当填料的体积分数为 1 时，将式（6-5）与通过拟合得到的聚酰胺复合材料的热导率方程进行对比，可得到聚酰胺和石墨烯包覆碳纤维导热网络的热导率，分别为 0.37 W/(m·K) 和 57.84 W/(m·K)。虽然石墨烯的热导率可达到 6 000 W/(m·K)。然而，在碳纤维—石墨烯复合结构形成三维导热网络的过程中，随着接触的面积的增加，由于接触热阻的存在，将导致复合结构构成的热导率增加幅度不断缩小，而且当复合结构的纤维状体接触到一定数量后，继续加入复合结构填料，其构成的导热网络的热导率将趋于常数。因此，当石

墨烯包覆的碳纤维的体积分数达到一定程度后，继续加入碳纤维—石墨烯复合结构填料，所形成的导热网络的热导率将趋向于常数，即 57.84 W/(m·K)。

此外，当复合结构的体积分数超过 9% 后，复合材料的导热性能不再按照前面得到的线性关系增加，热导率的增加幅度降低。随着填料数量的增加，填料与树脂基体之间的界面不断增加，从而使复合材料中总界面热阻逐渐增加，导致复合材料导热热导率增加缓慢。这种复合结构能够显著减少石墨烯的用量，成本低，使用方便，适合工业化生产。

综上所述，进行了碳纤维/碳纳米管和碳纤维—石墨烯复合结构填料制备聚酰胺复合材料的导电、导热性能进行了研究。通过表面功能化处理改善了碳纳米管、碳纤维和石墨烯与树脂的相容性，同时深入讨论了表面功能化对填料的结构与性能的影响，并对复合材料的传导性能及机理展开了探讨分析。

6.5 无卤阻燃聚酰胺抑爆材料阻燃性能的研究

非金属阻隔抑爆材料的基体材料不仅在抗静电、导热的特性上需要进行改性，而且要求在出现着明火时能够不产生自身燃烧而带来"二次危害"，是非常重要的。因此，对聚酰胺树脂的阻燃改性尤为重要。应用于阻隔抑爆材料领域的聚酰胺树脂的阻燃要求，重点是选择高效阻燃技术，获得既满足要求又成本适当又具有经济效益的阻燃体系。目前，阻燃复合材料的发展方向朝着无毒、低烟、不产生毒气方向发展。因此，采用无卤阻燃技术具有效率高、相容性好、分解温度高且不降低树脂的力学性能等特点。

为了得到具有良好阻燃性能的复合材料，国内外众多科技工作者进行了大量的研究和探索，发现采用两种或者多种阻燃剂复配，可以产生协同阻燃效应并降低阻燃剂的使用量。

因此，使用复配体系作为复配阻燃剂，充分发挥不同阻燃剂之间的协同和交互作用，降低阻燃剂的用量，最大程度地减少阻燃剂对材料性能和成本的影响。

6.5.1 阻燃剂表面处理对材料性能的影响

通过选择两种常见的钛酸酯偶联剂对阻燃剂进行改性，钛酸酯偶联剂的基本结构式可用下式表示：

←亲无机端→←亲有机端→

$$(\overset{1}{RO})_{4-n}—Ti—(\overset{2}{O}—\overset{3}{X}—\overset{4}{R'}—\overset{5}{Y})_n^6$$

其基本结构包括 6 个功能部位[42]。功能部位 1 是易水解的短链烷氧基或对水有一定稳定性的螯合基，可与填充材料表面单分子层结合水或羟基的质子，作用于无机填充材料的表面。功能部位 2 是较长链的酰氧基（—R—C—O）或烷氧基（—R—O—），可与带羧基、酯基、羟基、醚基或环氧基的高分子发生化学反应，使填充材料和聚合物偶联。功能部位 3 是不同的偶联剂带的不同的官能基，使不同类型的偶联剂显现出不同的特性，如（—O—P〜）显现阻燃性。功能部位 4 是长碳链基，碳原子数为 11～17 个，尤其 R 为带支链烃基时，更易与聚合物大分子发生缠结，这种作用在填充改性的聚烯烃等热塑性塑料中可转移应力，提高冲击强度、断裂伸长率和剪切强度。此外，可包覆填充材料表面，降低其表面能，使体系熔体黏度下降，显示良好的成型加工流动性。功能部位 5 是偶联剂较长链的末端，最普遍为 H，也可以为双键、氨基、环氧基、羧基、羟基等，这些基团可以与聚合物大分子反应形成化学偶联，尤其适用于热固性塑料中填充材料的表面处理。功能部位 6 是指通过改变 n 值（1、2 或 3）可以调节偶联剂与填充材料与聚合物的反应性，以适应不同复合体系性能的要求。

阻燃填料的表面改性效果可以简单地通过活化指数来表示。首先称取 10 g 改性后的填料粉体样品，加入盛有 150 mL 蒸馏水的烧杯中，搅拌 2 min 并静置 1 h 以上；然后将沉降于烧杯底部的物料分离，干燥后称重。用原样质量减去其沉降部分的重量，即可得到样品中漂浮部分的质量：

$$活化指数 H = \frac{样品中漂浮部分的质量}{样品总质量} \qquad (6-6)$$

根据式（6-6）可以计算出表面改性后活性阻燃剂的活化指数 H，并通过 H 值的大小判断偶联效果的大小。结果如表 6.6 所示。

表 6.6　不同含量和类型的偶联剂对阻燃剂的活化指数

改性剂	1%	2%	3%	4%
NDZ-102	0.912	0.953	0.945	0.921
TMC-114	0.936	0.992	0.973	0.969
硅烷 A-151	0.897	0.923	0.942	0.924

从表 6.6 可知，对于钛酸酯偶联剂 TMC – 114，当添加量为阻燃剂质量的 2% 时，活化指数为 0.992，达到了最佳活化能力。分析认为，当偶联剂的用量为 1% 时，阻燃剂表面不能被偶联剂完全包覆；当偶联剂用量较高时，多余的表面活性剂分散在有机相中起到了稀释作用，降低了阻燃剂和聚合物之间的界面结合，使复合材料的性能降低。因此，宜选择 TMC – 114 钛酸酯偶联剂，使用量为阻燃剂质量的 2%。

钛酸酯偶联剂与填料表面反应的机理：填料表面的羟基或羧基的质子氢首先与钛酸酯偶联剂反应，使填料表面接枝上亲油基基团，而亲油基基团通过范德华力、氢键等作用与聚酰胺分子的缠结，有利于界面的改善和氢氧化镁的分散性能。具体的方程式可表示如图 6.49 所示。

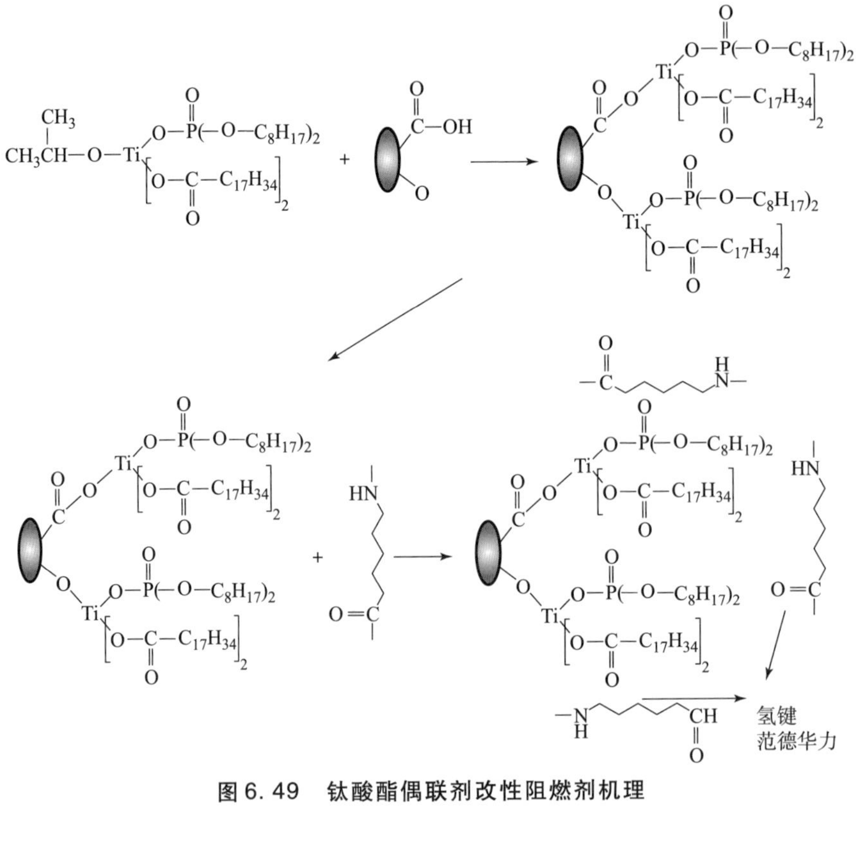

图 6.49　钛酸酯偶联剂改性阻燃剂机理

阻燃剂表面改性前后在聚酰胺基体中的分散情况如图 6.50 所示。从图中可以看出，未改性的阻燃剂在基体中团聚，分散不均匀，由于只是机械的混合，因此两相界面明显，造成界面结合力小；聚酰胺与经过表面改性的阻燃剂间没有明显的界限，阻燃剂在基体中分布均匀。两者之所以有较好的界面结合，这是因为偶联剂含有多种官能团，能在高聚物和无机物间起到桥梁作用，增进了无机填料与树脂基体之间的结合力，改善了无机填料与基体的相容性和分散性，使复合材料的阻燃性能大幅提高，而且不会造成复合材料力学性能的明显降低。

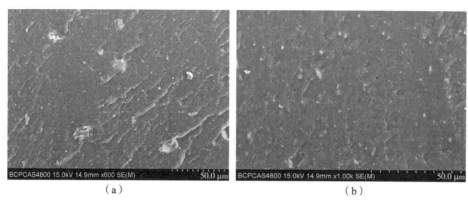

图 6.50　阻燃剂表面改性前后在聚酰胺基体中的分散情况

（a）阻燃剂未改性；（b）阻燃剂改性后

6.5.2　复配阻燃体系复合材料的阻燃性能

为了提高阻燃效率并改善复合材料的力学性能，采用复配阻燃体系。多层结构的阻燃协同剂具有良好的阻隔作用，使聚合物内部的可燃性气体逸出路径减少且变得更加曲折，同时材料在燃烧时的热释放速率明显降低，起到一定的隔热作用[42]。但是，未经改性的阻燃协同剂片层之间距离非常小（1 nm），不利于聚酰胺在熔融挤出时对其进行插层。因此，需要对阻燃协同剂进行有机化修饰处理，采用十八烷基三甲基氯化铵对其修饰处理，经过处理后，十八烷基三甲基氯化铵进入阻燃协同剂的片层，可以增大其片层之间的距离，片层间距达到 2.3 nm，如图 6.51 所示。

图 6.52 所示的是经过十八烷基三甲基氯化铵修饰前后阻燃协同剂的 SEM 图像。我们发现，原始阻燃协同剂出现较大体积的团聚，不利于在树脂基体中的分散和聚合物的插层。经过处理后的阻燃协同剂无大体积的团聚体，且大小和厚度较为均匀，片层间距增大，更有利于在树脂中的插层和分散。

图 6.53 所示的是复合材料在添加有机蒙脱土（OMMT）前后冲击断面的 SEM 图像。从图中可以看出，OMMT 的加入对阻燃复合材料具有增韧效果。只

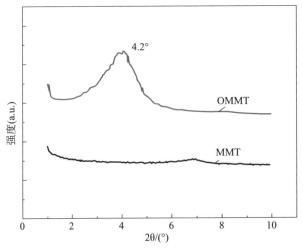

图 6.51　原始阻燃协同剂和表面处理阻燃协同剂的 XRD 图像

注：MMT 表示原始蒙脱土；OMMT 表示表面处理后的蒙脱土

（a）　　　　　　　　　　　　　　（b）

图 6.52　经过十八烷基三甲基氯化铵修饰前后阻燃协同剂的 SEM 图像

（a）MMT；（b）OMMT

添加阻燃剂的复合材料的断面非常光滑，这表明阻燃复合材料出现了脆性断裂的特征。与之相比，在加入表面处理过的 OMMT 后，阻燃复合材料的冲击断面的形貌变得非常粗糙，复合材料的韧性出现了改善。经过改性后的 OMMT，不仅提高了它在树脂基体中的分散性，而且在进行熔融挤出时，熔融状态的高分子链更容易进入阻燃剂之间。当冲击产生的裂纹扩展到阻燃剂时，裂纹的前端不能直接将高分子链拔出或截断 OMMT 颗粒，从而造成因外力产生的裂纹在 OMMT 和树脂基体的界面结合处发生转向，而且随着这种转向的增多，形成许多小的曲面，最终造成了复合材料表面粗糙度的增加。OMMT 对阻燃复合材料力学性能的贡献主要是通过这种形式的作用而改善的。处理后的 OMMT 能够较为均匀地分散在树脂基体中，使得这种转向的形式出现概率增多。阻燃剂受到外力作用而被拔出时，复合材料中应力集中区域的承受能力增强。

综上所述，OMMT 的加入能够改善阻燃复合材料的力学性能。

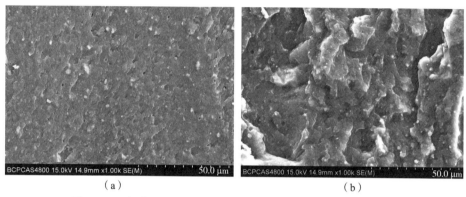

（a）　　　　　　　　　　　　　　　（b）

图 6.53　复合材料在添加 OMMT 前后冲击断面的 SEM 图像

（a）未加入阻燃协同剂；（b）添加阻燃协同剂

OMMT 的加入在阻燃体系中起到协效剂的作用，可降低阻燃剂的含量及成本，并提高复合材料的力学性能。表 6.7 所示表明 OMMT 的加入改善了复合材料的综合性能。

表 6.7　OMMT 对阻燃复合材料体系的阻燃及力学性能的影响

编号	垂直燃烧	OI /%	拉伸强度 /MPa	缺口冲击强度 /(kJ·cm^{-2})	弯曲强度 /MPa
2 - 1	V - 0	35	73.62	5.93	118.42
2 - 2	V - 0	37	77.87	6.39	122.56
2 - 3	fail	31	79.35	6.82	128.35
2 - 4	V - 0	34	70.69	6.55	117.52
2 - 5	fail	34	72.43	6.72	121.36
2 - 6	fail	29	71.16	6.16	113.84

在复配阻燃剂体系中，阻燃剂对阻燃性能有改善作用。树脂在火源或者高温等条件下，树脂材料开始产生热降解并发生燃烧。在热分解发展的初期，复

合材料较易被引燃，并且初始的热释放速率较高[43]，随着复合材料的继续燃烧，复配协同阻燃剂产生致密的碳化层覆盖在基体表面，同时，加入少量的OMMT后，树脂基体分解后出现了致密的碳层覆盖在未燃烧的聚合物表面，并且促进了聚合物树脂的成炭。

经过十八烷基三甲基氯化铵修饰的OMMT与树脂基体分子链相互纠缠，由霍夫曼消去反应使得其形成酸性活性同时生成烯烃等不饱和双键，反应方程式如下：

$$MMT^{-+}[N(CH_3)_3 \cdot (CH_2)_{17} \cdot CH_3] \longrightarrow MMT^- H^+ + N(CH_3)_3 + CH_2 \!=\!\!= CH-(CH_2)_{15} \cdot CH_3$$

生成的 $MMT^- H^+$ 酸性活性点接收电子后形成自由基，可以加速聚合物的热分解并加快交联反应的速度，使得燃烧时产生的炭层厚度增加。

由于这些稀疏的炭层结构导热性差，且难燃，在凝聚相中一定程度上阻止热量的传递，从而降低了聚合物表面的温度，使其难以达到材料的燃点，从而使材料自熄。图 6.54 所示的是 OMMT 加入后阻燃复合材料的燃烧产物的扫描电镜图像。从图中可以看出，1 处为炭层泡沫结构，这是由阻燃体系覆盖燃烧产物引起的，起到隔热隔氧的作用；2 处为空穴结构，这是由在燃烧过程中，内部产生的小分子分解产物造成的，迫使部分炭层结构发生破裂；3 处为阻燃体系分解产物等覆盖物出现覆盖层。综上所述，OMMT 的加入改善了阻燃复合材料的力学性能和阻燃性能。

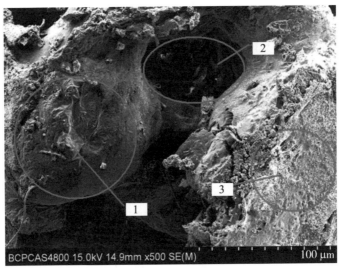

图 6.54 OMMT 加入后阻燃复合材料的燃烧产物的 SEM 图像

6.5.3　复配阻燃体系对导电/导热聚酰胺复合材料性能的影响

采用聚酰胺树脂作为阻隔抑爆材料的基体材料，需要同时对聚酰胺树脂进行导电、导热和阻燃改性。因此，将阻燃剂与碳纤维/碳纳米管及碳纤维—石墨烯复合结构共同添加聚酰胺树脂中，制备具有导电/导热/阻燃多功能复合材料。

阻燃剂对不同传导体系复合材料性能影响的测试结果如表 6.8 所示。

表 6.8　阻燃剂对不同传导体系复合材料性能影响的测试结果

编号	传导性填料	垂直燃烧	OI/%	体积电阻率 /($\Omega \cdot cm$)	热导率 /[$W \cdot (m \cdot K^{-1})$]
3－1	1－CF/MWNTs	—	—	8.7	2.5
3－2	1－C－SG	—	—	6.0	4.3
3－3	2－CF/MWNTs	V－0	35	2.3×10^2	1.5
3－4	2－C－SG	V－0	34	27	3.9

从表 6.8 所示中可以看出，阻燃剂的加入对两种传导性复合材料的性能产生了不同程度的影响。当阻燃剂加入 CF/MWNTs/PA 体系后，复合材料的导电和导热性能均出现了明显的降低，在 C－SG/PA 体系中，阻燃剂的加入没有对复合材料的传导性能造成显著的影响。

分析认为，如图 6.55（a）所示，当阻燃剂颗粒加入 CF/MWNTs/PA 体系后，阻燃剂粒子不会明显影响碳纤维构成的传导网络，但是由于阻燃剂颗粒的存在，使碳纳米管和碳纤维之间出现的传导方式障碍增多，降低了碳纳米管和碳纤维之间的接触产生的"传导"方式数量，从而削弱了碳纤维和碳纳米管之间的协同作用，如图 6.55（a）所示，当阻燃剂颗粒加入 C－SG/PA 体系后，碳纤维—石墨烯复合结构填料在基体中的相互接触没有因为阻燃剂的加入而显著减少，从而传导网络并未受到太大影响。因此阻燃剂的加入基本未对复合材料的传导性能产生影响，如图 6.55（b）所示。

6.5.4　阻燃复合材料的热稳定性

图 6.56 所示的是聚酰胺及其复合材料在氮气环境下，20 ℃/min 升温速率的热失重曲线。不同类型的阻燃剂颗粒对聚酰胺复合材料的热分解产生不同的规律。纯聚酰胺树脂在氮气下呈现两步分解，在 421 ℃ 出现了主分解峰，在 551℃出现次级分解峰。聚酰胺树脂的二次分解是由聚酰胺在第一次分解后的

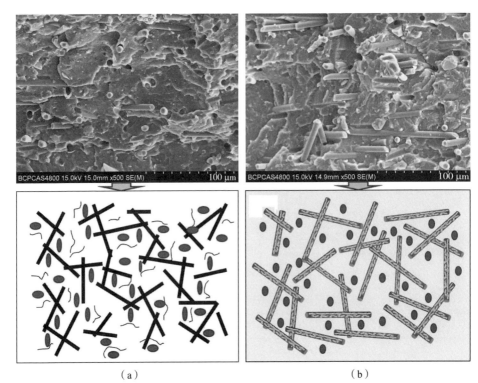

（a）　　　　　　　　　　　　　　（b）

图 6.55　阻燃剂对传导网络体系的影响示意

（a）MH/HP/OMMT/CF/MWNTs/PA；（b）MH/HP/OMMT/C−SG/PA

⬭—阻燃剂粒子；⋀—碳纳米管；▌—碳纤维；▦—碳纤维—石墨烯复合结构

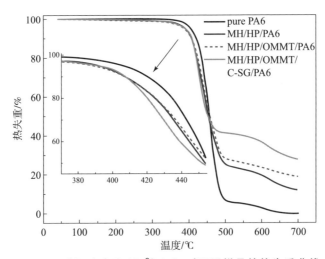

图 6.56　升温速率为 20 ℃/min 时不同样品的热失重曲线

残留复合材料引起的[44]。添加阻燃剂后，三种复合材料的质量损失速率相比纯聚酰胺树脂更快，而且燃烧结束后，三种复合材料的质量残留率分别为 11.27%、18.39% 和 27.84%。由此可见，阻燃剂的加入使聚酰胺的成碳能力增强，这对材料的阻燃性能具有积极的影响[45]。

在主分解区域，MH/HP/PA 复合材料和 MH/HP/OMMT/PA 复合材料的热分解曲线几乎重叠在一起，表明此时 OMMT 未明显参与到聚酰胺的热分解中。在二次分解区域，MH/HP/PA 复合材料的分解峰相对于纯尼龙 6 树脂后移到 587 ℃ 左右，而 MH/HP/OMMT/PA 复合材料的二次分解峰并不明显，这表明 OMMT 的加入产生了协同作用，致密的碳层覆盖在残留复合材料上以防止其进一步的分解。碳纤维—石墨烯复合结构的加入，导致 MH/HP/OMMT/C - SG/PA 复合材料在 408 ℃ 时具有最高的热分解速率。由于石墨烯在制备过程中并不是保持了石墨的完整晶型，产生了较多的缺陷和一些未被还原的含氧基团，而且约从 280 ℃ 开始，石墨烯表面的 PDDA 上不稳定的 N—CH_3 键开始分解，可能产生 CO_2、NH_3 等小分子诱发了聚酰胺的降解。当温度达到 480 ℃ 后，小分子的产生和聚酰胺的降解基本上消失，阻燃剂的热分解产物明显阻止基体树脂的分解。在分解后期，复合材料的热分解曲线产生了二次分解峰，这可能是因为碳纤维—石墨烯复合结构的棒状刚性结构破坏了碳层对基体树脂分解产物的覆盖而造成的。

综上所述，阻燃剂和传导性填料的加入降低了尼龙 6 复合材料的热分解速率，并提高了复合材料最终的成碳量，使尼龙阻燃复合材料的热稳定性增强。

参考文献

[1] 朱祥东. 聚酰胺基球形阻隔防爆材料的制备、性能与应用研究 [D]. 北京：北京理工大学，2015.

[2] WESSLING B. Electrical conductivity in Heterogenous Polymer systems [J]. polym Eng Sci，1991 (31)：1200 - 1206.

[3] OBREUER，RTCHOUDAKOV，MNARKIS，et al. Segregated Structures in Carbon Black - Containing Immiscible Polymer Blends：HIPS/LLDPE Systems [J]. Appl Polym Sci，1997，64：1097 - 1106.

[4] CURTIS D C，MOORE D R，SLATER B，et al. Fatigue testing of multi - angle laminates of CF/PEEK [J]. Composites，1988，19 (6)：446 - 452.

［5］ UCHINO K，ISHII T. Mechanical Damper Using Piezoelectric Ceramics ［J］. Journal of the Ceramic Society of Japan，1988，96（8）：863 – 867.

［6］ 张佐光. 功能复合材料［M］. 北京：化学工业出版社，2004.

［7］ MIYASAKA K. Conductive Mechanism of Conductive Polymer Composites ［J］. International Polymer Science and Technology. 1986（13）：41 – 43.

［8］ 吴行，陈家钊，涂铭旌. 电磁屏蔽涂料镍填料的表面偶联处理研究［J］. 功能材料，2000（31）：263 – 264.

［9］ 刘东，王钧. 碳纤维导电复合材料的研究与应用［J］. 玻璃钢/复合材料，2001，6：18 – 20.

［10］ 李侃社，王琪. 聚合物复合材料导热性能的研究［J］. 高分子材料科学与工程，2002，18（4）：10 – 15.

［11］ HANDS D. The thermal transport properties of polymers ［J］. Rubber Chemistry and Technology，1977，50：480 – 522.

［12］ AGARI Y，UEDA A，NAGAI S. Thermal conductivity of a polyethylene filled with disoriented short – cut carbon fibers ［J］. Journal of Applied Polymer Science. 1991，43（6）：1117 – 1124.

［13］ WEBER E H，CLINGERMAN M L，KING J A. Thermally conductive nylon 6，6 and polycarbonate based resins. I. Synergistic effects of carbon fillers ［J］. Journal of Applied Polymer Science. 2003，88（1）：112 – 122.

［14］ NIELSEN L E. The thermal and electrical conductivity of two – phase systems ［J］. Industrial & Engineering Chemistry Fundamentals. 1974，13（1）：17 – 20.

［15］ BIGG D M. Thermal conductivity of heterophase polymer compositions ［J］. Advances in Polymer Science. 1995（119）：1 – 30.

［16］ PRIVALKO V P，NOVIKOV V V. Model treatments of heat conductivity of heterogenous polymers ［J］. Advances in Polymer Science. 1995（119）：31 – 77.

［17］ 吴朝亮，刘海燕，戴文利，等. 阻燃尼龙的研究进展［J］. 广东化工，2010，37（3）：24 – 25 + 35.

［18］ 黄锐. 塑料工程手册［M］. 北京：机械工业出版社，2000.

［19］ 鲍治宇，顾大明. 抗静电阻燃聚丙烯（PP）的研究［J］. 哈尔滨建筑大学学报，2001，34（2）：118 – 121.

［20］ 鲍治宇，顾大明，王郁萍，等. 阻燃聚乙烯的研究［J］. 哈尔滨建筑大学学报，1998，31（4）：112 – 117.

［21］解娜，焦清介，臧充光，等. CF 表面改性对 CF/LDPE 复合材料电磁屏蔽性的影响［J］. 塑料工业，2008，36（12）：49－53.

［22］KIM P，SHI L，MAJUMDAR A. Thermal transport measurements of individual multiwalled nanotubes［J］. Carbon，2002，87（21）：1－4.

［23］GHOSH S，CALIZO L，TEWELDEBRHAN D. Extremely high thermal conductivity of graphene：Prospects for thermal management applications in nanoelectronic circuits［J］. Appl. Phys. Lett. ，2008，92（15）：151911.

［24］ARDANUY M，RODRÍGUEZ－PEREZ M A，ALGABA I. Electrical conductivity and mechanical properties of vapor－grown carbon nanofibers/trifunctional epoxy composites prepared by direct mixing［J］. Composites Part B，2011，（42）4：675－681.

［25］HOU P X，BAI S，YANG Q H，et al. Multi－step purification of carbon nanotubes［J］. Carbon，2002，40（1）：81－85.

［26］CHEN G X，SHIMIZU H. Multiwalled carbon nanotubes grafted with polyhedral oligomeric silsesquioxane and its dispersion in poly（L－lactide）matrix［J］. Polymer，2008，49（4）：943－951.

［27］HUANG X，QI X Y，Freddy Boey，et al. Graphene－based composites［J］. 2012，41（2）：666－686.

［28］HE X D，ZHANG F H，WANG R G，et al. Preparation of a carbon nanotube/carbon fiber multi－scale reinforcement by grafting multi－walled carbon nanotubes onto the fibers［J］. Carbon. 2007，45（13）：2559－2563.

［29］Eswaraiah V，Aravind S S J，Ramaprabhu s. Top down method for synthesis of highly conducting graphene by exfoliation of graphite oxide using focused solar radiation［J］. Journal of Materials Chemistry，2011，21（19）：6800－6803.

［30］ZHANG X Q，FAN X Y，YAN C，et al. Interfacial Microstructure and Properties of Carbon Fiber Composites Modified with Graphene Oxide［J］. Applied materials and interfaces. 2012，4（3）：1543－1552.

［31］KIRKPATRICK S. Percolation and Conduction［J］. Reviews. of Modern. Physics. 1973，45（4）：574－588.

［32］MIYASAKA K. Conductive Mechanism of Conductive Polymer Composites［J］. International Polymer Science and Technology. 1986，13：41－48.

［33］THO M C H B，MAZERAN P E，Kirat K E I，et al. Multiscale Characterization of Human Cortical Bone［J］. CMES：Computer. Modeling in Engineering

& Sciences, 2012, 87 (6): 557 – 578.

[34] 解娜. 屏蔽低频电磁波聚乙烯复合薄膜研究 [D]. 北京: 北京理工大学, 2009.

[35] SANDLER J K W, KIRK J E, KINLOCH I A, et al. Ultra – low electrical percolation threshold in carbon – nanotube – epoxy composites [J]. Polymer, 2003, 44 (19): 5893 – 5899.

[36] KILBRIDE B E, COLEMAN J N, FRAYSSE J, et al. Experimental observation of scaling laws for alternating current and direct current conductivity in polymer – carbon nanotube composite thin films [J]. Journal of Applied Physics. 2002, 92 (7): 4024 – 4030.

[37] LEBOVKA N I, TARAFDAR S, VYGORNITSKII N V. Computer simulation of electrical conductivity of colloidal dispersions during aggregation [J]. Physical Review. E, Statistical, nonlinear, and soft matter physics, 2006, 73 (3): 314 – 326.

[38] LISUNOVA M O, MAMUNYA Y P, LEBOVKA N I, et al. Percolation behaviour of ultrahigh molecular weight polyethylene/multi – walled carbon nanotubes composites [J]. European Polymer Journal. 2007, 43 (3): 949 – 958.

[39] 刘东, 王钧. 碳纤维导电复合材料的研究与应用 [J]. 玻璃钢/复合材料, 2001 (6): 18 – 20.

[40] 张陆昊. 导热高分子复合材料的制备、性能及应用 [D]. 上海: 华东理工大学, 2010.

[41] 杨凯. 多壁碳纳米管表面功能化对环氧树脂基复合材料制备和性能的影响 [D]. 上海: 上海交通大学, 2010.

[42] 王经武. 塑料改性技术 [M]. 北京: 化学工业出版社, 2004.

[43] 晏泓. 氢氧化镁阻燃剂的制备及其应用研究 [D]. 太原: 太原理工大学, 2009.

[44] 邢志祥, 张贻国, 马国良. 网状铝合金抑爆材料抑爆性能研究 [J]. 中国安全科学学报, 2012, 22 (2): 75 – 80.

[45] KISSINGER H E. Reaction kinetics in differential thermal analysis [J]. Analysis chemistry, 1957, 29 (11): 1702 – 1706.

第 7 章

球形非金属阻隔抑爆材料设计及抑爆性能

现有的阻隔抑爆材料是以合金类和聚酯类为基体材料制成具有蜂窝状网状结构的体型材料。通过安装支架等固定装置将其安装在油罐车、油箱等装备内部。阻隔抑爆材料主要分为金属和非金属两大类，按形状分为蜂窝状和球形两大类[1-3]。现有的阻隔抑爆材料在实际应用中由于材料与油料中的各种添加剂及活性成分之间的化学反应或物理反应，易出现使用寿命的问题，伴随的现象是金属合金类抑爆材料存在老化掉渣、结构性塌陷，装填拆卸过程烦琐、维护成本高昂[4]。美军最终于 2004 年放弃在飞机上使用这类材料，并取消了 MIL‑B‑87162A 规范。目前，金属类抑爆材料主要用于民用方面，主要生产公司有加拿大的 Explosafe、美国的 Deto‑Stop、奥地利的 Exess 和 EXCO 等公司[5]。网状聚氨酯泡沫（聚酯型或聚醚型）是目前最常用的非金属类阻隔抑爆材料[6]。聚酯类泡沫材料的水解、破裂等诸多缺陷，不仅影响了阻隔抑爆材料的抑爆性能和使用寿命，而且对用油料的品质，用油装备的管道通路也可造成不良的影响。因此，目前解决该问题的方法是寻求一种新型的材料进行有效的结构安排，保证该材料在具有优良的油料相容稳定性的同时具有良好的抑爆性能[7]。

近年来，随着阻隔抑爆技术在石油化工、航空航天等领域的进一步推广，适用于特殊介质、特殊设备阻隔抑爆的新型多孔球形材料的开发受到高度关注[8]。原沈阳航空工业学院（现沈阳航空航天大学）也相继开展了"燃油箱填充用防火抑爆网状泡沫材料"[9]和"充填俄制网状聚氨酯泡沫燃油箱的燃油冲刷静电实验研究"[10]等研究工作。

阻火抑爆性能作为阻隔抑爆材料核心关键的指标，其测试评价方法一直深受重视，自 20 世纪 60 年代以来，国内外普遍使用并形成技术标准的方法主要有实验室激波管试验法和外场的枪击试验、炮击试验、炸药静爆试验、烤燃试验等[11]。

目前，在实验室内阻隔抑爆材料的抑爆性能的评估是根据行业标准 AQ/T 3001—2021《加油（气）站油（气）储存罐体阻隔防爆技术要求》中构造的一维水平的阻隔抑爆性能测试装置（水平一维水平激波管）上进行的[12]。它是通过采集在添加阻隔抑爆材料前后一维水平激波管内易燃易爆气体的燃爆特性变化实现的，是测量阻隔抑爆材料抑爆性能的重要途径。然而，一维水平激波管在实验室水平的起爆能量较低，相比于实际中的燃爆情况相差较大，更无法与军用的炮弹打击燃油箱的剧烈情况相比。美军标 MIL－PRF－87260B 和 MIL－B－87162A[13] 以及由军事科学院军事新能源技术研究所起草的《油箱油罐填充用阻隔抑爆材料通用规范》，分别对各类抑爆材料的抑爆性能测试做出了相关要求[14]。从而在激波管试验的基础上进一步设计了具有更高起爆能量的外场抑爆性能测试，包括 5 L 油箱炸药静爆试验、40 mm 火箭破甲弹静爆试验和 30 mm 杀爆燃弹动态爆炸射击试验。

| 7.1　阻隔抑爆材料结构设计与制备 |

7.1.1　阻隔抑爆材料结构设计分析

1. 阻隔抑爆材料结构性能数值模拟

　　马瑞、张有智等[11]对多孔球形材料阻火抑爆性能的影响因素进行了数值模拟研究，为探究影响多孔球形材料阻火抑爆性能的主要因素，采用气体爆炸模拟软件 FLACS 建立多孔球形结构中湍流燃烧模型，对填充多孔球形材料后丙烷/空气预混气体燃烧爆炸过程进行数值模拟。研究结果表明，多孔球形材料能够有效衰减爆燃压力波、阻隔火焰传播，起到阻火抑爆作用，且压力波衰减程度和火焰阻隔效果与多孔球形材料的尺寸、孔径及填充密度密切相关。

　　当多孔球形材料的直径为 25 mm、孔径为 3 mm、填充密度为 20 层时，压力波衰减程度最大，火焰阻隔效果最明显，说明直径和孔径越小，填充密度越大，材料的阻火抑爆性能越强。

　　（1）在密闭管道内填充多孔球形材料后预混气体燃烧爆炸的物理数学模型。

　　本文提出的物理模型如图 7.1 所示，横截面面积为 0.3 m × 0.3 m，长为 10 m，壁厚为 3 mm 的密闭长方体管道，在距端口 8.1 m 处设置泄压板，板前充满一定浓度、一定压力的丙烷/空气混合气体，板后装填一定厚度的多孔球形材料，充满一定压力的空气。电火花点火位置位于长方体管道的左端，丙烷/空气预混燃气被点燃后，火焰由左向右传播形成压力波，当密闭管道中的压力大于泄压板的开启压力时，泄压板被完全打开，压力波和火焰进入多孔球形材料区域。当压力波和燃烧火焰与多孔球形材料相遇时，多孔球形材料利用其独特的结构特性和物理化学性质，能够大幅度地反射、散射压力波，吸收燃烧爆炸产生的能量，从而抑制爆燃超压的产生和火焰的传播，起到阻火抑爆的作用。

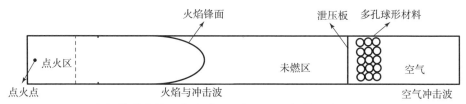

图 7.1　密闭管道内填充多孔球形材料后预混气体燃烧爆炸的物理模型

（2）多孔球形材料尺寸对抑爆性能的影响。为研究不同尺寸的多孔小球对爆燃超压的抑制作用，选取孔径为 3 mm，直径分别为 25 mm、30 mm 和 40 mm 的多孔小球进行模拟仿真，多孔小球的结构为正交孔板结构，数值模拟的结果如图 7.2 所示。

通过对比图 7.2 所示中压力变化情况可以明显发现，填充多孔小球后密闭管道内的爆燃超压受到了抑制，压力的增长速度减缓，并且压力峰值位于平衡压力的附近。图 7.2 中，填充直径为 25 mm、30 mm、40 mm 的多孔小球观察点 MP 27 处的压力峰值分别为 0.696 9 MPa、0.689 9 MPa 和 0.730 6 MPa，前两者由于直径相差较小，压力峰值相近。根据填充和未填充多孔球形材料时观察点 MP27 峰值压力值和最大超压衰减率的计算公式，可计算出填充多孔球形材料后峰值压力值的衰减程度。通过计算得出了填充直径为 25 mm、30 mm、40 mm 的多孔球形材料后，峰值压力依次衰减了 35.6%、36.2%、32.4%。因此，可以看出，随着直径的减少，多孔球形材料的抑制作用不断加强，这是由于直径越小，单位体积内可填充多孔小球的数量越多，压力波发生反射和散射的机会增多；同时多孔小球的直径越小，在密闭管道中形成的狭小通道越容易接近或达到淬熄效果，减缓了化学反应的剧烈程度，从而抑制超压的产生。

（3）多孔球形材料孔径对抑爆性能的影响。为了更好地说明多孔球形材料孔径对抑爆性能的影响，本次模拟以直径为 25 mm，孔径为 3 mm 的多孔小

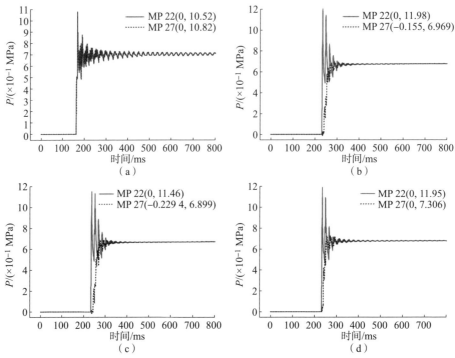

图 7.2　未填充和填充直径不同的多孔球形材料时观察点
MP22 和 MP27 处的压力变化情况

（a）未填充多孔小球；（b）填充直径为 25 mm 的多孔小球；
（c）填充直径为 30 mm 的多孔小球；（d）填充直径为 40 mm 的多孔小球

球为基本参考，分别建立了直径为 25 mm，孔径分别为 3 mm、5 mm 和 7 mm
的几何模型，并进行模拟仿真，其他条件保持不变，模拟结果如图 7.3 所示。

由图 7.3 可以明显看出，当多孔小球的孔径分别为 3 mm、5 mm 和 7 mm
时，观察点 MP27 处的峰值压力为 0.696 9 MPa、0.717 2 MPa 和 0.771 7 MPa，
经过多孔小球后峰值超压值依次衰减了 35.6%、33.7% 和 28.7%。从图 7.3
中可以看出，孔径越小对峰值超压值的衰减作用越强。

出现上述现象的主要原因是由于预混气体燃烧爆炸是一种链式反应，多孔
小球的孔径越小，比表面面积越大，越容易与燃烧过程的自由基发生碰撞而消
减，降低了化学反应速率，抑制超压的产生，并且孔径越小，越容易发生火焰
的淬熄效应，破坏了燃烧波与压力波的耦合，衰减爆燃压力，达到阻火抑爆
作用。

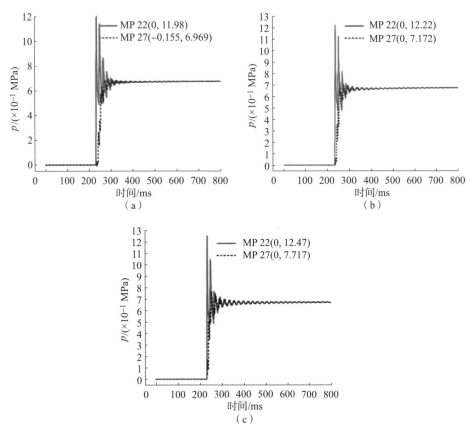

图 7.3　填充不同孔径的多孔小球时观察点 MP22 和 MP27 处的压力变化情况

（a）孔径为 3 mm；（b）孔径为 5 mm；（c）孔径为 7 mm

7.1.2　非金属球形阻隔抑爆材料的结构设计

采用注塑加工成型的热塑性树脂作为进行阻隔抑爆材料的基体材料。聚酰胺可采用具有高效的注塑加工形式进行生产产品，并且具有优良的力学性能、耐热性、耐化学（油料）腐蚀性和尺寸稳定性等。合理的结构设计决定了阻隔抑爆材料的抑爆性能和应用前景，因此通过借鉴金属类和聚酯泡沫类阻隔抑爆材料多孔有机连通的蜂窝状结构，设计具有高孔隙骨架形式的球形结构，便于该非金属阻隔抑爆材料的安装与应用[15-18]。

多种市售铝合金阻隔抑爆材料和聚氨酯阻隔抑爆材料的孔径测量结果如表 7.1 所示。

表7.1　国内典型阻隔抑爆材料的孔径尺寸[7]

样品类型	金属铝合金类				聚氨酯类	
生产厂家	华篷	安普特	恩远	信昌文华	华篷	国志汇富
孔径尺寸/mm	5~10	7~12	6~12	6~9	5~7	4~8

由表7.1所示可知，现有的金属和聚酯类阻隔抑爆材料的"小空腔"孔径尺寸主要分布在5~9 mm之间。

1. 聚酰胺基球形阻隔抑爆材料结构设计

基于金属阻隔抑爆材料的结构分析模拟，将球形结构设计为薄片状骨架的形式，将聚酰胺基阻隔抑爆材料的"腔体"尺寸定为7 mm。此外，通过大量的球体形式结构的抑爆材料堆积，可形成无规则的高空隙通道，达到抑爆的目的。本课题设计的阻隔抑爆材料球体结构的三视图如图7.4所示。

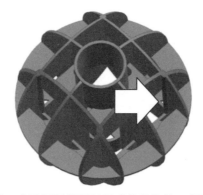

图7.4　球形阻隔抑爆材料球体结构的三视图示意

该结构是由多种形式的薄片状板材相互搭连结合形成的栅格状球形填充结构，包括多种管状结构、弓形结构、环形圆片等，同时该球形阻隔抑爆材料可以根据应用装备的进油口的直径大小进行调整。薄片的厚度根据球体直径的大小进行设定。尼龙材料的最小注塑厚值为0.45 mm。聂百胜等[19]发现30 mm的泡沫陶瓷对爆炸前驱体压力波的抑制作用最为明显，并且根据实际市场调研得知，应用于常用的机车、摩托车、天然气罐等抑爆材料的直径集中在10~50 mm，个别大型油罐用材料可达到100 mm。因此，初步设定球形阻隔抑爆材料的直径为30 mm，薄片厚度为0.5 mm。单球体积约为1 480 mm³，单球质量为1.6 g，经过实际装填，填装密度为85 kg/m³，体积占有率在6%左右。

聚酰胺基球形阻隔抑爆材料的三视图如图7.5所示。

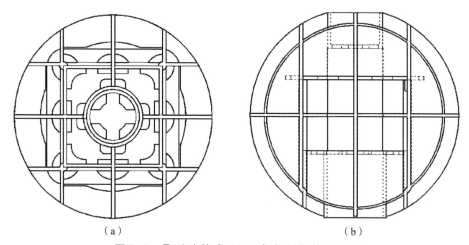

图 7.5　聚酰胺基球形阻隔抑爆材料的三视图

（a）俯视图；（b）左（右）视图

对所涉及的模具生产时的填充时间采用 ANSYS 软件进行模拟，得到注胶一次时间为 0.520 9 s，且注胶过程压力均匀，注胶过程熔体流动较为均衡，流向单一，汇合的角度、速度整体均匀统一。根据材料在模具内的冷却系统（水循环），模具生产一批的时间约为 35 s，具有较高的生产效率。球形阻隔抑爆材料注胶完成的时间与压力分布如图 7.6 所示。

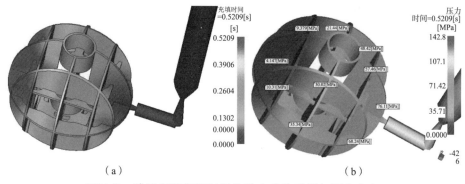

图 7.6　球形阻隔抑爆材料注胶完成的时间与压力分布

2. 多种球形材料结构设计

雷正、解立峰等[20]根据阻隔抑爆机理设计了三维球形蜂窝状构型、二维孔板拼接模型等不同构型，以期探究多孔球形材料对阻隔抑爆效果的具体影响。多孔材料的网格状结构将容器内腔分割成狭小腔体，产生对燃烧火焰淬熄作用和压力波的衰减作用，抑制火焰的迅速传播和能量的瞬间释放。不同石墨烯含量 GPEN 的热导率如表 7.2 所示。利用 3ds Max 绘制阻隔抑爆多孔球形材料产品设计图，通过 3D 打印的方式加工成型，图 7.7 所示为样品模型与实际 3D 打印效果。

表 7.2　不同石墨烯含量 GPEN 的热导率

石墨烯含量	HDPE	2%	3%	4%	5%
热导率/[W·(m·K)$^{-1}$]	0.31	0.36	0.36	0.43	0.49

图 7.7　样品模型与实际 3D 打印效果

通过分步法制备的聚乙烯基石墨烯复合球形多孔材料，去除打印材料辅材后，样品满足实际成型的外观要求。通过以上的性能测试，满足阻隔抑爆材料在导电、导热及力学性能的指标，可以作为试件用于后期的阻隔抑爆性能测试研究。

7.1.3　模具设计

由于球形阻隔抑爆材料的体积较小，模具采用一模多穴的方式进行设计，且根据需要采用对称的排布方式，满足模具进胶的均匀性。由于模具具有多孔腔结构，因此采用多镶块体进行组装，如图 7.8 所示。从对开的公、母模来看，不会产生出模干涉和不可加工的问题。每个镶块体可以独立地拆分成为多个小方块且有足够的强度，形成拼镶结构的独立块体，以方便加工、排气和维修等工作的进行。选用进口 NAK80 模具钢作为模具材料，其耐磨性、耐高温性和耐腐蚀性都很高，且抛光性能非常优异；可实现模具的低维护成本和高使用寿命[7]。

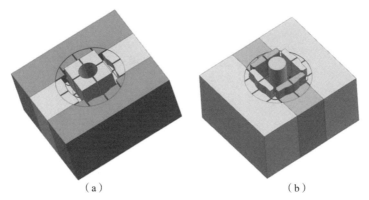

（a） （b）

图 7.8 球体抑爆材料单模镶体结构示意

目前，模具采用 1 出 16 模的结构，一头四嘴热流道进胶，每个热嘴负责四个球体的进胶，可以节省注塑的胶料并提高生产效率。模具设计方式如图 7.9 所示。

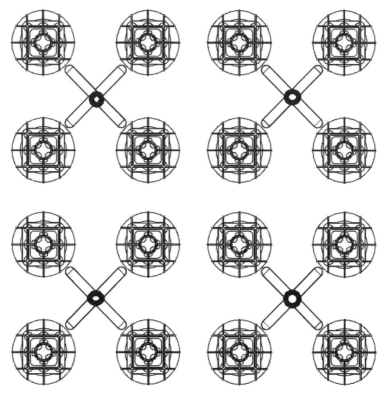

图 7.9 球形阻隔抑爆材料模具生产排布方式

|7.2 测试方法|

在行业标准《加油（气）站油（气）储存罐体阻隔防爆技术要求》[21]AQ/T 3001—2021 中，对阻隔抑爆材料的技术要求、检测方法、检测规则等内容进行了详细论述与说明。其中对于抑爆性能测试方法主要有以下两项。

7.2.1 激波管试验

根据行业标准《加油（气）站油（气）储存罐体阻隔防爆技术要求》AQ/T 3001—2021[21]规定的留空率填充阻隔抑爆材料（5%），这符合安全工程学中的要求，即将燃烧的发展抑制在生长阶段。通过安装在一维水平激波管管道的压力传感器，测量起爆后火焰在装填阻隔抑爆材料前后一维水平激波管管道后的压力和火焰传播速度变化，考查在不同抑爆材料的吸波减震作用及对火焰传播的影响规律。试验装置示意如图 7.10 所示，实物图如图 7.11 所示。

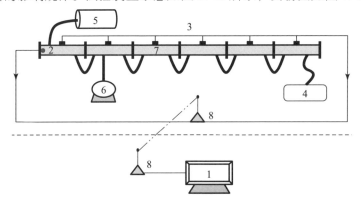

图 7.10 一维水平激波管装置示意

1—计算机控制及处理程序；2—点火系统；3—压力传感器；4—气体循环系统；

5—油气发生装置；6—真空泵体；7—一维水平激波管管体；8—信号收发装置

一维水平激波管为计算机远程无线遥控点火。管路实现方式为分段连接，一维水平激波管由 6 段 0.5 m 管体通过法兰连接组成；管道采用 DN70 标准管，内径 70 mm，外径 80 mm，管道外包裹着保温绝热材料。每段管体中间设置压力传感器，依次进行编号，为 1~6 号，距离点火端的距离分别为 0.25 m、0.75 m、1.25 m、1.75 m、2.25 m、2.75 m；试验中汽油蒸汽浓度为 4.5%；点火方式为远程控制电阻丝点火和化学点火两种方式，点火能量分

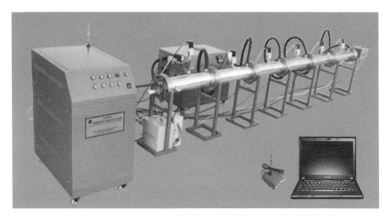

图 7.11 一维水平激波管实物图

别约为 100 J 和 2 000 J。对比研究聚酰胺基球形阻隔抑爆材料和铝合金抑爆材料对 93 号汽油蒸汽水平燃爆性能的影响。球形阻隔抑爆材料以 40 个/L 的标准进行填装，铝合金抑爆材料以 30 kg/m³ 的标准进行填装，留空率为 5%。气体填装采用分压法进行混合气的配制，均匀混合后使压力测试系统处于等待状态。保持一维水平激波管平均温度为 40 ℃，气体内压为一个大气压。具体试验步骤如下。

（1）气密性检查。管道组装完毕后，将管道内的压力抽至最小负压后，保持 1 min，如果管道内真空度无变化，则表明管道内气密性完好。

（2）填装抑爆材料。抑爆材料的安装按照设计的方案在管道中填装。

（3）混合气体的填装。按照分压法和最佳混合气配比进行充气，恒温 40 ℃下采用气体循环系统循环 40 min，使气体混合均匀。

（4）检查设备。未点火时压力传感器输出的电压为 0。

（5）准备完毕后运行远程点火，并记录和存储数据。

7.2.2 外场抑爆性能测试

实验室内的激波管测试研究的起爆能量较低，并且只能够研究一维方向上气体燃爆火焰传播的特性。刘笑言[22]研究认为，不同的初始点火能量对火焰的淬熄距离具有显著的影响。刘乐海[23]、毕凤荣自行设计搭建定容燃烧弹，分别对填充密度为 45.1 kg/m³ 的铝合金抑爆材料和球形非金属隔片进行爆炸试验，研究了当量比对不同抑爆材料抑制丙烷爆炸性能的影响；研究了不同当量比下，填充密度对抑爆材料抑制丙烷爆炸性能的影响。为了模拟真实战场环境下的爆炸冲击，对填充与不填充抑爆材料的油箱进行了 40 mm 破甲战斗部射流引燃试验。因此，在外场试验中使用不同点火能量，考查球形阻隔抑爆材料在较为苛刻条件下即起爆能量较高的情况下的抑爆性能，设计了油箱炸药静爆试验、静爆射流试验和动态爆炸试验。外场抑爆试验非常贴近实际战场上和恐怖袭击时的情况，因此外场抑爆实验具有重要的现实意义。在外场试验中，在起爆的同时启动高速摄像仪记录柴油燃烧、爆炸和抛撒过程，以及红外测温系统采集爆炸时火球表面最高温度、火球截面直径、火球高温持续时间等爆炸产生火球的特征参数[7]。

1. 5 L 油箱炸药等效静爆试验

5 L 油箱中装填 –35 号军用柴油 3 L，油箱上部开设一个圆孔，用于装填炸药起爆装置。起爆装置为一发雷管引爆 10 g 高能海萨尔型炸药，弹壳采用内径为 32 mm，高度为 60 mm，壁厚为 2 mm 的铝制，如图 7.12 所示；起爆瞬间的能量达 56 000 J，起爆装置安放在油气的界面位置。试验过程首先起爆只填装油料，不添加球形阻隔抑爆材料的油箱（空白油箱）作对比试验，然后进行含有球形阻隔抑爆材料的油箱进行测试。试验过程采用高速照相系统和红外热测温仪对试验过程进行记录，整个装置示意如图 7.13 所示[24]。

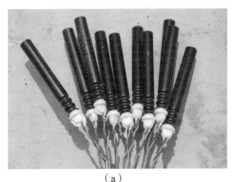
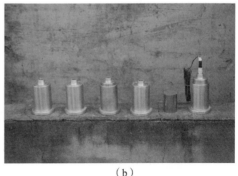

（a）　　　　　　　　　　　　　　　（b）

图 7.12　5 L 油箱炸药静爆试验起爆系统

（a）雷管；（b）带铝壳海萨尔 – 3 药柱

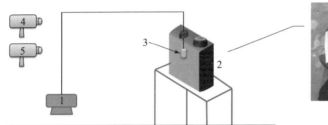

图 7.13　5 L 油箱炸药静爆试验装置示意

1—电起爆器；2—5 L 油箱；3—起爆药柱；4—高速照相系统；5—红外成像系统

2. 30 mm 杀爆燃弹动态爆炸射击试验

为验证 Q – EPM 更加贴近实际应用的抑爆性能,在激波管和等效静爆试验的基础上设计了 30 mm 杀爆燃弹炮击试验,起爆能量达到 300 000 J。试验装置如图 7.14 所示。试验油箱规格为直径 $D = 50$ cm,长 $H = 55$ cm（108 L）,壁厚 $b = 2$ mm,炮弹瞄准试验油箱中心位置。– 10 号柴油填装量为油箱容积的 1/5。抑爆材料填装密度与激波管试验相同,留空率为 0。这里以不填装抑爆材料的空白军柴油箱（空白油箱）和填装 J – EPM 油箱作对比试验[24]。

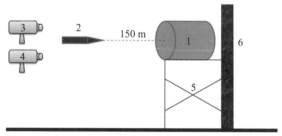

图 7.14　动态爆炸试验装置示意
1—模拟油箱；2—30 mm 杀爆燃弹；3—高速照相系统；
4—红外成像系统；5—支架；6—受弹挡板

试验装置示意如图 7.14 所示。试验油箱置于 800 mm 炸高的支撑钢架上,试验油箱规格为 340 mm × 300 mm × 500 mm（108 L）,壁厚 2 mm,在油箱后 500 mm 处放置受弹钢板,钢板规格为 1 020 mm × 1 800 mm,厚度为 10 mm。油箱填装 – 35 号军用柴油,杀爆燃弹瞄准试验油箱油气分界面处。经过对比油箱含油量（1/5,1/3,1/2）发现,1/5 含油量在射击过程中具有最为剧烈的爆炸现象,因此,试验油箱中的柴油填装量为油箱容积的 1/5,即 22 L。火炮固定于距离油箱 150 m 处[7]。

7.3　不同阻隔抑爆材料抑爆性能试验研究

本节通过在一维水平激波管内测定装填网状铝合金及非金属球形阻隔抑爆材料丙烷/空气混合物的燃爆增压[25],实现对不同阻隔抑爆材料性能的试验研究,如表 7.3 所示。

表 7.3　试验材料性能

材料	水平方向压缩强度/MPa	垂直方向压缩强度/MPa
球形非金属阻隔抑爆材料	19.40	26.73
金属铝合金阻隔抑爆材料	0.22	0.74

7.3.1　一维水平激波管试验

图 7.15 所示的是填装不同类型阻隔抑爆材料的一维水平激波管内压力超压峰值的变化过程。从图中可以看出，球形阻隔抑爆材料与金属铝合金抑爆材料均能够有效抑制汽油蒸汽/空气混合气在化学点火和电阻丝点火的火焰传播过程。未填装抑爆材料的一维水平激波管中的汽油蒸汽由不稳定低速燃烧发展为稳定发展的燃爆状态，由于点火能量的不同，化学点火下的汽油蒸汽的火焰燃烧发展趋势均高于电阻丝点火。填装金属铝合金阻隔抑爆材料后，火焰传播的超压峰值在汽油空气混合气中出现小幅度升高后再缓慢降低；而填装球形阻隔抑爆材料后，超压峰值出现了明显的下降。由此表明，聚酰胺基球形阻隔抑爆材料的室内抑爆测试效果优于金属铝合金抑爆材料。下面，用直观的燃爆增压对比两种抑爆材料在不同起爆条件下的抑爆效果。

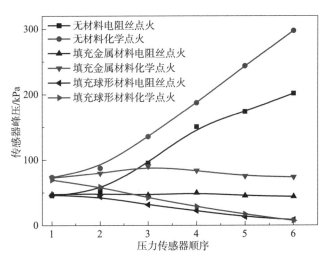

图 7.15　一维水平激波管压力随传感器（1~6 号）顺序的超压峰值变化趋势

用 Δp 表示一维水平激波管内压力峰值的增加值，抑爆性能以一维水平激波管内的燃爆增压作为评定指标，燃爆增压按下式计算：

$$\Delta p = (\Delta p_1 + \Delta p_2 + \cdots + \Delta p_n)/n \tag{7-1}$$

式中　Δp——燃爆增压（MPa）；

　　　Δp_x（$x = 1 \sim 6$）——测试容器中燃爆混合气体燃爆后各压力传感器的峰值超压；

　　　n——测试容器上测燃爆压力的传感器的个数。

令在未装填抑爆材料条件下，一维水平激波管中混合气体爆炸后的燃爆增压记为 $\Delta p'$，则可根据下式计算装填不同抑爆材料时相对于未装填抑爆材料时的压力降低幅度，以 γ 表示，则

$$\gamma = \frac{\Delta p' - \Delta p}{\Delta p'} \times 100\% \qquad (7-2)$$

令在未装填抑爆材料条件下[25]，激波管中混合气体的燃爆增压记为 Δp。根据计算得到装填不同抑爆材料时激波管内的燃爆增压及抑爆能力。

将装填不同抑爆材料时各压力传感器测得的超压数据见表 7.4。λ 表示装填不同抑爆材料时相对于未装填抑爆材料时的降低幅度，即抑爆能力。对实验数据进行处理，通过计算得到装填不同抑爆材料时激波管内的燃爆增压均值及抑爆能力，处理结果见表 7.5。

表 7.4　不同抑爆材料超压数据

测点	铝合金抑爆材料超压/kPa			球形抑爆材料超压/kPa		
1 号	52.60	54.71	55.63	31.28	30.69	33.05
2 号	46.91	42.42	48.01	11.74	7.80	12.10
3 号	41.23	43.26	44.67	18.66	13.16	20.45
4 号	40.90	38.91	39.23	17.56	13.60	21.24
平均值	45.41	44.83	46.89	19.81	16.31	21.71

表 7.5　不同抑爆材料超压数据处理结果

装填条件	Δp_1/kPa	Δp_2/kPa	Δp_3/kPa	Δp_4/kPa	平均值/kPa	抑爆能力 λ
无抑爆材料	48.75	106.80	227.01	273.63	164.05	—
铝合金抑爆材料	54.31	45.78	43.05	39.41	45.64	72.18%
球形抑爆材料	31.67	10.55	17.42	17.47	19.28	88.25%

从表 7.5 所示的数据可知，铝合金、球形抑爆材料的抑爆能力分别为72.18%、88.25%。两种材料都表现出较好的抑爆性能，且球形抑爆材料的抑爆能力明显优于铝合金抑爆材料。

激波管中装填不同抑爆材料时的典型超压—时间曲线如图 7.16 所示。

为更直观地比较两种抑爆材料对丙烷/空气混合气体火焰传播的抑制作用，

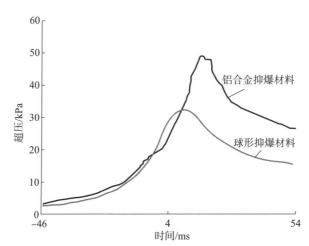

图 7.16　激波管中装填不同抑爆材料时的典型超压—时间曲线

根据表中数据绘制燃爆超压—距点火端距离的曲线图，如图 7.16 所示。由图可知，与未装填抑爆材料的数据相比，两种抑爆材料对火焰传播压力均表现出明显的抑制作用，且球形抑爆材料的抑制能力优于网状铝合金抑爆材料。

7.3.2　等效静爆试验研究

1. 爆炸过程分析

针对相对客观真实的储存、装备和使用环境，需要进一步增加试验的引爆能量，因此采用 10 g 高能海萨尔炸药作为静态引爆源，并以空白 - 35 号军用柴油油箱为对象，对比评价球形阻隔抑爆材料的抑爆性能[7,24]。

图 7.17 所示的是 5 L 油箱炸药静爆试验在 0～400 ms 时的高速照片。从图 7.17（a）所示中可知，海萨尔 - 3 型炸药爆炸引起了空白油箱中 - 35 号军用柴油的燃烧与爆炸，形成强烈的燃爆现象；而添加球形阻隔抑爆材料的油箱在炸药的作用下破损并洒出油料，未出现燃烧和油料蒸汽的燃烧与爆炸现象，如图 7.17（b）所示，整个过程只出现海萨尔 - 3 型炸药的快速爆炸过程。在 0 时，两个油箱中均出现炸药引爆造成的明亮火光；随着时间的增加，空白油箱形成巨大的火球，并在地面上形成较大面积池火［见图 7.18（a）］；在填装球形阻隔抑爆材料的油箱爆炸后，油箱中的油料抛洒并变成为雾状的油料气体且很快散去，没有出现油料雾气的燃烧和地面池火［见图 7.18（b）］，模拟油箱依然保持完整，表明球形阻隔抑爆材料在炸药起爆中阻止了燃料及其蒸汽的燃烧与爆炸。

图 7.17　5 L 油箱炸药静爆试验在 0 ~ 400 ms 的高速照片

（a）未添加球形阻隔抑爆材料的油箱；（b）添加球形阻隔抑爆材料的油箱

（a）　　　　　　　　　　　　（b）

图 7.18　静态爆炸试验结束后的油箱状态

（a）空白油箱；（b）装填球形阻隔抑爆材料油箱

2. 爆炸过程中的温度参数分析

表 7.6 所示为 5 L 油箱炸药静爆试验全过程中燃烧与爆炸形成火球的温度场参数[7]。未添加球形阻隔抑爆材料的空白油箱在 1 000 ℃以上的高温时间达 749 ms，最大火球的截面面积为 18.275 m²，而添加球形阻隔抑爆材料的油箱未出现高温温度场，最高火球的温度只有 564 ℃。上述测试结果表明，球形阻

隔抑爆材料可以有效抑制 10 g 海刹尔 – 3 型炸药爆炸形成的火焰对 – 35 号军用柴油及其蒸汽的影响。这是由球形阻隔抑爆材料良好的导热性能和结构强度引起的。一方面，炸药爆炸产生的高热量火焰冲击波接触大量球形阻隔抑爆材料表面后，火焰自身的热量可以被抑爆材料快速吸收并部分传递到油箱壁上；另一方面，球形阻隔抑爆材料具有较高的结构强度，通过无序排列形成了大量的无规则小室，引起冲击波的快速损耗，从而阻止了火焰或冲击波的传递。

表 7.6　5 L 油箱炸药静爆试验全过程中燃烧与爆炸形成火球的温度参数[7,24]

柴油类型	火球最高温度 $T/℃$	高温持续时间 t/ms	高温火球平均直径 d/m	最大火球截面面积 S/m^2
空白油箱	1 149.5	749	4.879	18.275
球形材料	564	—	—	2.803

7.3.3　40 mm 火箭破甲弹静爆抑爆性能的试验研究

1. 爆炸过程分析

破甲弹也称为空心装药破甲弹，以爆炸后的聚能装药形成的高速金属射流达到击穿装甲的炸弹。它是反坦克弹药的主要武器弹种之一；通过把炸药制成具有锥形孔的圆柱形空心药柱，同时在药柱表面附加上金属罩，炸药引爆后会形成速度、压力和温度都非常高的金属射流，出现"聚能效应"，从而达到摧毁装甲的目的。如果出现破甲弹击中油箱或者出现类似的恐怖袭击的活动，油箱的安定性将是保证人员安全的重要因素。因此，选择 40 mm 火箭破甲弹对模拟试验油箱进行试验，观察试验过程中的燃烧爆炸现象[7]。

图 7.19 所示的是 40 mm 火箭破甲弹引爆空白油箱和装填球形阻隔抑爆材料的油箱 0~400 ms 的高速照相图片。药柱被引爆后，两种类型的油箱出现相似的爆炸现象。在 50 ms 时，空白油箱前端出现明亮的火焰，后端形成由聚能射流冲击形成明亮的火焰，而装有球形阻隔抑爆材料油箱的火焰并不明亮，并且火焰球的面积小于空白油箱。这是因为空白油桶内的油料蒸汽浓度高，药柱起爆后油料蒸汽被迅速引燃，并快速引发成为燃爆现象，而装填球形阻隔抑爆材料后，油箱内被分割成为数量众多的小室，造成油料蒸汽的燃烧不能延续，并且球形阻隔抑爆材料可以快速吸收掉药柱爆炸产生的冲击波，从而使爆炸出现的火球面积和剧烈程度均低于空白油箱。在 100 ms 时，空白油箱形成的爆炸火球体积进一步增大，并且随着时间的推移快速引燃空气中的油料及其蒸汽，导致油箱破裂，最终在地面上形成剧烈的池火；装填球形阻隔抑爆材料油

箱的爆炸火球逐渐衰退，残留的爆炸火焰引燃少量的油料蒸汽，最终不足以维持燃烧所需要的能量而逐渐熄灭，地面无池火，油箱保持完整。试验完成后油箱最终状态如图 7.20 所示。

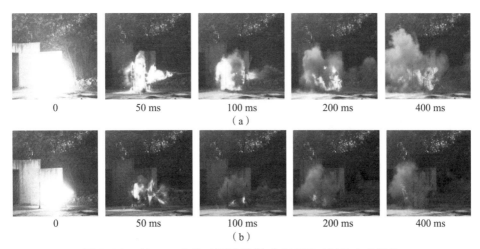

图7.19　40 mm 火箭破甲弹静爆试验不同时刻的高速照片
（a）未添加球形阻隔抑爆材料油箱；（b）添加球形阻隔抑爆材料油箱

（a）　　　　　　　　　（b）
图7.20　40 mm 火箭破甲弹打击后的油箱最终状态
（a）空白油箱；（b）装填球形阻隔抑爆材料的油箱

2. 爆炸过程中的温度参数变化分析

表 7.7 所示的是 40 mm 火箭破甲弹试验过程中的温度场参数。空白油箱在 1 000 ℃以上的高温持续时间达到 937 ms，最大火球截面面积为 13.13 m²；装填球形阻隔抑爆材料的油箱未形成高温火球和高温温度场，最高温度只有

525.3 ℃。结果表明，球形阻隔抑爆材料能够有效抑制 40 mm 火箭破甲弹爆炸形成的高温反应场对油料及其蒸汽产生的影响。

表 7.7　40 mm 火箭破甲弹静爆试验全过程中的温度参数[7]

柴油类型	火球最高温度 $T/℃$	高温持续时间 t/ms	最大火球直径 d/m	最大火球截面面积 S/m^2
空白油箱	1 391.5	937	4.09	13.13
球形材料	525.3	—	1.008	5.89

7.3.4　30 mm 杀爆燃弹动态爆炸射击抑爆性能的试验研究

1. 爆炸过程分析

30 mm 杀爆燃弹动态爆炸试验过程的高速照相图片如图 7.21 所示。从图中可以看出，30 mm 杀爆燃弹在打击油箱的瞬间，三种油箱均产生小而明亮的火球。在 100 ms 时，空白油箱和装填阻隔抑爆材料油箱的火球已有很大的膨

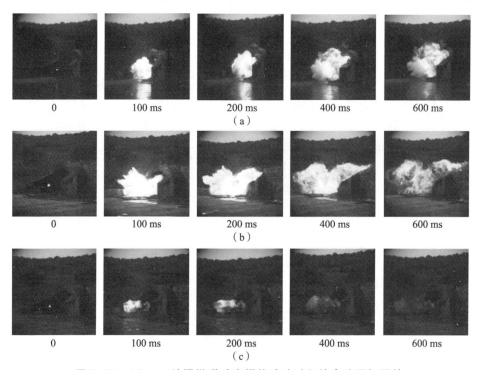

图 7.21　30 mm 杀爆燃弹动态爆炸试验过程的高速照相图片

（a）空白油箱；（b）添加金属铝合金阻隔抑爆材料的油箱；（c）添加球形阻隔抑爆材料的油箱

胀；在200 ms时，空白油箱和装填金属铝合金阻隔抑爆材料油箱的火球体积继续增加，同时火球呈亮白色，而装填球形阻隔抑爆材料油箱的火球已变为灰黑色，表明爆炸产生的火球表面温度在降低；在400~600 ms时，空白油箱和装填金属铝合金阻隔抑爆材料油箱的火球颜色开始逐渐变灰，但火球的体积仍在增加，说明引发的油料燃烧与爆炸仍在继续。然而，此时装填球形阻隔抑爆材料油箱的火球开始逐渐缩小并最终熄灭，说明球形阻隔抑爆材料抑制了炸药引爆后造成油气的"二次爆炸"。30 mm杀爆燃弹动态爆炸射击试验表明，球形阻隔抑爆材料对 − 35 号军用柴油具有优异的抑爆性能[7,24]。

2. 爆炸过程中的温度参数变化分析

图7.22所示的是动态爆炸射击试验0~1 800 ms爆炸场产生的火球表面最高温度随时间变化而变化的曲线。在0~100 ms时，三种不同种类的油箱温度均快速升高，上升趋势相同，这是由这段时间内的温升是由炸药自身爆炸产生的能量引起的；在100~200 ms时，填装球形阻隔抑爆材料与空白油箱和装填金属铝合金阻隔抑爆材料油箱的温升趋势出现差异。在此时间段内，空白油箱和装填金属铝合金阻隔抑爆材料油箱的温度继续快速上升，最高温度达1 300 ℃左右，而填装球形阻隔抑爆材料的油箱温度升高趋势变缓，在200 ms左右时，温度升至1 000 ℃；在200 ms后，空白油箱和填装金属铝合金阻隔抑爆材料油箱的火球温度缓慢升高并保持，基本维持在1 400 ℃左右，而填装球形阻隔抑爆材料油箱的火球温度在400 ms左右达到峰值（1 137.1 ℃）后，温度持续降低，并在497 ms左右降低至1 000 ℃，在1 800 ms左右温度降低至140 ℃。

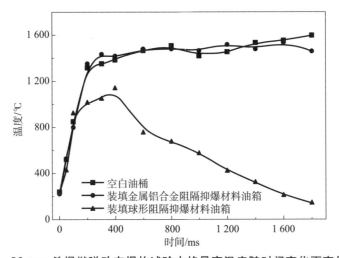

图7.22　30 mm杀爆燃弹动态爆炸试验火焰最高温度随时间变化而变化的曲线

　　油箱中球形阻隔抑爆材料能够在炸药爆炸瞬间快速吸收爆炸产生的冲击波和火焰的传递，并保持油桶的完整性。通过实验现场的观察，在靠近油桶内炸药爆炸区域附近的部分，球形抑爆材料由于吸收冲击波造成了球形结构破损，然而大部分球体结构依然保持完整，未流出油箱中，这部分球体依然将油箱分割为大量的小室，使燃烧得不到传递，从而在装填球形阻隔抑爆材料油箱均未出现火焰的持续燃烧。30 mm 杀爆燃弹动态爆炸试验中球形抑爆材料的受损图如图 7.23 所示。

（a）　　　　　　　　　　　　　　　　（b）

图 7.23　30 mm 杀爆燃弹动态爆炸试验中球形抑爆材料的受损图

（a）试验后的球形抑爆材料；（b）试验后油箱中的炮弹入口处

　　在整个燃烧爆炸过程中，装填球形阻隔抑爆材料油箱的火球最高温度最低，其高温持续时间、火球直径和最大截面面积也比空白 – 35 号军用柴油和金属铝合金抑爆材料低得多，如表 7.8 所示。

表 7.8　30 mm 杀爆燃弹动态爆炸试验全过程中的温度参数[7]

柴油类型	火球最高温度 $T/℃$	高温持续时间 t/ms	高温火球平均直径 d/m	最大火球截面面积 S/m^2
空白油箱	1 588.9	3 250	7.540	34.833
金属铝合金	1 565.3	1 641	5.440	36.801
非金属球形	1 137.1	297	1.908	2.803

3. 油箱毁伤体积的分析

　　30 mm 杀爆燃弹动态爆炸试验后油箱形态如图 7.24 所示。

　　从图 7.24 所示可以看出，油箱主要是前、后端面的破裂，侧壁出现的是由大量破片引起的孔洞。这说明试验中 30 mm 杀爆燃弹爆炸产生的驱动力基

（a）　　　　　　　　　　　　　　　　（b）

（c）　　　　　　　　　　　　　　　　（d）

图 7.24　30 mm 杀爆燃弹动态爆炸试验后油箱形态

（a）未填抑爆材料；（b）填装金属阻隔抑爆材料；（c）填装球形阻隔抑爆材料

本是沿着油箱的轴线方向发挥作用。因此，依据 GJB 767—89《小口径炮弹对飞机、直升机毁伤试验方法》中给出的方法，按照下式计算出油箱在试验中的毁伤容积（计算结果见表 7.9）：

$$V = \frac{\pi}{12}(H + b)(D_1^2 + D_1 D_2 + D_2^2) \qquad (7-3)$$

式中　V——油箱的毁伤容积（dm^3）；

　　　H——靶的间距，油箱前、后端面间距为 5.5 dm；

　　　b——靶板的厚度，油箱壁为 0.02 dm；

　　　D_i——第 i 层靶板的平均破孔直径（这里指油箱前、后端面的破坏尺寸）（dm）。

　　30 mm 杀爆燃弹动态爆炸试验后油箱毁伤容积计算结果如表 7.9 所示。由表 7.9 可知，空白油箱、填装金属铝合金阻隔抑爆材料油箱和填装球形阻隔抑爆材料的油箱毁伤容积依次降低。填装球形阻隔抑爆材料的油箱与空白油箱的毁伤容积相差近41倍，比填装金属铝合金阻隔抑爆材料的油箱毁伤容积相差约37倍。这是因为爆炸点附近大量的球形阻隔抑爆材料在油箱空间中不规则排列使爆炸产生的冲击波和引燃的油料能够与更多的材料表面接触：①爆炸引起的火焰的热量被具有良好导热性能的材料吸收和传递，消耗火焰中的活性自由基，降低了火焰的温度，同时火焰的强度被大量的小室衰减直至熄灭；②爆炸产生的冲击波被球形阻隔抑爆材料通过结构破损、相互挤压等形式快速吸收，并且高强度结构的球形阻隔抑爆材料可以拦截高速破片，保护油箱的完整性。

表 7.9　30 mm 杀爆燃弹动态爆炸试验后油箱毁伤容积计算结果[7,24]

材料	D_1/dm	D_2/dm	V/dm^3
未填装材料	5.0	5.0	108.00
填装金属材料	5.0	3.3	96.05
填装球形阻隔抑爆材料	1.1	0.4	2.61

7.3.5　阻隔抑爆材料衰减爆炸火焰及超压的机理研究

在一维水平激波管和模拟油箱内充满了燃油蒸汽和空气的易燃易爆混合气体，当弹药战斗部引爆后将引燃周围的混合气体并持续不断引燃外围的气体，这种火焰的传播将越来越快直至爆炸。火焰持续传播使火焰前锋面产生的传播压力快速增加并压缩未燃烧的混合气体，当压力产生的当量大约为油箱能够承受的强度时导致油箱发生爆炸，整个过程的完成仅几毫秒。

抑爆试验实际上是采用抑爆材料作为抑制管道内火焰传播的屏障，将火焰的传播通过抑爆材料逐级限制在非常小的范围内，防止燃爆气体的链式反应快速发展而产生爆炸。在不添加阻隔抑爆材料的空白油箱中，燃油中烃类与空气的混合气在燃烧过程中的平均分子量或总分子摩尔数的变化很小（理想状态）[6]，因此有下式成立：

$$\frac{p_1 V_1}{T_1} = \frac{p_2 V_2}{T_2} = nR \qquad (7-4)$$

式中：1、2 分别表示模拟燃油箱中气体的初始状态和最终状态。

由于燃烧到油箱爆炸油箱的容积基本未变，按照等容过程换算，式（7-4）可以变为

$$\frac{p_2}{p_1} = \frac{T_2}{T_1} \qquad (7-5)$$

大多数烃类燃料与空气的混合气体的温度变化系数 K（T_2/T_1）一般为 7.7 ~ 8.2，与爆炸过程中的其他因素无关[9]，因此，式（7 - 5）可以改写为

$$p_2 = Kp_1 \qquad (7 - 6)$$

装填抑爆材料后，油箱内的抑爆材料将火焰从留空处燃烧的传递逐步限制并最终熄灭。我们假设，从油箱内的爆炸点开始，爆炸点火产生的高温高压呈现一种球形的三维扩张，爆炸后形成的高温高压冲击波直接挤入到阻隔抑爆材料中。设炮弹爆炸直接引燃混合气体的体积为 V_1，内部压力为 p_1；未燃烧的体积为 V_2，内部压力为 p_2；炮弹的体积为 V_d，初始爆炸压力为 p_d；爆炸模型如图 7.25 所示。

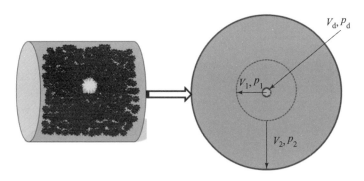

图 7.25　填装阻隔抑爆材料油箱的爆炸模型

在对热力学的研究基础上假设如下两点条件成立。

（1）油箱中最初形成部分（炮弹爆炸火球的体积 V_d）引起的油料燃烧并将未燃烧混合气体不断挤入装有阻隔抑爆材料的区域 V_2 中。

（2）由于上述过程完成时间非常短暂，认定该过程为绝热过程。

当炮弹爆炸火球内的混合气体 V_d 发生燃烧并绝热膨胀为 V_1 的体积，可用下式描述：

$$Kp_1(V_d)^N = p_2(V_1)^N \qquad (7 - 7)$$

式中　N——比热比，是定压热容 c_p 和定容比热 c_V 的比值。

在该过程中未发生燃烧气体的绝热压缩过程可以用下式描述：

$$p_1[V_2 + (V_1 - V_d)]^N = p_2(V_2)^N \qquad (7 - 8)$$

合并方程（7 - 7）和（7 - 8）可得：

$$p_2/p_1 = \frac{(V_2 + V_1)^N}{\left[V_2 + V_1\left(\dfrac{1}{K}\right)^{\frac{1}{N}}\right]^N} \qquad (7 - 9)$$

由式（7－9）可知，当 $V_2 = 0$ 时，即油箱中未添加阻隔抑爆材料的情况，此时 $p_2 = Kp_1$；如果采用有效的阻隔抑爆材料将被引燃的体积 V_1 控制在一定范围内，将火焰传播压力快速衰减，从而使混合气体的最终压力 p_2 不大于油箱的结构强度，保证油箱不被破坏。

油箱中被引燃的体积 V_1 和未燃烧的体积 V_2 与油箱中阻隔抑爆材料分割油箱的"小室"数量有一定的关系，可以表述为

$$\frac{V_2}{V_1} = \mu n \qquad (7-10)$$

式中　μ——关系系数。

将式（7－10）代入式（7－9）中，可得

$$p_2/p_1 = \left[\frac{k\mu n + 1}{k\mu n + \left(\frac{1}{K}\right)^{\frac{1}{N}}} \right]^N \qquad (7-11)$$

式（7－11）反映了油箱爆炸中压力变化和阻隔抑爆材料隔出"小室"数量 n 的关系。n 与阻隔抑爆材料的结构有关，因此可以根据式（7－11）的思路进行分析，可计算油箱中爆炸前后最终压力与初始压力的关系。

此外，燃烧波或冲击波在传递过程中衰减的幅度与阻隔抑爆材料本身的特性紧密相关，不仅阻隔抑爆材料隔出"小室"的数量，而且与材料的导热性能和结构强度密切相关。燃烧波接触阻隔抑爆材料后，热量被快速吸收并向外传递，并减少火焰中的自由基，从而降低火焰温度；当火焰传入蜂窝状的阻隔抑爆材料后，火焰中的自由基与"小室"的壁发生碰撞而销毁，从而减少火焰中自由基数量，降低火焰的强度；火焰或冲击波通过多孔的阻隔抑爆材料时被分成大量的小股火焰，使火焰的锋面不再连续，也达到降低火焰强度的效果：当冲击波达到抑爆材料的表面时，"小室"的壁产生反射作用会消耗一部分冲击波的能量，使得部分能量转化为塑性形变而吸收；当冲击波的能量较高时，抑爆材料的"小室"的冲击能量使塑性变形变成较大的剪切破坏作用，可以吸收较大部分的冲击能量；大量的空心"小室"的存在，使冲击波射入其中后，产生大量的反射与散射作用，在不断反复的散射和反射的过程中造成能量的抵消和消耗。在上述的作用过程中，逐渐趋于不稳定和不均匀的状态，导致最前端的冲击波逐渐衰减，无法与反射的冲击波相互干涉产生驻波，从而使压力的峰值显著衰减，使火焰燃烧无法维持，发生淬熄，达到阻止火焰传播的目的。这就是阻隔抑爆材料对冲击波产生的衰减作用。

阻隔抑爆材料的强度越高，爆炸或燃烧产生的冲击动能被吸收得越多。通过万能试验机测试得到球形阻隔抑爆材料在单方向上压缩达到1/3变形量时的

压缩强度达到 24 MPa，而相同体积和质量的金属阻隔抑爆材料的压缩强度不大于 1 MPa。因此，球形阻隔抑爆材料的抑爆效果明显优于金属阻隔抑爆材料。

另外，爆炸的同时不仅会产生冲击波，也会产生声能。爆炸声波进入具有迷宫式的"小室"的抑爆材料后，在其传播过程中会引起"小室"内部气体的振动，同时与"小室"的壁发生不断的摩擦，将一部分声能转化为热量；另一部分声能传播至刚性壁面后造成"小室"的壁不断振动而衰减。经过大量的循环、反射和散射等效应的综合作用，可有效地消耗声能[20]。

球形阻隔抑爆材料由于具有较高的结构强度，所以其耐冲击压缩的能力比较高。如图 7.26 所示，当球形阻隔抑爆材料受到燃烧或爆炸的冲击时，球形结构的变形存在三个阶段：塑性变形阶段、脆性逐步破损阶段和完全破损阶段。高强度结构的聚酰胺基球形阻隔抑爆材料在发生塑性形变和结构破损时消耗的能量和压力要比金属合金类和泡沫聚氨酯类的抑爆材料高得多。因此，球形阻隔抑爆材料具有最优的抑爆性能，在易燃易爆的油料等对象燃烧或爆炸时能够保护使用对象的安定性，最大程度地保护装备和人员的安全。

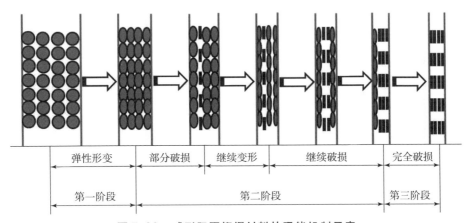

图 7.26　球形阻隔抑爆材料的吸能机制示意

7.4　各种阻隔抑爆材料对油品性能的影响

鲁长波、安高军等[26]对国内市售的典型金属类（铝合金为主）和非金属类（聚氨酯为主）阻隔抑爆材料在油品长期储存和使用过程中对油品的使用性能、储存性能、污染情况和变质趋势等进行考察，提出阻隔抑爆材料在油品中长期浸泡使用存在的问题，并对新型阻隔抑爆材料产品的研究和开发提出建议，采用加速老化储存及加速振动条件下对聚酰胺基非金属阻隔抑爆材料的使用可靠性进行研究分析。加速实验是通过加大试验条件如温度、应力、辐射强度等，加快产品的失效，并缩短实验的周期，在较短时间内，较大程度上反映了高分子材料长时间的使用性能，具有可重复操作性。

性能评价选择了国内主要生产厂家生产的四种金属类阻隔抑爆材料和两种非金属阻隔抑爆材料，其基本性能如表 7.10 和表 7.11 所示。其中材料 1～5 为市售材料，材料 6 为课题组自主研发的非金属类阻隔抑爆材料。

表 7.10　试验用铝合金阻隔抑爆材料基本性能

材料	拉伸性能 /MPa	断裂伸长率	填充密度 /(kg·m^{-3})	置换率	
				$V = 1 \sim 25\ m^3$	$V = 25 \sim 50\ m^3$
材料 1	171.32	1.03%	30	≤1.1%	≤1.2%
材料 2	164.16	1.98%	30	≤1.1%	≤1.2%
材料 3	151.30	1.21%	30	≤1.1%	≤1.2%
材料 4	132.66	0.86%	25	≤1.1%	≤1.2%

表 7.11　试验用非金属阻隔抑爆材料基本性能

材料	拉伸性能 /MPa	断裂伸长率	弯曲性能 /MPa	导电性能 /(Ω·cm^{-1})	填充密度 /(kg·m^{-3})	置换率
材料 5	0.126	180%	—	6.156×10^{11}	15～30	≤2%
材料 6	110.86	8.25%	187.05	6.953×10^8	60	≤5%

7.4.1　燃料储存相容性试验方法

1. 燃料储存相容性试验过程

试验采用 10 L 的磨口玻璃瓶作为储存容器，装入 8 L 油样，包括空白油样和装填有阻隔抑爆材料的油样。抑爆材料的填装按照标准《加油（气）站油（气）储存罐体阻隔防爆技术要求》AQ/T 3001—2021 规定的填充密度进行装填，并确保材料完全浸入在油品内。将玻璃瓶放入烘箱中，设定温度为 43 ℃[7]。

为了安全和操作方便，在玻璃瓶外包套钢制外壳，可以防止油料由于温度不稳定或突发情况产生爆炸等危险性事故；整个试验过程中须保持通风。

7.4.2　模拟行车可靠性试验方法

以装填阻隔抑爆材料的 108 L 不锈钢模拟油箱为测试单元，参照《加油（气）站油（气）储存罐体阻隔防爆技术要求》AQ/T 3001—2021 装填阻隔抑爆材料，考察在车用汽油和军用柴油的浸泡环境下，在加速振动条件下抑爆材料的使用可靠性（主要是力学性能、抗磨损性能等）。振动环境类别为安装在坦克履带车指定位置设备的振动试验环境。试验量值和持续时间按《军用装备实验室环境试验方法　第 16 部分：振动试验》GJB 150.16A—2009 相关内容执行，试验程序执行 I 类，每个轴向持续时间 270 min，相当于实际行车 9 600 km；每个样品进行 3 个轴向各 270 min，共计 540 min 的加速振动试验，相当于坦克行车 28 800 km[26]。

对于车用汽油，应分析试验前后的振动磨损碎屑、实际胶质、固体颗粒污染物、铝金属元素含量、酸度、诱导期等指标；对于军用柴油，应在试验前后考察振动磨损碎屑、固体颗粒污染物、实际胶质、加速安定性总不溶物、酸度、色度、灰分、10% 残留物残炭和铝金属元素含量，以及它们对油品性能的影响规律。

将模拟油箱安装在振动试验台上进行紧固；试验的顺序如下[7]：

X 轴：18 min/循环 × 15 个循环 = 270 min；

Y 轴：18 min/循环 × 15 个循环 = 270 min；

Z 轴：18 min/循环 × 15 个循环 = 270 min。

模拟行车可靠性试验装置示意如图 7.27 所示。

（a）　　　　　　　　　　　　　（b）

图 7.27　模拟行车可靠性试验装置示意

7.4.3 油料品质分析与压缩结构强度测试

在行业标准《加油（气）站油（气）储存罐体阻隔防爆技术要求》AQ/T 3001—2021[21]形式检测中，对抑爆材料的有效容积降低率、体积电阻率和压缩强度等进行了详细论述，在研究中对金属类阻隔抑爆材料、非金属类阻隔抑爆材料进行了相关测试。

（1）油料品质分析。在加速储存试验和行车模拟振动试验开始和结束时，对于车用93号汽油，须对辛烷值、实际胶质、固体颗粒污染物、诱导期等指标进行测试；对于军用−35号柴油，须考查固体颗粒污染物、实际胶质、加速安定性总不溶物，以及考查相容稳定性试验中阻隔抑爆材料对油品性能的影响规律。

（2）金属铝合金阻隔抑爆材料拉伸性能测试。由于金属铝合金阻隔抑爆材料和聚酰胺基球形阻隔抑爆材料的结构特殊，无法采用标准规定的标准样条进行力学性能测试，因此按照相关测试标准分别设计了两种不同材料的力学性能测试方法。

金属铝合金阻隔抑爆材料是铝箔经过交替切割后进行拉伸制成网格状材料，网格化后铝箔发生一定的弯折，成型出许多形状和排列不规则的开孔，且弯折度并不均匀统一；因此本书在铝合金阻隔抑爆材料试验前后选择铝合金阻隔抑爆材料的边缘处进行网格化拉伸处理的位置，在GB/T 228《金属材料拉伸试验》的实验条件下采用非标试样进行材料的拉伸强度和断裂伸长率的测试。试样的宽度为2 mm，厚度为0.1 mm，有效原始标距为50 mm，总长为75 mm。

（3）球形阻隔抑爆材料压缩性能（结构强度）测试。球形抑爆材料在使用过程中是以堆积形式存在于容器中，因此球形阻隔抑爆材料受到的主要作用力是相互之间挤压产生的压力作用。同时，由于球形抑爆材料的结构特殊，不能将其粉碎后进行相关的力学性能测试，因为常规的挤出和注塑而成的样条与注塑的温度、压力等工艺条件密切相关，因此在试验完成后将其制成标准样条进行测试无法真实地反映储存或振动试验对材料产生的影响。本书针对球形结构不变的前提下对球形进行压缩强度测试。此外，经过燃料储存相容性试验和模拟行车可靠性试验后，所有球形抑爆材料都保持完整的球形结构，因此将对球形阻隔抑爆材料考查的压缩变形的形变量不需设定过高。在本试验中测量使用可靠性试验后对球形阻隔抑爆材料进行压缩变形为1/10、1/3时的压缩强度，压缩方向分为垂直方向和水平方向。

|7.5　阻隔抑爆材料对油品性能的影响|

7.5.1　阻隔抑爆材料对油品使用性能的影响

辛烷值和十六烷值分别是汽油和柴油最重要的使用性能指标，在阻隔抑爆材料与 93 号车用汽油和 –10 号军用柴油长期静态储存相容性研究中，主要考察阻隔抑爆材料对其汽油辛烷值和柴油十六烷值的影响[26]，如图 7.28 所示。

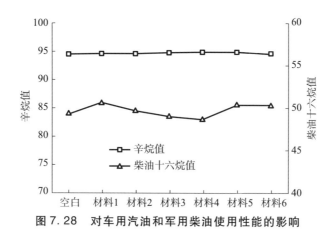

图 7.28　对车用汽油和军用柴油使用性能的影响

从图 7.28 可看出，考查的四种金属材料和两种非金属材料在与 93 号车用汽油和 –10 号军用柴油的长期静态储存相容性研究中，均不会对车用汽油的辛烷值和军用柴油的十六烷值造成明显影响。另外，在储存试验过程中，油品中的水分和杂质等指标也不会发生变化。

7.5.2　阻隔抑爆材料对油品储存性能的影响

诱导期又称感应期，是用来评价汽油在储存和使用过程中发生氧化生成胶质趋势的试验。实际胶质是表示燃料在使用时生成胶质的倾向。诱导期和实际胶质还是判断液体燃料抗氧化能力强弱和能否继续储存的依据指标，因此对车用汽油主要考查填充阻隔抑爆材料后对诱导期和实际胶质的影响[26]。

氧化安定性总部溶物是评价柴油固有安定性的重要指标，通过测定总部溶物来说明柴油的安定性和在发动机进油系统中生成沉积物的多少，因此对军用柴油主要考查填充阻隔抑爆材料后对实际胶质和加速安定性总不溶物的影响，如图 7.29 所示。

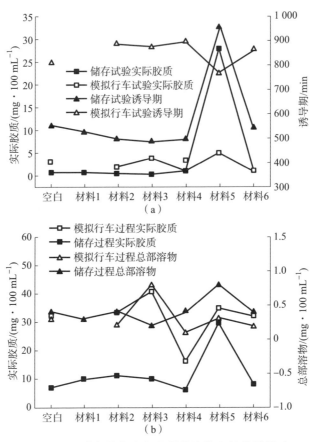

图 7.29　对车用汽油和军用柴油储存性能的影响

从图 7.29 所示得到以下规律：

（1）对于车用汽油和军用柴油，在储存相容性试验中，材料 5（聚氨酯类）对油品的实际胶质影响显著。经过模拟 5 年存储后，与不使用阻隔抑爆材料的油品相比，阻隔抑爆材料造成汽油的实际胶质增加 46 倍，柴油的实际胶质增加 3 倍。

（2）在储存相容性试验中，材料 5（聚氨酯类）对车用汽油的诱导期影响也最显著，造成汽油的诱导期增加了 1.8 倍。

（3）在对军用柴油总不溶物的考查中，储存试验中材料 5（聚氨酯类）对其影响最显著，使其增加了 2 倍，模拟行车试验中，材料 3（铝合金）对其影响最显著，使其增加了 3 倍。

（4）对车用汽油和军用柴油，在储存相容性和模拟行车试验中，材料 6（尼龙类）对油品的储存安定性没有产生显著影响，没有造成实际胶质和氧化安定性总部溶物的增加，以及诱导期的降低。

7.5.3　阻隔抑爆材料对油品污染情况的影响

该部分主要用来考查金属类阻隔抑爆材料对油品的污染影响。对车用汽油和军用柴油，主要考查在储存和模拟行车过程中，由于金属类材料在容器内由于摩擦磨损而积攒的金属碎屑情况、在油品中溶解的铝离子含量情况，以及填充阻隔抑爆材料后对油品中颗粒污染物的影响情况[26]（图 7.30、图 7.31）。

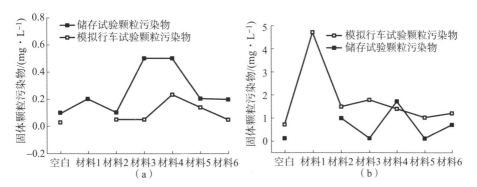

图 7.30　对车用汽油和军用柴油颗粒污染物指标的影响
（a）车用汽油；（b）军用柴油

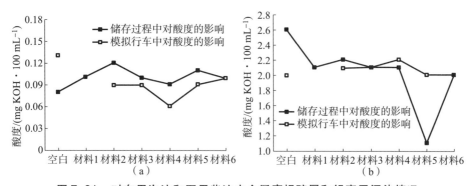

图 7.31　对车用汽油和军用柴油中金属磨损碎屑和铝离子污染情况
（a）车用汽油；（b）军用柴油

从图 7.30 和图 7.31 得到以下规律。

（1）静态储存相容性试验中，材料 3（铝合金）和材料 4（铝合金）对油品中颗粒污染物的影响较为显著。

（2）模拟行车环境下，材料1（铝合金）对油品中颗粒污染物的影响较为显著；由于金属材料溶解造成的油品中铝离子污染情况，所以材料4（铝合金）的影响最为显著。

（3）模拟行车环境下的磨损碎屑情况，主要反映材料的柔韧性，材料2表现最差。

（4）材料6是非金属材料，不存在金属离子污染的情况，但在模拟行车中由于材料本身的摩擦磨损，在容器底部也产生一定的"碎渣"，但这种"碎渣"量很少，经过3万km的模拟行车后，每升阻隔抑爆材料产生的碎渣不超过1 mg，这种高分子材料"碎渣"对油路及过滤系统造成的损害程度要远低于金属"碎屑"。

7.5.4　燃料对阻隔抑爆材料表面形貌的影响

1. 燃料对金属阻隔抑爆材料表面形貌的影响

（1）储存试验中油料的腐蚀作用随着时间的变化而变化。采用扫描电镜对不同时刻阻隔抑爆材料的表面形貌进行观察[7]。

图7.32所示的是金属铝合金阻隔抑爆材料93号汽油的43 ℃加速储存试验中的扫描电镜图。其中空白样品是铝合金阻隔抑爆材料浸入93号汽油前的表面图像；从图中可以发现，空白铝合金阻隔抑爆材料表面有许多及其切割留下的棱台，从整体上看，材料的表面较为平整干净，只有少量的颗粒物杂质附着在铝箔表面；经过4周的加速储存后，可以看到铝箔表面的棱台出现少量沿着棱台分布的微小凹坑，而较为平整的表面没有出现明显变化，这说明油料对铝箔的腐蚀是从棱台处开始的；并且随着时间的进一步推移，在第8周时，铝箔表面的凹坑扩大得更为明显；在最后一周（相当于实际储存5年）时，铝箔表面的腐蚀最为严重，铝箔的平整处也开始出现了大量的凹坑；铝箔表面被油料腐蚀产生的凹坑，会严重影响材料的使用性能和使用寿命，并且会对油料的诱导期、胶质等本质性质产生严重的影响。

图7.33所示为金属铝合金阻隔抑爆材料在 − 35号军用柴油43 ℃加速储存试验中不同时刻的SEM图像。金属铝合金阻隔抑爆材料的表面随着时间的增加而变得凹坑逐渐增多，表明金属阻隔抑爆材料在柴油中的受腐蚀情况随着时间变化而加重，而且表面被腐蚀的情况比其在93号汽油加速储存试验中更加严重，材料表面被腐蚀产生的凹坑和颗粒杂质更多。试验结束时（第35周），铝箔的表面基本被油料完全腐蚀，表面出现众多的沟壑，造成铝箔的基本性能的下降，降低铝合金阻隔抑爆材料的使用寿命和力学性能，导致抑爆性

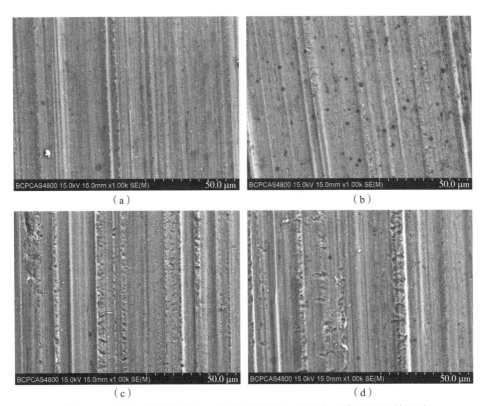

图 7.32　储存相容性试验中 93 号汽油对金属铝合金表面形貌的影响

（a）空白样品；（b）第 4 周；（c）第 8 周；（d）第 11 周

能的降低；同时会污染油料的品质，造成油料的各种指标降低，如实际胶质和固体颗粒污染物增加。

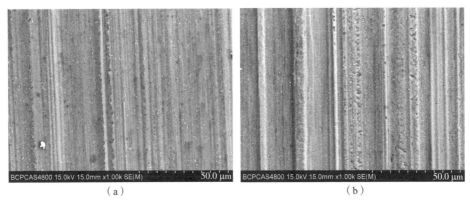

图 7.33　储存相容性实验中 −35 号军用柴油对金属铝合金表面形貌的影响

（a）第 1 周；（b）第 8 周；

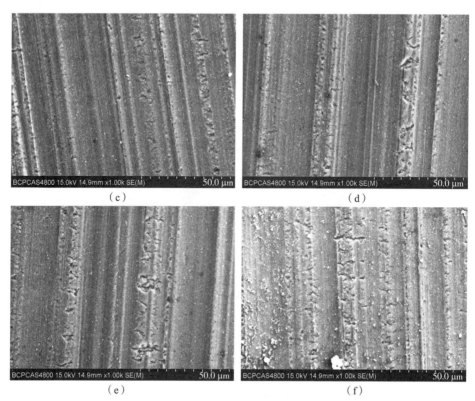

图 7.33　储存相容性实验中 –35 号军用柴油对金属铝合金表面形貌的影响（续）

（c）第 16 周；（d）第 24 周；（e）第 32 周；（f）第 35 周

（2）模拟行车可靠性试验对金属材料表面形貌的影响。模拟行车可靠性试验的时间比较短（13.5 h），且温度条件为室温，油料对金属铝合金抑爆材料的腐蚀作用非常有限，因此铝箔表面不会出现因为油料的腐蚀作用而产生凹坑等现象。然而，在模拟行车可靠性试验的过程中，材料一直处于高频振动的状态，金属铝合金阻隔抑爆材料的网格骨架相互之间会出现不断的摩擦，产生大量的微小碎屑，且有可能刮伤铝箔的表面，如图 7.34 所示。铝碎屑的产生将增加油料中实际胶质和固体颗粒物污染物，严重影响油料的使用性能；铝碎屑长期的积累会造成发动机工作油路造成堵塞，对于油料的实际使用是极为不利的。–35 号柴油中模拟行车可靠性试验前后对金属铝合金阻隔抑爆材料表面形貌的影响如图 7.35 所示。

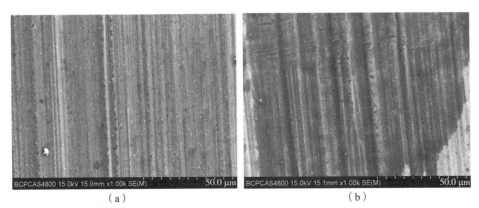

图 7.34　93 号汽油中模拟行车可靠性试验前后对金属铝合金阻隔抑爆材料表面形貌的影响

（a）振动前；（b）振动后

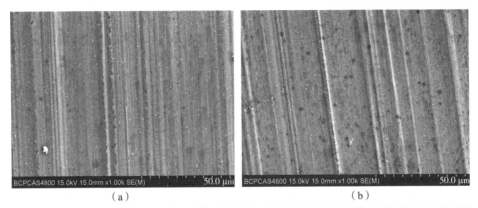

图 7.35　-35 号柴油中模拟行车可靠性试验前后对金属铝合金阻隔抑爆材料表面形貌的影响

（a）振动前；（b）振动后

2. 球形抑爆材料的表面形貌研究

（1）储存试验对球形抑爆表面形貌的影响。聚酰胺基球形抑爆材料的表面形貌依赖于实际加工中的注塑模具。这里采用的模具为磨砂面，同时加工在注塑加工过程中，产品在脱模时，磨砂面对产品表面产生一定的摩擦作用，造成抑爆材料表面产生一些不规则的条形凸起。在原始试样的表面有个别微小的凹坑并不是因为腐蚀作用而产生的现象。引起这种小凹坑的原因是由于在对球形抑爆材料注塑完成后，尼龙 6 树脂的结晶固化而产生微量收缩导致应力集中造成的。一般碳纤维/尼龙复合材料的成型收缩率只有 0.5 左右，所以这种微小的凹坑数量非常少，不会对材料的储存和使用性能产生影响。此外，材料表面一些白色颗粒物应该是材料中的阻燃剂颗粒。

图 7.36 所示的是球形抑爆材料在 93 号汽油中储存相容性试验在不同时刻的表面形貌。从总体上看，球形抑爆材料的表面随着时间的增长没有发生明显变化，没有出现开裂或由腐蚀产生不规则形状的凹坑等现象，并且材料表面的阻燃剂颗粒也没有脱落而产生凹坑。这是因为阻燃剂颗粒表面受到了一层尼龙 6 树脂薄膜的保护而未受到破坏。

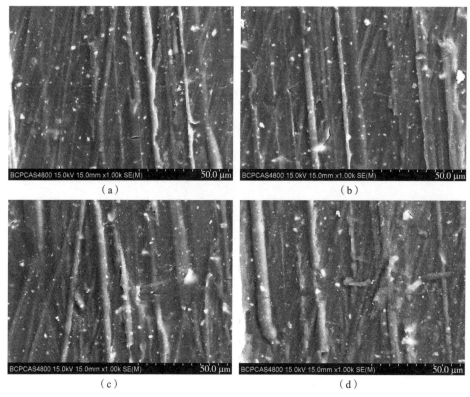

图 7.36　93 号汽油燃料储存相容性试验对球形抑爆材料表面形貌的影响

（a）原始试样；（b）第 4 周；（c）第 8 周；（d）第 11 周

图 7.37 所示的是球形抑爆材料在 – 35 号军用柴油中储存相容性试验在不同时刻表面形貌的 SEM 图像。从整体上看，球形阻隔抑爆材料对柴油呈现惰性，表面在不同时刻依然保持完整状态，表明球形阻隔抑爆材料具有优异的抗油性和耐腐蚀性，这归功于尼龙 6 树脂优异的化学稳定性。

（2）模拟行车可靠性试验对球形抑爆材料表面形貌的影响。图 7.38 和图 7.39 分别所示的是球形阻隔抑爆材料在 93 号汽油和 – 35 号军用柴油中模拟行车可靠性试验前后的表面形貌。从图 7.38 和图 7.39 中可以看出，行车模拟振动试验中，无论是 93 号汽油，还是 – 35 号军用柴油，球形抑爆材料依然保持

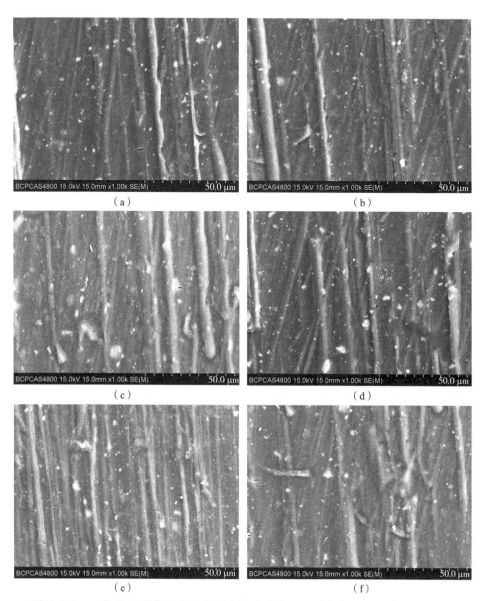

图 7.37　-35 号军用柴油中储存相容性试验在不同时刻表面形貌的 SEM 图像
（a）原始试样；（b）第 8 周；（c）第 16 周；（d）第 24 周；（e）第 32 周；（f）第 35 周

原有的表面形貌。这与铝合金阻隔抑爆材料的模拟行车可靠性试验具有相同的原因，是因为模拟行车可靠性试验的时间短、温度低（室温），同时尼龙材料具有优异的耐油性。因此，球形阻隔抑爆材料未受到高频振动试验的影响。

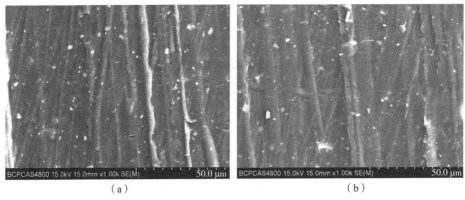

（a） （b）

图 7.38 93 号汽油中模拟行车可靠性试验前后对球形抑爆材料表面形貌的影响

（a）振动前；（b）振动后

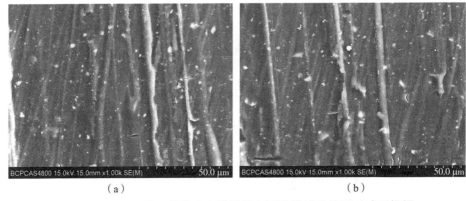

（a） （b）

图 7.39 −35 号军用柴油中模拟行车可靠性试验前后对球形抑爆
材料表面形貌的影响

（a）振动前；（b）振动后

7.5.5 相容稳定性试验对抑爆材料力学性能的影响研究

图 7.40 所示的是使用可靠性试验前后金属铝合金阻隔抑爆材料的拉伸性能测试结果[7]。从图中可以看出，在燃料储存相容性试验中，金属阻隔抑爆材料的强度变化最为显著；其中 −35 号军用柴油对金属铝合金抑爆材料的力学性能损害最大；从前面的结论中可知，造成这种现象的原因是由于 −35 号军用柴油相比 93 号汽油对金属铝合金抑爆材料具有更高的腐蚀能力。经过模拟行车可靠性试验后，金属铝合金阻隔抑爆材料的力学性能没有发生明显变化。虽然模拟行车振动会引起部分金属片材的表面划伤，但是由于金属铝合金阻隔抑爆材料的特殊结构，大部分的表面没有受到损伤，因此不会对铝合金阻隔抑

爆材料的力学性能造成影响。同时，模拟行车可靠性试验的时间较短，油料对金属阻隔抑爆材料的腐蚀作用尚未显现出来，因此模拟行车可靠性试验对金属材料力学性能的影响不大。

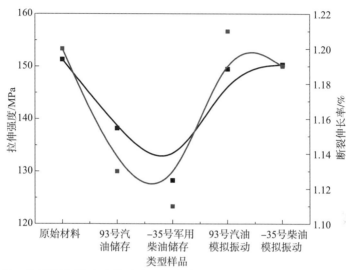

图 7.40　使用可靠性试验前后金属铝合金阻隔抑爆材料的拉伸性能测试结果

图 7.41 所示的是使用可靠性试验前后球形阻隔抑爆材料的压缩强度测试结果。从图中可以看出，无论压缩变形量的变化为小变形量（1/10），还是大变形量（1/3），球形阻隔抑爆材料的压缩强度在水平方向和垂直方向的压缩强度值均没有较大的变化。

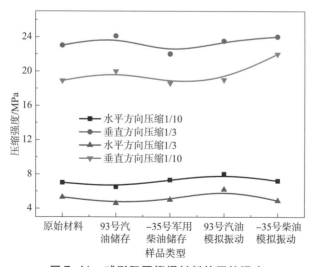

图 7.41　球形阻隔抑爆材料的压缩强度

7.5.6　阻隔抑爆材料的有效容积降低率与置换率试验

1. 测试方法

影响抑爆材料填充油罐后的有效容积降低率的两个方面是材料的燃油置换率和燃油滞留率。测试方法分别如下[14]。

（1）置换率测试。铝合金阻隔抑爆材料、聚氨酯泡沫阻隔抑爆材料以及球形非金属阻隔抑爆材料均采用 MIL – T – 5624 型 JP – 5 级涡轮燃油进行操作，提前 30 min 将样品置于温度为（23.3 ± 1.7）℃的测试环境中，使用容量为 1 000 mL 的标准圆筒 1 个，有 5 ~ 10 个刻度等级。首先将阻隔抑爆材料制成填装至标准圆筒 900 mL 刻度线处的筒状物，向标准圆筒中注入燃油至 900 mL 刻度线，然后将筒状样品缓缓浸入该圆筒中直至完全浸润，标出新的液面高度，记录新增的体积。阻隔抑爆材料的置换率的计算公式为

$$阻隔抑爆材料置换率 = \frac{新增体积}{原始液体体积} \times 100\%$$

（2）滞留率测试。三种材料均采用 MTL – T – 5624 型 JP – 5 级、密度 ρ 为 0.788 ~ 0.845 g/cm³ 的涡轮燃油，同时 JP – 5 级测试液须先经过 0.8 μm 薄膜过滤处理，提前 30 min 将样品置于温度为（23.3 ± 1.7）℃测试环境中。分别称量材料 m_1 g 和 4 190 L 方形网状容器的质量精确至 0.1 g，将材料放入网状容器中，铝合金阻隔抑爆材料装填密度范围为 25 ~ 35 g/cm³，网状泡沫阻隔抑爆材料在填充的过程中不应出现挤压变形；球形材料以 39 个/L 的标准进行放置，将装满阻隔抑爆材料的网状容器放置到方形容器中，同时向容器中注满油，并保证液位超过材料 1.27 cm 以上，控制容器底部阀门保证油液从底部以（0.5 ± 0.05）L/min 的速度排干。排干后保持 2 min，再取出装有阻隔抑爆材料的网状容器，并称出此时阻隔抑爆材料的质量 m_2。滞留率计算公式为

$$滞留率 = \frac{m_2 - m_1}{4\ 190 \times \rho} \times 100\% \tag{7 – 12}$$

2. 阻隔抑爆材料对油罐有效容积的影响

铝合金阻隔抑爆材料、聚氨酯泡沫阻隔抑爆材料、球形非金属阻隔抑爆材料置换率如表 7.12 所示。由表可看出，在三种阻隔抑爆材料中，金属阻隔抑爆材料置换率相对较小，这主要是因其采用铝箔熔融—铸造工艺经过切割，拉展开后形成了多边形孔构成的三维蜂窝网状结构。其质量易控制，质地也比较均匀，因此置换率比较低。而球形非金属阻隔抑爆材料是以高分子材料为基

材，为抑制火焰以及爆炸的传播，设计成球体薄壁骨架结构，球体紧密排列在储存空间，并使球体间空隙高度曲折，使材料置换率相对大些；其次球形材料直径尺寸的设计会影响材料的填充密度，也会对材料的置换率造成大的影响[14]。

表7.12　阻隔抑爆材料置换率

抑爆材料	置换率			
	1	2	3	平均
铝合金阻隔	1.9%	2.2%	1.9%	2.0%
聚氨酯泡沫阻隔	2.3%	2.6%	2.6%	2.5%
球形非金属阻隔	5.4%	5.0%	5.2%	5.2%

铝合金阻隔抑爆材料、聚氨酯泡沫阻隔抑爆材料、球形非金属阻隔抑爆材料滞留率如表7.13所示。

表7.13　阻隔抑爆材料滞留率

抑爆材料	滞留率			
	1	2	3	平均
铝合金阻隔	1.2%	1.0%	1.1%	1.1%
聚氨酯泡沫	4.3%	4.2%	4.1%	4.2%
球形非金属阻隔	0.4%	0.3%	0.5%	0.4%

由表7.13可知，聚氨酯泡沫阻隔抑爆材料的滞留率最大，为4.3%，主要是由于聚氨酯泡沫阻隔抑爆材料是发泡成型，在成型过程中材料中的水分迅速汽化形成大量的气泡，熟化结束后再开孔加工成大小不一的众多泡孔，所以材料具有很大的比表面面积，会对油料产生像海绵那样的吸附作用，因此使材料产生较大的滞留率。然而，金属阻隔抑爆材料和球形非金属阻隔抑爆材料的网状和骨架表面都较为光滑，对油料吸附作用较弱，因此滞留率较小。

阻隔抑爆材料燃油置换率和滞留率的提出，主要是考虑到阻隔抑爆材料填充到油箱或者油罐中使用，基本的要求是不能影响油罐的有效装填容积。三种阻隔抑爆材料油罐有效容积降低率如图7.42所示。由

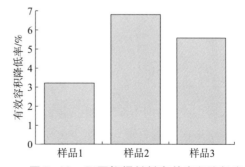

图7.42　阻隔抑爆材料有效容积降低率

图可知，聚氨酯泡沫阻隔抑爆材料（样品 2）填充的油罐有效容积降低率最大，为 6.7%；铝合金阻隔抑爆材料（样品 1）填充的油罐有效容积降低率最小，为 3.3%；球形非金属阻隔抑爆材料（样品 3）填充的油罐有效容积降低率为 5.6%，居于铝合金材料和聚氨酯材料之间。

综上所述，无论在储存相容性还是行车可靠性的试验中，聚酰胺基球形阻隔抑爆材料均能够保持优良的使用可靠性，最大程度地保护油料的使用安全。

经过燃料储存相容性试验和模拟行车可靠性试验后，球形阻隔抑爆材料对油料的使用性能、储存安定性均未造成明显影响，93 号汽油的辛烷值、诱导期、实际胶质均未发生明显变化，－35 号军用柴油的十六烷值、实际胶质、氧化安定性总不溶物也未发生明显变化；而装填金属铝合金阻隔抑爆材料经过加速试验后，油品的实际胶质、固体颗粒污染物等指标均超过使用范围，造成油品质量下降，甚至不能使用。

球形阻隔抑爆材料在燃料储存相容性试验和模拟行车可靠性试验中，材料未受到油品中活性物质的侵蚀，球形阻隔抑爆材料的力学性能不产生变化；而金属铝合金阻隔抑爆材料表面在燃料储存相容性试验中，材料表面受到明显腐蚀，而且随着时间的增加，腐蚀情况越严重，导致铝合金阻隔抑爆材料的拉伸强度下降了 17%。

聚酰胺基球形阻隔抑爆材料具有优良的机械强度、复杂的排列球体形成的孔径通道、高抗静电作用、优良的导热效应和阻燃性能，使其能够有效地阻止油料及其蒸汽燃烧或爆炸产生的火焰传播，抑爆性能远优于现存市售的金属类阻隔抑爆材料。

▎参考文献▎

[1] 柯轩. HAN 阻隔防爆技术与成品油安全储运［J］. 危化品监管，2005（9）：80－81.

[2] 莫苏萍. 阻隔防爆材料：101608276A［P］. 2009－9－23.

[3] 肖仁亮. 用于易燃易爆品的抑爆球：2584220Y［P］. 2003－11－5.

[4] 王季庄，邱镇来. 一种抑爆材料的生产方法［P］. CN：1904103A，2007－1－31.

[5] 陈楼，王瑞海，王亮，等. 一种阻隔防爆材料及其制造方法［P］. CN：

101906561A，2002 - 2 - 2.

［6］ JIANG P，LI X G，GAO Y T. Explosion suppression mechanism of void design reticulated polyurethane foam for fuel tank ［J］. Journal of Shenyang Institute of Aeronautical Engineering，2003，12（4）：13 - 15.

［7］ 朱祥东. 聚酰胺基球形阻隔防爆材料的制备、性能与应用研究 ［D］. 北京：北京理工大学，2015.

［8］ 胡广霞，段晓瑞. 防火防爆技术 ［M］. 北京：中国石化出版社，2012.

［9］ TIAN H，WANG X，GAO Y T. The reticulated polymer suppressant foam for fire and explosion packed in fuel tank ［J］. Fire Safety Science，2000，9（2）：37 - 41.

［10］ QU F，SUN C X，JIANG P，et al. Electrostatic fuel impingement test in fuel tank with Russian reticulated polyurethane foam ［J］，Journal of Shenyang Institute of Aeronautical Engineering，2004，21（4）：17 - 19.

［11］ 马瑞，张有智，周春波. 多孔球形材料阻火抑爆性能影响因素数值模拟研究 ［J］. 中国安全生产科学技术，2019，15（7）：32 - 38.

［12］ 汝成友，王德贤. HAN 阻隔防爆技术的防爆原理及其应用 ［J］. 基础及前沿研究，2006（18）：295 - 296.

［13］ 韩志伟，解立峰，宋晓斌，等. 球形抑爆材料与网状抑爆材料抑爆性能对比研究 ［J］. 爆破器材，2011，4（6）：15 - 18.

［14］ 周友杰，鲁长波，熊春华. 阻隔防爆材料基本性能试验研究 ［J］. 化学推进剂与高分子材料，2016，14（2）：46 - 53.

［15］ 臧充光，朱祥东，郭学永，等. 一种非金属阻隔抑爆球. 国家发明专利. 已授权，专利号：ZL 201210232080. 4.

［16］ 臧充光，朱祥东，焦清介，等. 一种非金属阻隔抑爆材料及其组合物. 国防发明专利. 已授权，专利号：ZL 201218005494. x.

［17］ 焦清介，朱祥东，臧充光，等. 中空栅格状球形填充体. 实用新型专利. 已授权，专利号：ZL 201320127628. 9.

［18］ 郭学永，朱祥东，臧充光，等. 一种非金属阻隔抑爆球及其组合物. 国家发明专利. 已授权，公开号：CN102921124 A.

［19］ 聂百胜，何学秋，张金峰，等. 泡沫陶瓷对瓦斯爆炸过程影响的实验及机理 ［J］. 煤炭学报，2010，26：34 - 37.

［20］ LEI Z，XIE L F，HAN Z W. Fire Science & Technology，2014，50（4）：477.

［21］ 中华人民共和国应急管理部. 加油（气）站油（气）储存罐体阻隔防爆

技术要求：AQ/T 3001—2021［S］. 2021.

［22］刘笑言. 多孔材料对管道内火焰传播抑制的数值研究［D］. 大连：大连理工大学，2011.

［23］刘乐海. 阻隔抑爆材料抑爆性能试验研究［D］. 天津：天津大学，2020.

［24］鲁长波，朱祥东，王浩喆，等. 非金属阻隔防爆材料防爆性能综合评价研究［J］. 中国安全生产科学技术，2014，10（12）：125－130.

［25］雷正，解立峰，鲁长波. 金属抑爆材料和非金属抑爆材料抑爆性能实验研究及对比分析［J］. 石油化工安全环保技术，2014，30（6）：37－41.

［26］鲁长波，安高军，王浩喆，等. 储存过程中阻隔防爆材料对油品性能影响研究［J］. 中国安全生产科学技术，2014，10（10）：124－130.

彩　　插

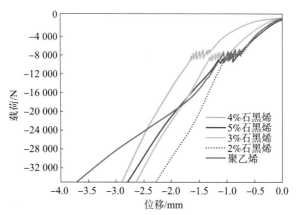

图 5.10　不同石墨烯含量复合材料的压缩曲线

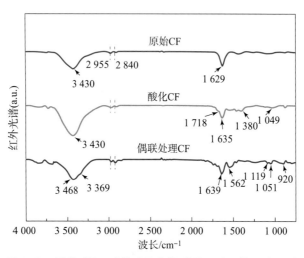

图 6.6　原始 CF、酸化 CF 和偶联处理 CF 的红外光谱